光伏发电原理与实践

主编 尤 源
副主编 唐 健 朱成云 刘 艳 赵 杰 丁基勇

科学出版社
北 京

内 容 简 介

随着电气与光电技术的飞跃发展,太阳能光伏发电技术正越来越广泛地受到设计师和工程技术人员的关注和重视。

本书共8章,包含光伏发电技术基础理论和光伏发电实验实训内容:太阳能电池的基本原理和分类、太阳能电池工艺及检测、太阳能电池组件及聚光电池、太阳能光伏发电系统、蓄电池、控制器、光伏逆变器、太阳能光伏发电应用及工程实例。每章均配有习题和光伏发电基础实验、综合性实验、设计性实验或实训项目等内容。

本书主要作为光伏发电相关专业的本科和高职学生教学用书,也可作为光伏发电工程师进行培训和学习的教材或参考书。

图书在版编目(CIP)数据

光伏发电原理与实践/尤源主编. —北京:科学出版社,2014
ISBN 978-7-03-042014-5

Ⅰ.①光… Ⅱ.①尤… Ⅲ.①太阳能发电-研究 Ⅳ.①TM615

中国版本图书馆 CIP 数据核字(2014)第 224307 号

责任编辑:范运年 / 责任校对:胡小洁
责任印制:张 倩 / 封面设计:无极书装

科学出版社 出版
北京东黄城根北街16号
邮政编码:100717
http://www.sciencep.com

三河市骏杰印刷有限公司印刷
科学出版社发行 各地新华书店经销

*

2014年9月第 一 版　开本:787×1092 1/16
2024年8月第十次印刷　印张:16 1/4
字数:366 000

定价:78.00元
(如有印装质量问题,我社负责调换)

前　言

随着电气与光电技术的飞跃发展，光伏发电技术正越来越广泛地受到设计师和工程技术人员的关注和重视。光伏发电技术是一门综合性交叉学科，与很多学科相互渗透、结合，是自然科学和工程学的结合，其理论基础宽广，工程实践综合性强。

本书旨在让初学者对光伏发电技术有一个总体认识，内容从实际工程需要出发，结合了光电专业的特点，覆盖面广，叙述由浅入深，图文并茂，浅显易懂，具有较强的实用性和可选性。本书共8章，包含光伏发电技术基础理论和光伏发电实验实训内容，即太阳能电池的基本原理和分类、太阳能电池工艺及检测、太阳能电池组件及聚光电池、太阳能光伏发电系统、蓄电池、控制器、光伏逆变器、太阳能光伏发电应用及工程实例，其中还包含16个光伏发电基础实验（验证性实验）、5个综合性实验、6个设计性实验、3个实训项目，合计30个实验实训项目，这也是本书的特色与亮点。

本书主要作为高等院校以及高职光伏发电相关专业学生的教学用书，也可作为电气、电子、光电工程技术人员进行光伏发电技术培训和学习的教材或参考书。

本书作为教材的特色如下：

（1）建议本书的教学课程设置在50～80学时。

（2）本书知识全面，基础理论部分层次性强，条理清楚，内容由浅入深，无过多的理论推导与分析，适于入门教学。

（3）本书工程性强，对光伏发电相关技术进行了精选，并融入了一些专业前沿最新发展动向和作者的部分研究成果。

（4）本书设置了4个系列教学实验，从基础实验到综合性实验、设计性实验以及实训项目，内容涵盖面广，让学生能够通过光伏发电应用实例分析和实践动手性很强的教学实验，直观而有效地掌握光伏发电技术的基础理论知识，提高工程实践能力。

本书由尤源主笔，唐健、朱成云、刘艳、赵杰、丁基勇、刘成林、陈杰、夏道澄、鲍安平、张文建、盛冬、王勇军、张猛、毛明军、徐正来、谢军、孙永旺等参加了编写工作。本书在编写过程中得到了江苏伟创晶集团的大力支持，在此表示由衷感谢。

由于时间仓促、水平有限，书中难免有不当和漏误之处，敬请广大读者批评指正。

编　者
2014年6月

目 录

前言
第1章 太阳能电池的基本原理和分类 ... 1
  1.1 绪论 ... 1
  1.2 太阳能电池的基本原理 ... 3
    1.2.1 太阳能电池的物理原理 ... 4
    1.2.2 太阳能电池的伏安特性 ... 5
    1.2.3 寄生电阻的影响 ... 7
    1.2.4 光学损失和复合损失 ... 8
  1.3 太阳常数和大气质量 ... 10
  1.4 晶硅太阳能电池的种类和技术发展 ... 11
  习题 ... 15
  验证性实验项目 ... 15
    实验一 太阳能电池板伏安特性测试实验 ... 15
    实验二 环境对光伏转换影响实验 ... 19
第2章 太阳能电池工艺及检测 ... 22
  2.1 太阳能电池实验室制备 ... 22
    2.1.1 磁控溅射镀膜 ... 22
    2.1.2 真空蒸发镀膜 ... 25
  2.2 太阳能电池产业化简介 ... 26
    2.2.1 单晶硅太阳能电池 ... 26
    2.2.2 多晶硅太阳能电池 ... 28
    2.2.3 硅带太阳能电池 ... 29
  2.3 太阳能电池的性能测试 ... 31
    2.3.1 X射线衍射 ... 31
    2.3.2 扫描电子显微镜 ... 31
    2.3.3 X射线光电子能谱 ... 32
    2.3.4 光致荧光发光谱 ... 33
    2.3.5 紫外—可见光分光光度计测量薄膜透光率 ... 34
    2.3.6 四探针及霍尔效应测试薄膜电学性能 ... 34
    2.3.7 电化学 C-V ... 35
    2.3.8 太阳能电池光谱测试系统 ... 36
  习题 ... 37
  验证性实验项目 ... 37

　　　　实验三　太阳能电池板的暗伏安特性测试实验 ……………………………… 37
　　　　实验四　太阳能电池光谱特性测试实验 …………………………………… 41
第3章　太阳能电池组件及聚光电池 …………………………………………………… 45
　3.1　太阳能电池组件 ………………………………………………………………… 45
　3.2　聚光太阳能电池 ………………………………………………………………… 48
　　　3.2.1　聚光电池的基本原理 …………………………………………………… 48
　　　3.2.2　聚光电池的技术参数 …………………………………………………… 48
　　　3.2.3　聚光器的总类 …………………………………………………………… 49
　　　3.2.4　砷化镓(GaAs)电池 ……………………………………………………… 50
　3.3　太阳能聚光系统的引入 ………………………………………………………… 52
　　　3.3.1　追光系统概述 …………………………………………………………… 52
　　　3.3.2　跟踪装置 ………………………………………………………………… 55
　　　3.3.3　四象限闭环控制系统原理 ……………………………………………… 56
　　　3.3.4　开环及闭、开环相结合的追光系统原理 ……………………………… 58
　习题 ……………………………………………………………………………………… 64
　验证性实验项目 ………………………………………………………………………… 64
　　　　实验五　太阳能可变阻抗负载实验 ………………………………………… 64
　　　　实验六　聚光太阳能能量转换实验 ………………………………………… 66
　综合性实验项目 ………………………………………………………………………… 69
　　　　实验七　太阳能电池板逐日系统综合实验 ………………………………… 69
　设计性实验项目 ………………………………………………………………………… 75
　　　　实验八　直流步进电机型云台自动追光电路的设计 ……………………… 75
　实训项目 ………………………………………………………………………………… 80
　　　　实验九　交流24V电机双轴云台自动追光电路的设计与制作 ………… 80
第4章　太阳能光伏发电系统 …………………………………………………………… 86
　4.1　太阳能光伏发电系统的工作原理 ……………………………………………… 86
　4.2　太阳能光伏发电系统的分类 …………………………………………………… 86
　4.3　独立太阳能光伏发电系统 ……………………………………………………… 89
　4.4　太阳能光伏并网系统 …………………………………………………………… 91
　　　4.4.1　太阳能光伏并网系统组成 ……………………………………………… 91
　　　4.4.2　光伏并网系统逆变器要求 ……………………………………………… 92
　　　4.4.3　光伏并网系统的拓扑结构 ……………………………………………… 93
　4.5　智能微网 ………………………………………………………………………… 93
　　　4.5.1　智能微网的概念 ………………………………………………………… 93
　　　4.5.2　智能微网的优点 ………………………………………………………… 93
　　　4.5.3　智能微网运行方式 ……………………………………………………… 94
　　　4.5.4　智能微网关键技术 ……………………………………………………… 95
　习题 ……………………………………………………………………………………… 96

验证性实验项目 ·· 96
　　　　实验十　太阳能光伏板能量转换实验 ··· 96
　　　　实验十一　太阳能负载最大输出实验 ··· 100
　　综合性实验项目 ·· 103
　　　　实验十二　太阳能光伏并网发电系统综合实验 ······································ 103
　　设计性实验项目 ·· 106
　　　　实验十三　小功率光伏发电并网系统的设计 ··· 106

第5章　蓄电池 ·· 110
5.1　蓄电池概述 ·· 110
5.2　蓄电池的基本概念 ··· 111
5.2.1　蓄电池的分类 ·· 111
5.2.2　蓄电池的电压 ·· 111
5.2.3　蓄电池的容量 ·· 111
5.3　铅酸蓄电池 ·· 113
5.3.1　铅酸蓄电池的结构 ··· 113
5.3.2　铅酸蓄电池的工作原理 ·· 114
5.3.3　铅酸蓄电池的充放电特性 ·· 116
5.4　VRLA 蓄电池 ··· 117
5.4.1　VRLA 电池的结构 ··· 117
5.4.2　VRLA 蓄电池的工作原理 ·· 118
5.4.3　VRLA 蓄电池的密封原理 ·· 118
5.4.4　VRLA 电池的两大类技术——AGM 电池和胶体电池 ················· 119
5.4.5　VRLA 蓄电池的技术特性 ··· 120
5.5　锂电池 ··· 122
5.5.1　锂电池的结构 ·· 122
5.5.2　锂电池的工作原理 ··· 123
5.5.3　锂电池的特点 ·· 123
5.5.4　锂电池的使用注意事项 ·· 124
5.6　蓄电池的使用和维护 ··· 124
5.6.1　蓄电池与控制器的连接与安装蓄电池的注意事项 ······················· 124
5.6.2　充电注意事项 ·· 124
5.6.3　日常的维护 ·· 125
　　习题 ··· 125
　　验证性实验项目 ·· 125
　　　　实验十四　太阳能电池组件和蓄电池的选择 ··· 125
　　　　实验十五　太阳能蓄电池性能测试实验 ·· 127

第6章　控制器 ·· 132
6.1　控制器的基本工作原理 ··· 132

6.2 控制器的功能 …………………………………………………………………… 133
6.3 控制器的分类 …………………………………………………………………… 133
 6.3.1 并联型控制器 ……………………………………………………………… 133
 6.3.2 串联型控制器 ……………………………………………………………… 134
 6.3.3 脉宽调制型控制器 ………………………………………………………… 135
 6.3.4 多路控制型控制器 ………………………………………………………… 136
 6.3.5 最大功率跟踪型控制器 …………………………………………………… 136
6.4 光伏控制器的选用 ……………………………………………………………… 137
 6.4.1 光伏控制器的主要技术参数 ……………………………………………… 137
 6.4.2 光伏控制器的主要性能特点 ……………………………………………… 139
 6.4.3 光伏控制器的配置选型 …………………………………………………… 141
习题 …………………………………………………………………………………… 141
验证性实验项目 ……………………………………………………………………… 142
 实验十六 太阳能电池控制器工作原理实验 ………………………………… 142
 实验十七 太阳能电池控制器充放电保护实验 ……………………………… 145
综合性实验项目 ……………………………………………………………………… 149
 实验十八 触摸屏技术在光伏发电监控中应用综合实验 …………………… 149
实训项目 ……………………………………………………………………………… 155
 实验十九 太阳能光伏控制器设计与制作 …………………………………… 155

第7章 光伏逆变器 …………………………………………………………………… 162
7.1 逆变器电路拓扑结构 …………………………………………………………… 162
 7.1.1 单相电压型逆变器 ………………………………………………………… 162
 7.1.2 电压型三相逆变电路 ……………………………………………………… 164
7.2 逆变器的PWM控制 …………………………………………………………… 167
 7.2.1 PWM控制的基本原理 …………………………………………………… 167
 7.2.2 PWM逆变电路的控制方式 ……………………………………………… 168
 7.2.3 PWM产生方法 …………………………………………………………… 169
习题 …………………………………………………………………………………… 171
验证性实验项目 ……………………………………………………………………… 171
 实验二十 太阳能光伏逆变器工作原理分析实验 …………………………… 171
 实验二十一 太阳能光伏逆变器性能测试实验 ……………………………… 175
设计性实验项目 ……………………………………………………………………… 177
 实验二十二 单相并网型光伏逆变器的设计 ………………………………… 177
实训项目 ……………………………………………………………………………… 180
 实验二十三 太阳能发电系统逆变器设计及制作 …………………………… 180

第8章 太阳能光伏发电应用及工程实例 …………………………………………… 185
8.1 太阳能光伏技术在照明领域的应用 …………………………………………… 185
 8.1.1 太阳能路灯结构组成 ……………………………………………………… 185

8.1.2　太阳能路灯工作原理 ·· 186
8.2　太阳能光伏技术在通信领域的应用 ··· 187
8.3　太阳能光伏技术在光伏发电领域的应用 ······································· 188
　　8.3.1　大型光伏发电系统(电站) ·· 188
　　8.3.2　小型光伏发电系统 ·· 189
8.4　太阳能光伏技术在交通领域的应用 ··· 189
　　8.4.1　太阳能汽车和太阳能电动车 ·· 189
　　8.4.2　太阳能游船 ··· 192
　　8.4.3　太阳能飞机 ··· 192
8.5　太阳能光伏技术在建筑领域的应用 ··· 193
　　8.5.1　太阳能光伏建筑一体化 ·· 193
　　8.5.2　太阳能光电幕墙 ··· 195
　　8.5.3　光伏建筑一体化系统设计 ··· 196
　　8.5.4　光伏建筑一体化建筑设计 ··· 199
　　8.5.5　光伏建筑一体化光伏系统的安装与调试 ································· 204
8.6　太阳能光伏技术在农业领域中的应用 ·· 205
　　8.6.1　光伏农业概述 ·· 205
　　8.6.2　太阳能发电在植物补光中的具体应用 ···································· 207
8.7　太阳能光伏技术在太空领域中的应用 ·· 209
8.8　太阳能光伏技术在其他领域中的应用 ·· 210
8.9　光伏发电系统工程实例 ·· 211
　　8.9.1　10kW光伏发电系统工程设计 ·· 211
　　8.9.2　家庭用光伏发电系统工程设计 ··· 217
习题 ··· 219
验证性实验项目 ··· 220
　　实验二十四　不同负载对太阳能光伏逆变器的影响实验 ······················ 220
　　实验二十五　太阳能光伏控制器电磁兼容测试 ·································· 222
综合性实验项目 ··· 226
　　实验二十六　独立光伏发电系统应用综合实验 ·································· 226
　　实验二十七　太阳能汽车应用综合实验 ··· 230
设计性实验项目 ··· 232
　　实验二十八　太阳能多功能电源充电器设计 ····································· 232
　　实验二十九　30W太阳能LED路灯电路的设计 ································· 236
　　实验三十　太阳能光伏发电系统的设计与制作 ·································· 242
参考文献 ·· 246

第1章 太阳能电池的基本原理和分类

1.1 绪　　论

1839年法国实验物理学家Edmund Becquerel报道了他在电解槽中发现了光生伏特效应,自此以后,世界各国科学家对这一效应产生了浓厚的兴趣,并从理论和实验两方面对它展开了深入的研究。1877年Adams和Day在固体硒中观察到了光生伏特效应,接着美国发明家Fritts于1883年描述了第一个由硒片制造的光伏电池。此后又有人陆续在氧化亚铜和硫化镉中发现了光生伏特效应。1941年Ohl提出了基于PN结的单晶硅光伏器件的设想。在此基础上,美国贝尔(AT&T)实验室的三位科学家Chapin、Fuller和Pearson于1954年研制成功世界上第一个实用型单晶硅PN结太阳能电池,开始时电池转换效率只有4.5%,几个月后,他们便把电池的效率提高到6%,从此光伏技术的研究与应用进入了新的历史阶段。

1958年,首颗以光伏电池作为信号系统电源的人造卫星——美国的先锋Ⅰ号(Vaguard I)卫星发射上天,从此开启了光伏电池作为空间电源应用的新纪元。由于太阳能电池具有功率高、寿命长、可靠性好等优点,并能很好地在外太空极端恶劣的环境下工作,加之外太空的太阳辐射相对稳定,且不受地球大气层和气候变化的影响,使得太阳能电池作为一种较为理想的空间电源获得了广泛应用。在迄今人类发射到外太空中去的各类飞行器中,绝大部分使用太阳能电池作为电源。

1973年世界爆发了第一次能源危机。这次能源危机使人们清醒地认识到地球上化石能源储藏及供给的有限性,客观上要求人们必须寻找其他可替代的能源,改变现有的以使用单一化石能源为基础的能源供给结构。为此,以美国为首的西方发达国家纷纷投入大量人力、物力和财力支持地面用光伏技术的研究和发展,并在全世界范围内掀起了开发利用太阳能的热潮,也由此拉开了太阳能电池走向地面应用的序幕。在此后短短的20年时间,越来越多的科学家投身于地面用光伏技术研究和应用的热潮中,就太阳能电池从材料、结构和工艺等各方面进行了广泛而深入的研究,在提高太阳能电池效率和降低成本等方面做出了不懈的努力。

1976年,RCA实验室的Carlson和Wronski发明了非晶硅薄膜太阳能电池。虽然当时小面积样品的光电转换效率只有2.4%,但这种非晶硅薄膜太阳能电池却显示出成本低廉、可大面积制备、易于实现组件面积上的集成以及便于工业化大规模连续生产等巨大优势。经过多年的努力,美国在20世纪80年代中期率先实现了非晶硅薄膜太阳能电池的产业化,当时组件的初始效率为5%~6%。1987年,在非晶硅薄膜太阳能电池发展的鼎盛时期,它曾一度占据世界光伏组件销售量的40%。虽然非晶硅薄膜太阳能电池后来因存在转换效率较低且效率随光照衰退明显等问题限制了它的发展,但它的出现使人们更清楚地看到,未来廉价高效太阳能电池的发展方向在于太阳能电池的薄膜化,一旦薄膜太阳能电池在关键技术上取得重大突破,光伏发电是能够与传统的能源技术相竞争的。另一项重要的研究工作是由澳大利亚新南威尔士大学 Green 领导的研究小组在 1985 年做出的。他们通过多年深入细致地研究限制晶体硅太阳能电池效率提高的机理,找到了克服使太阳能电池效率降低的各种因素的办法,最终使单晶硅太阳能电池的效率突破了 20% 的大关。国际光伏产业也正是在这一时期孕育、萌芽、发展壮大起来的。经过多年的发展,到 1989 年已形成年产光伏组件 40MW、销售额近 4 亿美元的产业。由于当时太阳能电池组件的价格昂贵,用它来发电并向常规电网供电在经济上并不合算。这个时期光伏发电主要应用于一些特殊供电场合,譬如在交通、微波通信、农业灌溉、医疗卫生、石油工业、日用电子产品以及偏远无电地区用电等领域使用。

作为光伏发电在地面应用的示范,各国政府也出资建立了一些规模从几千瓦到几兆瓦的光伏电站。一些发明家甚至别出心裁造出了太阳能飞机及汽车等。1981 年首架以光伏为动力的太阳能飞机 Solar Challenger 试飞成功;在 1987 年举办的首届太阳能汽车穿越澳大利亚大奖赛"World Solar Challenge"中,来自通用汽车公司(GM)的 Sunrayce 以 71km/h 的平均时速跑完 950km。

鉴于全球能源短缺和环保问题的日趋严重,1992 年联合国在巴西的里约热内卢召开了世界环境和发展大会。在这次大会上,世界各国进一步认识到:工业革命虽然为人类社会创造了高度发达的物质文明,使人们充分享受到现代科技给生活带来的巨大舒适和便利,但支撑整个工业化社会存在和发展的能源基础却存在隐患,因为它是以大量消耗地球上有限的化石能源为基础的。而且,随着发展中国家向工业化社会的快速推进,世界人口的增加以及人们对能源消耗要求的不断增加,世界能源供给和需求的矛盾将会加剧。另一方面,大量燃烧化石能源排放出大量的废气、废水,给生态环境造成了极大的破坏。由此引发的全球气候变暖、气候异常、洪涝及酸雨等自然灾害正威胁着人类自身的生存。会后,世界各国达成了共识,即必须把经济和社会的发展与环境保护有机结合起来,走可持续化发展的道路,而经济和社会的可持续发展对能源利用的要求就是要大力开发利用可再生的洁净能源。

光伏发电自 20 世纪 70 年代开始在地面得到应用,到 90 年代后半期进入了快速发展时期。最近 10 年和最近 5 年太阳能电池的年平均增长率分别为 41.3% 和 49.5%。2007 年太阳能电池产量达到了 4000MW,总装机容量约为 10GW。特别是自 2004 年德国实施了经过修订的《上网电价法》以来,市场需求急剧扩大,光伏产品供不应求。尽管有材料短缺的限制,2007 年太阳能电池/组件产量的年增长率仍然达到 56.2%。另外,光伏发电领域中并网发电的比例也越来越大,正在逐步成为光伏发电市场应用的主导市场。2007 年欧洲的并网光伏系统比例达到 95% 以上,世界平均达到 80% 以上。自 2000 年以来,并网光伏发电的年平均增长率超过 60%,是整个可再生能源技术中相对增长最快的技术,图 1-1 给出了最近十几年中全球光伏产量的走势。

在所使用的各种太阳能电池中,晶体硅太阳能电池的市场占有率在最近几年都始终保持在 90% 左右,剩下的绝大部分市场份额也由非晶硅薄膜太阳能电池所占据,其他的薄膜太阳能电池的贡献微不足道。现阶段产业化光伏技术的最大赢家是多晶硅太阳能电

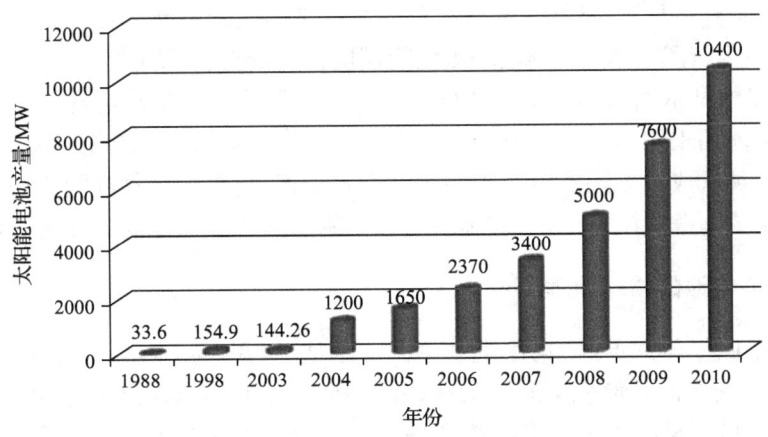

图 1-1 全球光伏产量走势

池技术,造成这一现象的主要原因是因为多晶硅太阳能电池具有比单晶硅太阳能电池更高的性价比。用来生产多晶硅片的多晶硅锭是采用铸锭法制造的,在降低成本方面有明显的优势。与昂贵的拉单晶过程相比,铸锭法使用的设备及制造过程简单,省时省电,节约硅材料,并可使用较低纯度的硅原料。此外,铸锭法可直接制备出大尺寸的方形硅锭,经切片后可获得理想的方形多晶硅片,而由此制作的方形太阳能电池片具有更高的组件填充密度,几乎能完全利用组件面积,进而弥补组件水平上多晶硅太阳能电池较单晶硅太阳能电池在效率上的劣势。更重要的是,近年来多晶硅太阳能电池的制备工艺及技术取得了重大突破,使得目前多晶硅太阳能电池的效率与单晶硅太阳能电池相当接近。

由以上分析不难看出,晶体硅太阳能电池主导国际光伏市场的格局在短期内不会改变,而且其所占的市场份额还会继续增加。但是,晶体硅太阳能电池技术的进一步发展仍然会受到成本降低极限的限制,难以实现最终与传统能源技术相竞争的目标。从长远来看,光伏技术要在未来世界能源体系中占据重要的位置,还需要在技术上特别是薄膜太阳能电池技术上取得重大的技术突破。

1.2 太阳能电池的基本原理

光电池是直接把光转变成电的光电器件,由于它是利用各种势垒的光生伏特效应制成的,故称为光生伏特电池,简称光电池。光电池按用途可以分为太阳能电池、测量光电池;按材料可以分为硅光电池、锗光电池、硒光电池、砷化镓光电池。其中最受重视的是硅光电池,硅光电池具有很多优点,如性能稳定、寿命长、光谱响应范围宽、频率特性好、能耐高温等。光电池可应用于光能转换、光度学、辐射测量、光学计量和测试、激光参数测量等方面。

随着世界范围能量需求的增加,矿物燃料等常规能源将在不远的时间内枯竭,必须发展和采用替代能源,特别是唯一的长期天然能源即太阳能。太阳能电池被认为是从太阳获取能量的主要候选者,因为它能以高的转换效率将太阳光直接转变为电能,能够以低运行成本提供几乎是永久性的电力,而且没有污染。最近,低成本平板太阳能电池、薄膜器件和集光系统的研究和开发,以及许多富有革命性意义的概念不断被提出,相信在不久的将来,适应大规模生产和利用太阳能的小太阳能模块和太阳能电厂的建立在经济上是可行的。

1954年美国贝尔电话实验室制造出了第一个实用的硅太阳能电池。原则上讲,各种半导体材料都能用来制作太阳能电池,如硒、硅、碲化镉、砷化镓、磷化铟等。非晶硅太阳能电池作为一种低成本太阳能电池现在逐渐受到重视,世界各国都在大力研究。目前,有实用价值的主要是硅太阳能电池,其他材料和结构的太阳能电池尚处于研究阶段。

1.2.1 太阳能电池的物理原理

采用掺杂工艺,通过扩散作用,将P型半导体与N型半导体制作在同一块半导体基片上,在它们的交界面就形成空间电荷区,称为PN结。半导体光电池多数具有一个大面积的PN结,所以PN结的光生伏特效应是太阳能电池的理论基础。太阳能电池是不加偏置的PN结器件,光生伏特效应就是半导体材料吸收光能后在PN结上产生电动势的效应,如图1-2所示,图中E_F为费米能级。光生伏特效应有3个主要物理过程:首先,吸收$h\nu \geqslant E_g$的光子激发出非平衡电子空穴对,其中$h\nu$表示入射光子复合能量,h为普朗克常量,ν为频率,E_g为半导体带隙宽度;其次,非平衡电子和空穴从产生处向内建电场区运动,这种运动可以是扩散运动也可以是漂移运动;最后,非平衡电子和空穴在内建电场作用下向反方向运动而分离。这种电场区可以是PN结、金属与半导体间的肖特基势垒和异质结等。

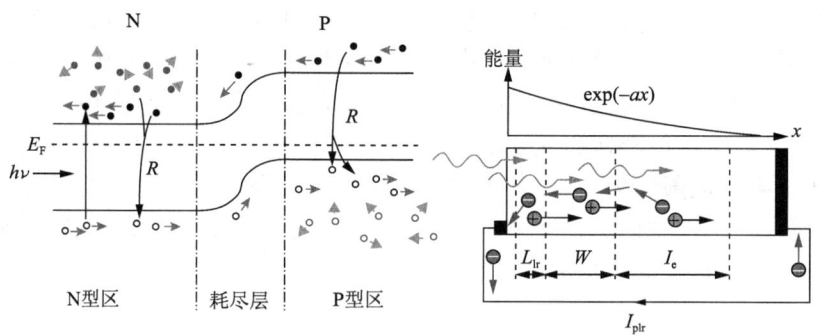

图1-2 太阳能电池的物理原理

在光的照射下,如果光子能量大于禁带宽度,在PN结及其附近就可能产生电子空穴对。这些非平衡载流子只要能运动到PN结的边界,便马上被PN结强大的内建电场所分离。非平衡空穴被拉向P区,非平衡电子被拉向N区。结果在N区边界将积累非平衡电子,P区边界将积累非平衡空穴,产生一个与平衡PN结内建电场方向相反的光生电场;于是在P区和N区间建立了光生电动势。积累的光生载流子部分地补偿了平衡PN结的空间电荷,引起PN结势垒高度的降低,如图1-3所示,图中,E_c为导带,E_v为价带,q为电子电量。光照使PN结势垒降低等效于PN结外加正向偏压,同样能引起P区空穴和N区电子向对方的扩散,形成正向注入电流,这个电流的方向与光电流刚好相反。受光照的PN结如果处于开路状态,光生载流子只能积累于PN结两侧产生光生电动势。这时在电池外测得的电位差为开路电压,用U_{OC}来表示。如果把PN结从外部短路,则

PN 结附近的光生载流子将通过这个途径流通,这时流过太阳能电池的电流叫短路电流,用 I_{sc} 表示。

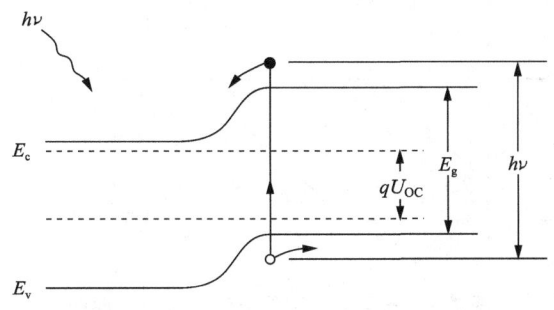

图 1-3　光照下 PN 结能带图

1.2.2　太阳能电池的伏安特性

在 PN 结内建电场 E 的作用下,电子受力向 N 型一侧移动,空穴受力向 P 型一侧移动。图 1-4 描述了在短路条件下载流子的理想流动情况,e^- 和 h^+ 分别表示电子和空穴。总体来说,在离 PN 结越近的地方产生的电子空穴对越容易被收集。光照对太阳能电池的作用,可以认为是在原有的二极管暗电流基础上简单添加了一个电流增量,于是二极管公式为

$$I = I_0(e^{\frac{qU}{nk_BT}} - 1) - I_L \tag{1-1}$$

式中,I_0 为反向饱和电流;n 为修正因子;k_B 为玻尔兹曼常量;T 为温度;q 为电子电量;U 为电压;I_L 为光生电流增量。

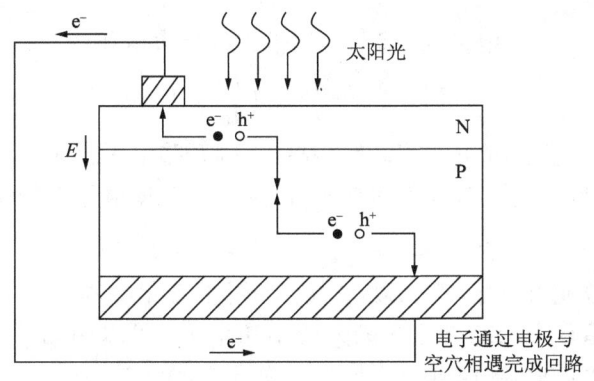

图 1-4　PN 结区域电子与空穴在理想短路情况下的流动

光照能使电池的伏安特性曲线向下平移到第四象限,于是二极管的电能可以被获取,如图 1-5 所示。

在一定光照强度、工作温度条件下,衡量太阳能电池电力输出有两个主要参数。

(1) 短路电流 I_{sc}。当电压为 0 时,电池输出的最大电流为 I_m。在理想情况下,如果 $U=0$,$I=I_L$,I_L 与入射光照强度成正比。晶硅电池的短路电流密度可表示为

$$J_{SC} = q\int_{总} G_L dx - q\int_p \frac{\Delta p}{\tau_p} dx - q\int_n \frac{\Delta n}{\tau_n} dx - q\int_{耗尽区} \xi dx - q\Delta p S_p - q\Delta n S_n \tag{1-2}$$

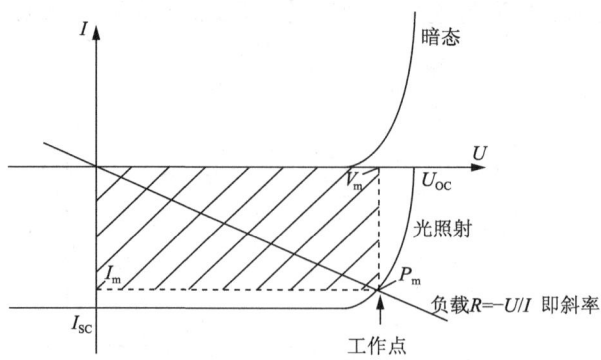

图 1-5 光照下太阳能电池伏安特性曲线

式中，G_L 是光生载流子的产生率；$\Delta n(\Delta p)$ 为过剩载流子浓度；$\tau_n(\tau_p)$ 是电子(空穴)的少子寿命；ξ 为耗尽层的复合率；$S_p(S_n)$ 为空穴(电子)的表面复合速率。

在式(1-2)中，第 1 项是晶硅吸收光产生电子空穴对的电流，后 5 项都是降低光电流密度的因素。第 2～4 项分别为在 P 区、N 区和耗尽区的体复合损失，最后两项表示的电流密度损失来自表面复合。该式清楚地表明，半导体中非平衡载流子寿命直接决定着太阳能电池中复合电流的大小。寿命长则使 N 区、P 区和耗尽区的复合电流都减小，从而使短路电流增加。式(1-2)还表明，表面复合速率的增大使短路电流减小。载流子寿命对短路电流的影响是容易理解的，因为光生载流子只有运动到 PN 结附近才能被结电场收集形成光生电流。这就要求少子扩散长度大于电子空穴对产生地点与 PN 结之间的距离。半导体材料的少子寿命短则扩散长度也短，能被结收集的范围也小了，这必将导致光生电流下降。

(2) 开路电压 U_{OC}。当电流为 0 时，电池输出的最大电压为 U_m。当 $I=0$ 时

$$U_{OC} = \frac{nk_B T}{q}\ln\left(\frac{I_L}{I_0}+1\right) \tag{1-3}$$

反向饱和电流 I_0 越小，光电流 $I_{SC}=I_L$ 越大，则开路电压越大。对于伏安特性曲线上的每一点，都可取该点上电流与电压的乘积，以反映此工作情形下的输出电功率 P，即

$$P = IU = [I_0(e^{\frac{qU}{k_B T}}-1)-I_L]U \tag{1-4}$$

太阳能电池的效能可以用"最大功率点"来描述，在最大功率点 $U_m \times I_m$ 达到电流电压乘积函数的最大值。太阳能电池的最大输出功率 P_m 可以用图形方式表示，即在伏安特性曲线下描绘一个矩形，并使其面积最大。换言之，令

$$\frac{dP}{dU} = \frac{d(IU)}{dU} = 0 \tag{1-5}$$

从而

$$U_m = \frac{k_B T}{q}\ln\left(\frac{1+\frac{I_L}{I_0}}{1+\frac{qU_m}{k_B T}}\right) \approx U_{OC} - \frac{k_B T}{q}\ln\left(1+\frac{qU_m}{k_B T}\right)$$

$$I_m = I_0\left(\frac{qU_m}{k_B T}\right)e^{\frac{qU_m}{k_B T}} \approx I_L\left(1-\frac{k_B T}{qU_m}\right) \tag{1-6}$$

$$P_\mathrm{m} = I_\mathrm{m} U_\mathrm{m} = I_\mathrm{L}\left[U_\mathrm{OC} - \frac{k_\mathrm{B}T}{q}\ln\left(1+\frac{qU_\mathrm{m}}{k_\mathrm{B}T}\right) - \frac{k_\mathrm{B}T}{q}\right]$$

填充因子(fill factor,FF)是衡量电池 PN 结质量及串联电阻的参数。它的定义是

$$\mathrm{FF} = \frac{U_\mathrm{m}I_\mathrm{m}}{U_\mathrm{OC}I_\mathrm{SC}} \tag{1-7}$$

因此有

$$P_\mathrm{m} = U_\mathrm{OC}I_\mathrm{SC} \cdot \mathrm{FF} \tag{1-8}$$

很明显,FF 越接近 1,太阳能电池的质量就越好。

1.2.3 寄生电阻的影响

太阳能电池通常伴随有寄生串联电阻和并联(分流)电阻,如图 1-6 所示,两种寄生电阻都会导致 FF 降低。如果同时存在串联电阻 R_s 和并联电阻 R_sh,太阳能电池的伏安特性曲线由下式给出:

$$I = I_L - I_0\left[e^{\frac{q(U+IR_\mathrm{s})}{nk_\mathrm{B}T}} - 1\right] - \frac{U+IR_\mathrm{s}}{R_\mathrm{sh}} \tag{1-9}$$

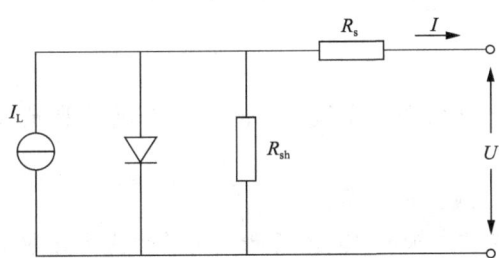

图 1-6 太阳能电池等效电路图

R_s 主要来源于半导体材料的体电阻、金属接触与互联、载流子在顶部扩散层的运输以及金属和半导体材料之间的接触电阻。根据式(1-9)可以得到串联电阻的影响,如图 1-7 所示。为了减少发射区薄层电阻的影响,常常使用高掺杂发射区并作成较深的结。栅指状电极覆盖于太阳能电池受光表面,做成细而多的条,以减少挡光面积,而且还可以适当选择栅条间距和条数来减少光电流在流过发射区时产生的损耗(由于金属表面反射光,所以表面金属电极占据的面积越大,太阳能电池的效率越低。但是,当电极面积越小时,电流流动时的电阻变大,效率也会降低。从而,必须将电极宽度和电极间距设计成最佳值)。而并联电阻 R_sh 是由于 PN 结的非理想性和结附近的杂质造成的,它引起结的局部短路,尤其在电池边缘。根据式(1-9)可以得到并联电阻的影响,如图 1-8 所示。

由此可以得到结论:串联电阻不影响开路电压,却严重影响填充因子和短路电流;并联电阻不影响短路电流,但对开路电压和填充因子都有影响。从图 1-7、图 1-8 可以得到下述近似关系:

$$\begin{cases} \left|\left(\dfrac{\mathrm{d}I}{\mathrm{d}U}\right)_{I=0}\right| \approx \dfrac{1}{R_\mathrm{s}} \\ \left|\left(\dfrac{\mathrm{d}I}{\mathrm{d}U}\right)_{U=0}\right| \approx \dfrac{1}{R_\mathrm{sh}} \end{cases} \tag{1-10}$$

利用式(1-10)就可以从伏安特性曲线粗略地估计出 R_s 和 R_{sh} 的大小。

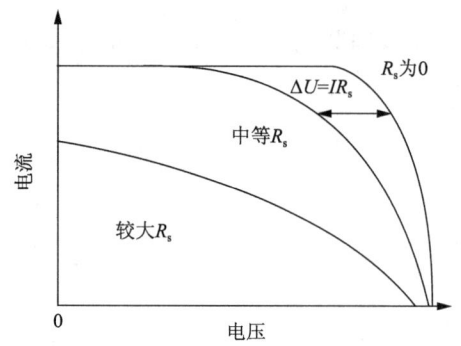

图 1-7　串联电阻对太阳能电池填充因子的影响

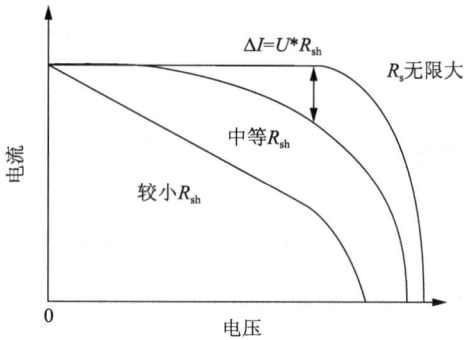

图 1-8　并联电阻对太阳能电池填充因子的影响

1.2.4　光学损失和复合损失

光学损失和复合损失会使电池功率输出低于理想值。

1. 光学损失

太阳能电池的一些光学损失过程包括顶部金属电极的遮光、表面反射、背电极(背面接触)的反射等。

以下几种方法都可以减少光学损失。

(1) 将电池表面顶层的电极面积减少到最小(虽然这将导致串联电阻的增加)。

(2) 在电池表面使用减反射膜。它利用从膜表面与从电池基体表面反射的光发生光的相消而减少反射损失。根据光的干涉原理,设大气或真空折射率为 n_0,减反射膜厚度为 h_1,光波长为 λ,则减反射膜(介质)折射率 n_1 与半导体材料的折射率 n_2 之间满足如下关系：

$$\begin{cases} n_1 = \sqrt{n_0 n_2} \\ n_1 h_1 = \frac{1}{4}\lambda \end{cases} \tag{1-11}$$

(3) 通过电池表面制绒可以有效减少反射。

(4) 随机式反射陷光("陷光"指光被俘获)结构,无规则反射导致光被俘获。通过这种陷光方式,最多可以将入射光的路程长度扩大至 $4n_2$(约 50)倍,因此光线被吸收的可能性将显著增加。

(5) 太阳能电池对更大波长辐射的转换效率(或红光响应)可以通过增加电池"背电场"的方式来改善,也就是降低背表面的复合速率。

2. 复合损失

太阳能电池的效率也会因为电子空穴对在被有效利用之前复合而降低,一些发生复合的场所如图 1-9 所示。图 1-9 所示为电子空穴对复合的一些可能模式,同时表示了未复合的载流子被收集的情况。复合能通过以下几种机理发生。

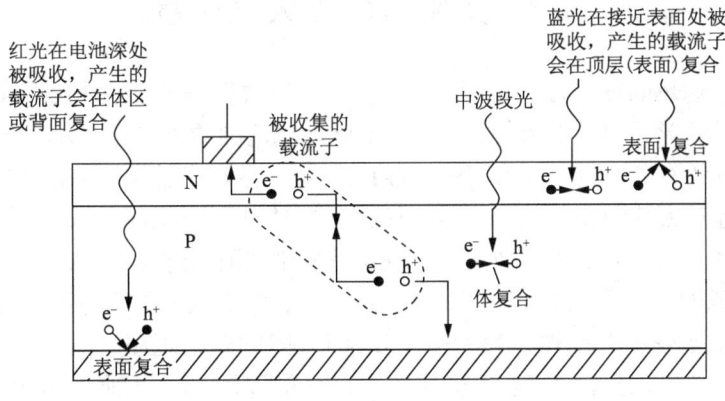

图 1-9　电子空穴对复合

（1）辐射复合。吸收的反过程，也称直接复合。导带中的载流子电子直接返回到价带中填补一个空位，引起电子和空穴对复合，同时释放光能。这种复合方式在半导体激光器和发光二极管中适用，但是对硅太阳能电池来说并不显著。

（2）俄歇复合。"碰撞电离"的反过程。电子和空穴复合释放出多余的能量，这些多余的能量被另一个电子吸收，随后，这个吸收了多余能量的电子弛豫（从激发态回到平衡态）返回原先的能态并释放出声子。俄歇复合在掺杂较重的材料中尤其显著。当杂质浓度超过 10^{17}cm^{-3}，例如，重掺杂 n^+ 发射区，俄歇复合成为最主要的复合过程。

（3）通过陷阱复合。当半导体中的杂质或表面的界面陷阱在禁带中产生允许的能级时，这个复合就能发生；也称间接复合，可分为体内间接复合和表面复合。①体内间接复合，半导体中晶格缺陷越多，或者某些杂质，例如金、铜、铁等浓度越大，则材料中的非平衡载流子寿命就越短。其原因在于这些杂质和缺陷形成了一些"复合中心"，促进电子和空穴的复合。这种通过半导体材料内部复合中心进行复合的过程称为间接复合。实际半导体材料内复合过程主要是间接复合。②表面复合，由于晶体原子的周期性排列在表面终止，在表面区引入了大量的局域能态或产生复合中心，这些能态可以大大增加表面区域的复合率。因为表面复合对许多半导体器件的特性有很大影响。表面复合和前面讨论的间接复合类似，是通过表面复合中心进行的。通常，表面处缺陷的密度大于内部缺陷密度。故表面处过剩少数载流子的寿命比体内的短，若表面和体内的复合率相等，则表面处的过剩少数载流子浓度小于内部的过剩少数载流子浓度。值得注意的是，限制效率的最恶劣的影响因素是高能光子在晶体表面附近被吸收并且在表面因复合而消失。晶体表面和界面包含了高浓度的复合中心，促进了表面区域的光生电子空穴对的复合。由于近表面或表面的光生电子空穴对复合所损失的能量可高达 40%，这些效应使得器件效率低至 45%。另外减反射膜也不是完美的，因此使得所收集的光子数减小的因子是 0.8~0.9。加上考虑到光伏作用自身的限制，单晶硅制作的光伏器件效率的上限在室温下为 24%~26%。

1.3 太阳常数和大气质量

太阳是一个灼热的球体,太阳的中心一直进行着激烈而复杂的热核反应,反应产生的能量主要以光辐射的形式向太空辐射。太阳投射到地球范围的辐射能量并不能全部到达地球表面。粗略估计约有三分之一的太阳辐射被地球大气层上部反射回宇宙空间,另外约有不到三分之一被地球大气吸收,到达地球表面的太阳辐射只占太阳投向地球范围的总辐射能量的三分之一多一点。太阳常数和大气质量就是描述太阳辐射与大气吸收情况的物理量。

太阳与地球的平均距离为 $1.495 \times 10^8 \mathrm{km}$,在大气层外这个平均距离处,垂直照射到单位面积上的太阳辐射功率被称为太阳常数,即太阳的辐射通量。太阳常数可以在人造卫星上或者气球上,或者其他高空飞行器上进行测量,目前公认的太阳常数为 $1366\mathrm{W/m^2}$。因为太阳光没有经过空气吸收,所以太阳常数又称为大气质量零辐射(air mass-zero radiation),记作 AM0。

在晴朗的天气,太阳辐射到达地面的衰减程度主要取决于穿过大气的光程长度。把太阳当顶时垂直于海平面的太阳辐射穿过的大气高度规定为一个大气质量,这时穿过大气的厚度最小。通常大气质量以"一个大气质量"的若干倍来表示,太阳正当头顶时大气质量是 1,记为 AM1,这时的辐射称为 AM1 辐射。当太阳光以天顶角 θ 斜入射时,如图 1-10 所示,大气质量由下式给出:

$$\text{大气质量} = \frac{D}{d} = \frac{1}{\cos\theta} \tag{1-12}$$

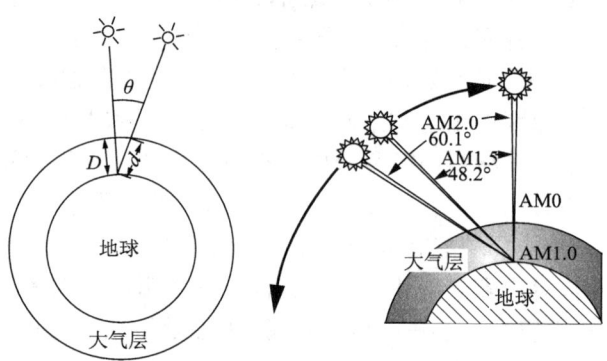

图 1-10 各种大气质量的定义和示意图

若设每秒钟入射到单位面积、单位波长的间距内的光子数为 $N_p(\lambda)\mathrm{cm}^{-1} \cdot \mathrm{s}^{-1} \cdot \mu\mathrm{m}^{-1}$,则入射到单位面积上的光功率 P_{in} 为

$$P_{\mathrm{in}} = \int_0^\infty N_p(\lambda) h\nu \mathrm{d}\lambda = hc \int_0^\infty \frac{N_p(\lambda)}{\lambda} \mathrm{d}\lambda \tag{1-13}$$

式中,λ 为光波长;h 为普朗克常量;ν 为频率。

在 AM0、AM1.5G(太阳直接辐射与太阳漫射辐射之和)和 AM1.5D(太阳直接辐射)三种情况下,P_{in} 的值分别为 $1366\mathrm{W/m^2}$、$964\mathrm{W/m^2}$ 和 $768\mathrm{W/m^2}$,图 1-11 给出了 AM0、AM1.5G 和 AM1.5D 三种情况下的标准光谱能量分布图。

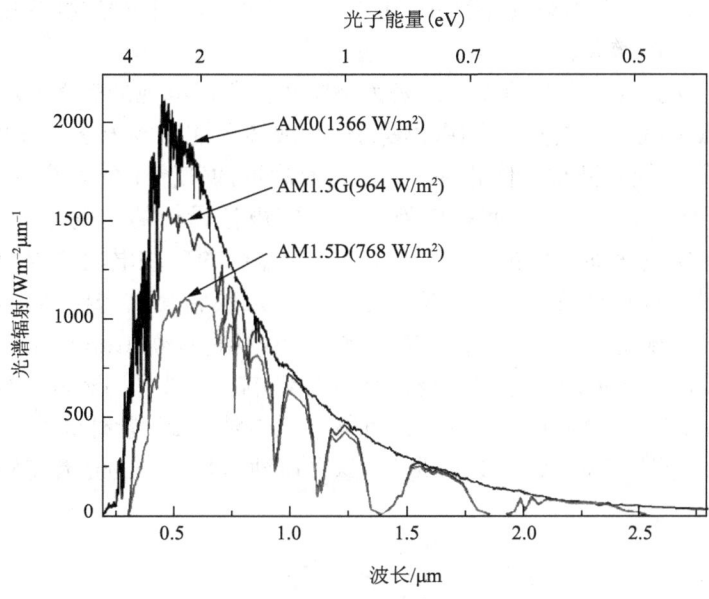

图 1-11　各种太阳光谱的光谱能量分布

1.4　晶硅太阳能电池的种类和技术发展

贝尔实验室 Chapin 等 1954 年开发制备出效率为 6% 的单晶硅太阳能电池后，现代硅太阳能电池时代宣告开始。由于掺 B 的 P 型晶硅衬底制备的太阳能电池在空间更抗辐照，其少数载流子电子具有更小的俘获截面，现代太阳能电池制备就全部采用 P 型晶硅衬底。

晶硅太阳能电池的发展经历了三个发展时期。1958 年晶硅太阳能电池首先在美国的第一颗卫星"先锋号"上使用太阳能电池获得了成功，在随后 10 多年里，晶硅太阳能电池在空间应用不断扩大，工艺不断改进发展，电池设计逐步定型。使用栅线电极使电池的内阻从 5~10Ω 减少到 0.1~1Ω；而使用 SiO_2 减反射涂层和改进工艺后，太阳能电池在 AM0 条件下的最高转换效率接近 13%，平均转换效率为 10%~11%，这是硅太阳能电池发展的第一个时期。第二个时期开始于 20 世纪 70 年代初，在这个时期背表面场、细栅金属化、浅结扩散和表面结构化开始引入到电池的制造工艺中，太阳能电池转换效率有了较大提高。20 世纪 80 年代，硅太阳能电池进入快速发展的第三个时期。这个时期的主要特征是把表面钝化技术、降低接触复合效应、后处理提高载流子寿命、改进陷光效应引入到电池的制造工艺中，先后出现过各种不同结构的新型电池。

（1）背表面电场（BSF）电池。为防止在衬底的背面附近由于载流子的复合引起效率的减少，在背面实现与衬底同类型的高浓度掺杂的太阳能电池。例如在 P 型 Si（P 型硅）衬底背面进行铝合金掺杂，在背面形成 PP^+ 高低结势垒，即存在背表面场。由于背面的高低结势垒与硅片正面形成的 N^+P 结势垒方向一致，能够提高电池的开路电压。另外，高低结势垒对 P 区少子-电子有阻挡和反射作用，既减少了背表面之复合作用，又提高了

PN结对光生少子的收集概率,也能提高电池的短路电流。同时,这种结构使太阳能电池对长波长光的灵敏度增大。

(2) 紫光电池。紫外光太阳能电池是为了防止太阳能电池的表面(受光面)由于载流子的复合而使效率减小的电池。当用化学腐蚀法或离子注入等方法使发射区 N^+ 减小为 $0.1\sim0.2\mu m$,就能减少"死层",防止在 N^+ 层表面附近的载流子的复合,提高光生空穴的收集概率,使转换效率提高。这就是紫外光太阳能电池设计的出发点,即采用"浅结"技术。采用浅结会提高表面薄层扩散电阻 R,必然使电池的串联电阻增大,加大功率损失。所以用"密栅"措施进行补救。同时应选择合适的减反膜与浅结密栅结构相配合,才能有效地提高短波光谱响应。例如:用 SiO_2 膜作减反膜,则它对 $0.4\mu m$ 以下波长的光有较大的吸收,而使总的短波光谱响应的提高仍然受到影响。若改用 Ta_2O_5 膜或用 ZnS/MgF 双层减反膜,也可以得到较好的结果。因而与常规电池相比,紫外光太阳能电池具有浅结、密栅及"死层"薄的特征,如图 1-12 所示,这种电池对短波长的光有特别高的灵敏度。

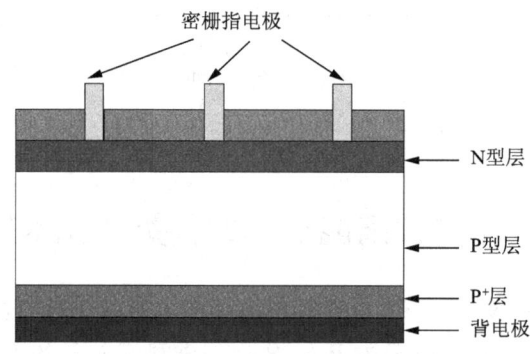

图 1-12 紫光电池

(3) 绒面电池。在(100)硅片的进光面上,采用各向异性化学腐蚀,制得特殊表面结构,如绒面、微槽面等。绒面或 V 型槽结构是用化学腐蚀方法在电池表面上得到许多有极小(几微米)的金字塔状或 V 型的凹凸层,在这种微结构表面上,入射光受表面第一次反射后,又得到第二次入射进硅衬底的机会,提高了光能利用率。这种技术后来被高效电池和工业化电池普遍采用。

(4) MIS 电池。这种电池是肖特基(MS)电池的改型,即在金属和半导体之间加入 $1.5\sim3nm$ 绝缘层,使 MS 电池中多子支配暗电流的情况得到抑制,而变成少子隧穿决定暗电流,与 PN 结类似。该电池优点是工艺简单,主要存在问题是其稳定性不够理想。图 1-13 为 MIS 太阳能电池器件结构。

(5) MINP 电池。1984 年,澳大利亚的研究小组研制出了转换效率达 18.7% 的金属-超薄绝缘层-NP 结(metal-insulator-NP junction,MINP)硅太阳能电池。这种电池是 MIS 电池和 NP 结的结合(图 1-14),其中氧化层对界面复合起抑制作用。通常的电池光电流收集电极金属与半导体直接结合,这样,在半导体表面复合概率增大。MINP 结构中引入了 $2\sim3nm$ 厚的极薄 SiO_2 层,使得在 N^+ 表面的光生电子空穴对的复合减少。同时,由于氧化膜很薄,电流可以通过隧穿效应流过,所以对短路电流的影响很小。

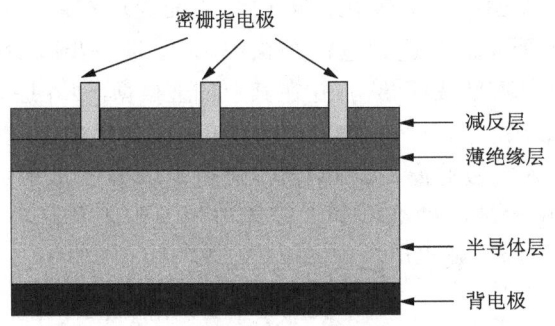

图 1-13　MIS 太阳能电池器件结构

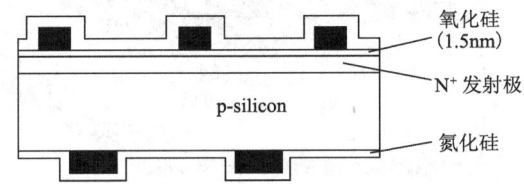

图 1-14　MINP 太阳能电池器件结构

（6）商业丝网印刷太阳能电池。将丝网印刷用于太阳能电池电极的制备，如图 1-15 所示，避免了原空间用太阳能电池真空蒸发法制备电极，使大规模生产的成本得到极大的降低。丝网印刷技术的特点有：①为了使电极和硅表面形成好的欧姆接触，由磷扩散所形成的表面 N-型材料掺杂浓度偏高。正如上面所述，高浓度掺杂降低材料内的少数载流子寿命，使光生载流子不能得到有效的收集，而短波长的太阳光是被这一层材料吸收的，因此这些太阳光的能量不能得到很好的利用，形成所谓的"死层"。②因为电池的前表面没有采取有效的钝化措施，电池前表面的复合概率高。③受丝网技术的限制，前表面的金属电极不能做得很窄，从而遮挡了光在硅片内的有效吸收。取决于硅片的电阻率，由丝网印刷技术生产的晶体硅电池的开路电压在 580～620mV，短路电流密度在 28～33mA/cm²，填充因子在 70%～75%。对于大面积的电池，电池表面 10%～15%面积被电池表面电极遮挡了。由该工艺生产的单晶硅太阳能电池的转换效率在 13.5%～17%。

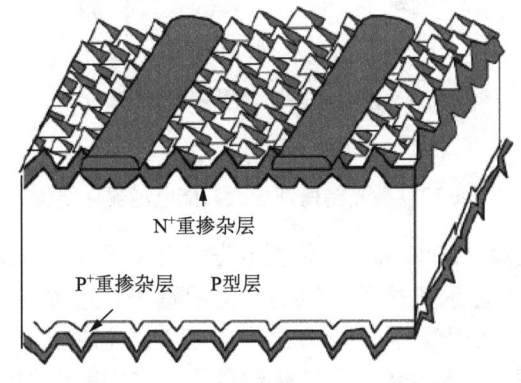

图 1-15　商业丝网印刷太阳能电池

(7) PERL 电池。双面钝化的钝化发射极和背面定域扩散硅太阳能电池,即 PERL 电池,其结构如图 1-16 所示。在这种电池结构中,为了进一步减少受光面的界面复合和光学损失,采用了倒金字塔型减反结构,并在其上加上极薄 SiO_2 层,再在其上覆盖双层减反膜以达到最佳减反效果。同时,在里电极上也加入极薄氧化层进行钝化以减弱背面复合,在钝化膜上刻出引入电极的窗口,利用窗口进行定域 B 扩散形成背电场,再将电极金属覆盖上形成 PERL 电池。这种结构的太阳能电池达到了单晶硅太阳能电池的最高转换效率,在 AM1.5 的光照下效率可达 24% 左右。

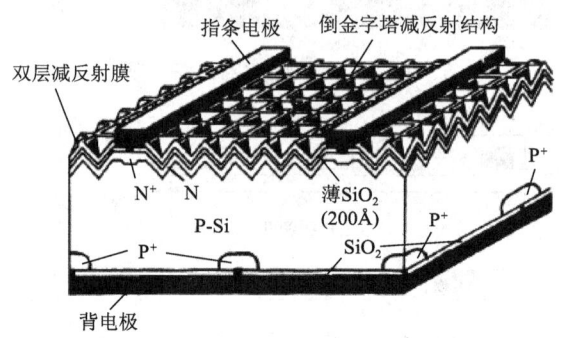

图 1-16　PERL 太阳能电池结构

(8) 刻槽埋栅太阳能电池。如图 1-17 所示,澳大利亚新南威尔士大学开发的激光刻槽埋栅电池在发射结淡磷扩散后(形成浅结),用激光在前面刻出 20μm 宽、40μm 深的沟槽,将槽清洗后进行浓磷扩散。然后在槽内电镀出金属电极。电极位于电池内部,减少了栅线的遮光面积。电池背面与 PESC 相同,由于刻槽会引进损伤,其性能略低于 PERL 电池,电池转换效率达到 21.1%。

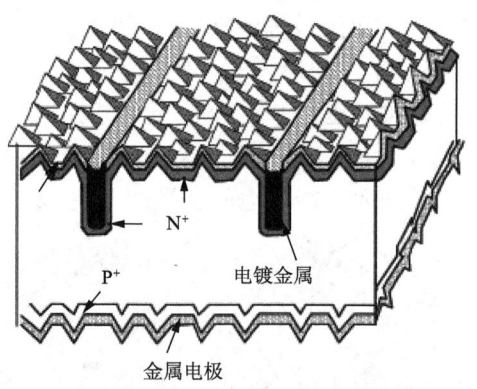

图 1-17　激光刻槽埋栅太阳能电池器件结构

(9) HIT 太阳能电池。2000 年,日本三洋公司报道了一种新型的高效太阳能电池设计和制造的方法,图 1-18 显示了这种电池的结构示意图。这种电池基于一种 N 型晶体硅材料,采用等离子体化学沉积(PECVD)方法在 N 型硅片衬底上沉淀本征层 I 和 P 型非晶硅薄膜,从而形成 N 型硅和非晶硅异质结结构(HIT)太阳能电池,非晶硅(a-Si:H)材料的带宽在 1.7eV 左右,远大于晶体硅 1.1eV 的带宽,因此此种 HIT 电池结构对于电池表面有很好的钝化作用。同时,由于非晶硅几乎没有横向导电性能,因此必须在硅表面淀积一层大面积的透明导电膜(TCO)以有效地收集电池的电流,制造这种电池的工艺温度不超过 300℃。这种电池的结构和工艺制造出了 21% 转换效率的单晶硅太阳能电池,电池的开路电压(U_{OC})达到 719mV,接近世界纪录。

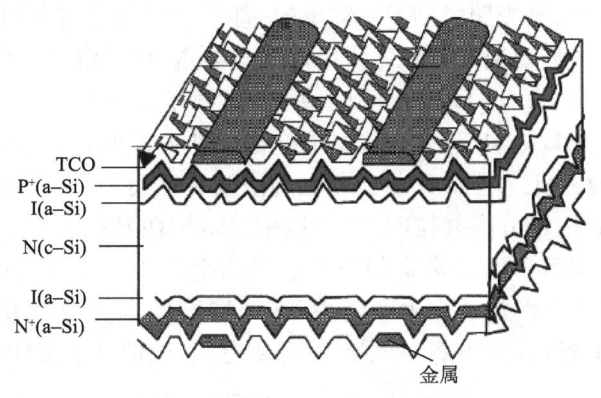

图 1-18　HIT 太阳能电池器件结构

习　题

(1) 分析光电池的基本物理过程。
(2) 寄生电阻对光电池的伏安特性有何影响?
(3) 什么是太阳常数和大气质量?
(4) 目前效率最高的硅电池有哪几种?

验证性实验项目

实验一　太阳能电池板伏安特性测试实验

一、实验目的

(1) 了解和掌握太阳能电池板原理及应用。
(2) 了解并掌握太阳能电池板开路电压、短路电流以及伏安特性曲线的测试。
(3) 学会分析太阳能电池的伏安特性。

二、预习内容

(1) 阅读教材中的太阳能电池的基本原理,了解太阳能电池的基本特性和主要参数。
(2) 熟悉实验电路。

三、实验原理

半导体太阳能电池是以光伏效应为基础的半导体器件。光伏效应是指适当波长的光照到半导体系统上时，系统吸收光能后两端产生光生电动势的现象。以同质 PN 结光伏电池为例（图 1-19(a)），当光照射到 PN 结上时，能量大于该半导体禁带宽度的光子被半导体吸收，光子损失的能量激发半导体价带电子至导带，形成电子空穴对，这些电子-空穴对即为光生载流子（图 1-19(b)）。P(N)区中的光生载流子对多数载流子的数量影响可以忽略，但是对少子的数量影响很大，光伏电池就是一种少数载流子器件。P(N)区电子（空穴）或者在 PN 结的势垒区中，或者由于存在的浓度梯度可以扩散到 PN 结势垒区中，从而被势垒区中的内建电场分离并拉向 N(P)区中。这样在 PN 结的两端电荷积累，使 P 区电势升高，N 区电势降低。已经聚集的电子和空穴会产生一个光生电场阻止电子、空穴的继续聚集，在稳态下就形成了光生电动势（图 1-19(c)），即产生光伏效应。然后将光照的 PN 结器件加上负载，形成回路，即可产生光生电流，电池开始工作（图 1-20）。

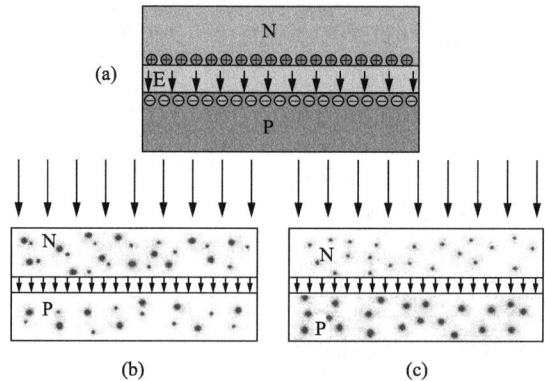

图 1-19 半导体 PN 结光伏效应原理示意图

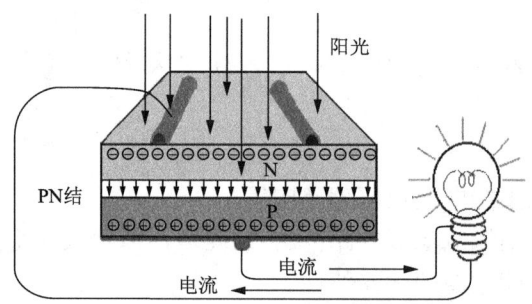

图 1-20 半导体 PN 结光伏电池工作原理图

图 1-21 是太阳能电池的理想等效电路，图中 R_L 为负载电阻，I_L 为流过太阳能电池的光生电流，I_D 为二极管电流，I 为流过负载 R_L 的电流，U 为其端电压，伏安特性曲线见图 1-22。在没有光照时，太阳能电池的伏安关系和普通二极管完全相同，所以太阳能电池在无光照时的特性即暗特性，只是图中电流轴向是反向画的。

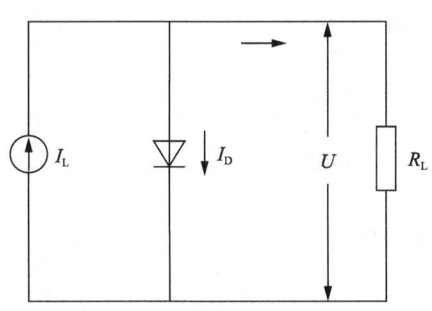

图 1-21 太阳能电池的理想等效电路

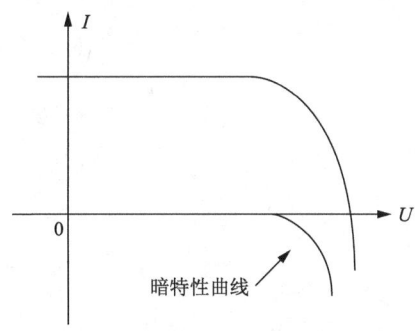

图 1-22 电池伏安特性

表征太阳能电池特性有以下几个重要参数。

1) 开路电压 U_{OC}

当电池处于开路状态时，R_L 趋于无穷，$I=0$，所以

$$U_{OC} = \frac{k_B T}{q} \ln\left(\frac{I_L}{I_0} + 1\right) \tag{1-14}$$

式中，k_B 为玻尔兹曼常量；T 为温度；q 为电子电量；I_0 为反向饱和电流。

由于 I_L 与入射光强成正比，因此 U_{OC} 也随入射光强增加而增大，与入射光强的对数成正比，开路电压还与 I_0 的对数成反比，而 I_0 与电池基体材料的禁带宽度和复合机制有关，禁带愈宽，I_0 越小，则 U_{OC} 愈大。

2) 短路电流 I_{SC}

当电池处于短路状态时，$R_L=0$，$U=0$，所以

$$I_{SC} = I = I_L \tag{1-15}$$

即短路电流 I_{SC} 等于光生电流 I_L，与入射光强成正比。光电流密度 J_L 即光电流 I_L 除以光电池面积，可以表示为

$$J_L = q\eta_0 N(E_g) \tag{1-16}$$

式中，η_0 为收集效率；$N(E_g)$ 为能量超过 E_g 的光子流密度，E_g 为禁带宽度。

四、实验仪器与器件

太阳能光伏发电系统实验实训装置、光伏电池板、充电电压表、充电电流表、电阻箱。

五、实验内容与步骤

1. 太阳能电池板开路电压测试实验

(1) 在实验台上按照图 1-23 连接好实验导线。

(2) 打开"模拟光源控制单元"里面"晨日"、"午日"、"夕日"中的任意一个开关，观察太阳能电池板是否在转动。如果没有转动请开启"跟踪系统电源开关"。

(3) 仔细观察实验台上的"充电电压表"的值，记录其中的最大值即为太阳能电池板的"最大开路电压"。

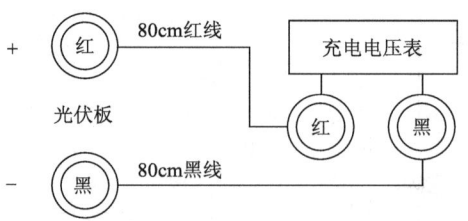

图 1-23　最大输出电压测试实验接线图

2. 太阳能电池板短路电流测试实验

(1) 在实验台上按照图 1-24 连接好实验导线。

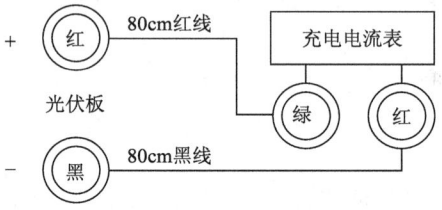

图 1-24　太阳能电池板短路电流测试实验接线图

(2) 打开"模拟光源控制单元"里面"晨日"、"午日"、"夕日"中的任意一个开关,观察太阳能电池板是否在转动(如果没有转动请开启"跟踪系统电源开关")。

(3) 仔细观察实验台上的"充电电流表"的值,记录其中的最大值即为太阳能电池板的"最大短路电流"。

3. 太阳能电池伏安特性测试

(1) 在实验台上按照图 1-25 连接好实验导线。

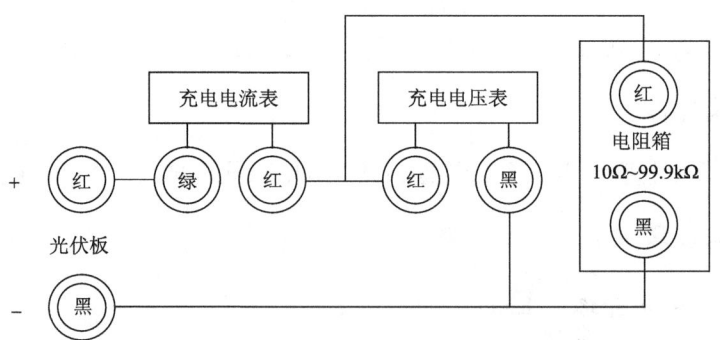

图 1-25　太阳能电池伏安特性测试接线图

(2) 打开"模拟光源控制单元"里面"晨日"、"午日"、"夕日"中的任意一个开关,观察太阳能电池板是否在转动(如果没有转动请开启"跟踪系统电源开关")。

(3) 将电阻箱调节到如下几组阻值,并将每个刻度的电压、电流值记录于表 1-1 中。

表 1-1 伏安特性曲线测试表

电阻值/Ω	0	100	200	300	400	500	600	700	800	900	1k	10k
电流/mA												
电压/V												

(4) 根据表格电压电流值画出太阳能电池的伏安特性曲线图。

六、实验报告要求

(1) 画出实验接线图。
(2) 列表整理实验数据并进行数据分析。
(3) 画出实际测得的太阳能电池伏安特性曲线图。

七、思考题

(1) 实验中为什么要改变负载电阻?
(2) 太阳能电池在使用中正负极能否短路,普通电池在使用中正负极能否短路,为什么?

实验二 环境对光伏转换影响实验

一、实验目的

(1) 了解和掌握环境对太阳能电池板影响的原理。
(2) 了解并掌握光照强度、温度等对太阳能电池板性能影响的测试。

二、预习内容

(1) 阅读教材中的太阳常数、大气质量以及温度对太阳能电池影响的原理。
(2) 熟悉实验电路。

三、实验原理

太阳的表面温度约为 6000℃,表面是色球层,太阳的中心一直进行着激烈的热核反应,依靠由轻元素聚合成重元素而释放出大量的能量。

由式(1-12)可知,当太阳直射时,此时太阳能电池的输出功率是最高的,而当太阳斜射时,功率会下降,于是通过本实验来验证这一过程,即光照强度对太阳能电池输出特性的影响。

此外,由于太阳能电池是半导体器件,载流子的扩散系数随温度的增高而增大,所以,少数载流子的扩散长度也随温度的增大而稍有增大,光生电流也随着温度的升高而有所增加,但是,电流随温度的增高呈指数增长,开路电压会随温度的升高急剧下降。当温度升高时,伏安特性曲线形状改变,填充因子下降,所以,转换效率会随着温度的增加而降低。

四、实验仪器与器件

太阳能光伏发电系统实验实训装置、光伏电池板、充电电压表、充电电流表、电阻箱、光功率计、加热器、照度计。

五、实验内容与步骤

1. 太阳能电池板开路电压与相对光强的函数关系实验

(1) 在实验台上按照图 1-26 连接好实验导线。

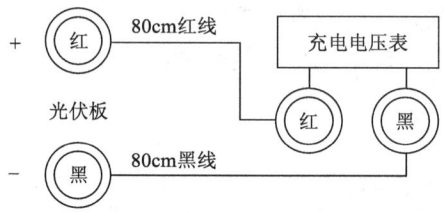

图 1-26 太阳能电池板开路电压与相对光强的函数关系测试接线图

(2) 在暗箱中(用遮光罩挡光),打开"模拟光源控制单元"里面"晨日"开关,取水平距离光强作为标准光照强度,开启触摸屏的电源开关,输入密码,点击"系统状态",从实验台中的触摸屏的右下角读出电池板的光照强度 J 和"充电电压表"的电压值记录于表 1-2 中。

(3) 打开"模拟光源控制单元"里面"午日"开关,关闭"跟踪系统电源开关",从实验台中的触摸屏的右下角读出电池板的光照强度 J_0 和"充电电压表"的电压值记录于表 1-2 中。

(4) 打开"模拟光源控制单元"里面"夕日"开关,关闭"跟踪系统电源开关",从实验台中的触摸屏的右下角读出电池板的光照强度 J_1 和"充电电压表"的电压值记录于表 1-2 中。

(5) 比较太阳能电池接收到相对光强度 J/J_0 不同值时,求出开路电压(U_{OC})与相对光强度 J/J_0 之间近似函数关系。

表 1-2 太阳能电池板开路电压与相对光强的函数关系测试数据

模拟光源	晨日	午日	夕日
光功率/W			
光照度/lx			
短路电流/mA			

2. 太阳能电池板短路电流与相对光强的函数关系实验

(1) 在实验台上按照图 1-27 连接好实验导线。

(2) 在暗箱中(用遮光罩挡光),打开"模拟光源控制单元"里面"晨日"开关,取水平距离光强作为标准光照强度,开启触摸屏的电源开关,输入密码,点击"系统状态",从实验台中的触摸屏右下角读出电池板的光照强度 J 和"充电电流表"的电流值记录于表 1-3 中。

(3) 打开"模拟光源控制单元"里面"午日"开关,关闭"跟踪系统电源开关",从实验台

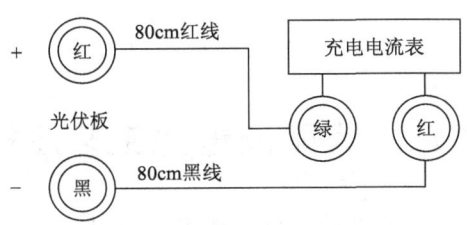

图 1-27　太阳能电池板短路电流与相对光强的函数关系实验接线图

中的触摸屏右下角读出电池板的光照强度 J_0 和"充电电流表"的电流值记录于表 1-3 中。

（4）打开"模拟光源控制单元"里面"夕日"开关，关闭"跟踪系统电源开关"，从实验台中的触摸屏右下角读出电池板的光照强度 J_1 和"充电电流表"的电流值记录于表 1-3 中。

（5）比较太阳能电池接收到相对光强度 J/J_0 不同值时，求出短路电流（I_{SC}）与相对光强度 J/J_0 之间近似函数关系。

表 1-3　太阳能电池板短路电流与相对光强的函数关系测试数据

模拟光源	晨日	午日	夕日
光功率/W			
光照度/lx			
短路电流/mA			

3. 温度对太阳能电池板输出特性的影响

（1）用加热器对太阳能电池板进行加热。

（2）测试不同温度下，太阳能电池板的开路电压、短路电流、填充因子的大小，将数据记录在表 1-4 中。

表 1-4　温度对太阳能电池板输出特性的影响

电池 \ 温度/℃	30	40	50	60	70
开路电压/V					
短路电流/mA					
填充因子/%					

六、实验报告要求

（1）画出实验接线图。

（2）列表整理实验数据并进行数据分析。

（3）分析光强及温度对电池输出特性的影响。

七、思考题

（1）太阳常数和大气质量的物理意义是什么？在实验中具体体现在哪？

（2）温度对太阳能电池的输出特性有何影响？

第 2 章　太阳能电池工艺及检测

太阳能电池芯片是基于半导体材料而研制的,因此其工艺和测试表征技术属于半导体材料与器件的范畴。太阳能电池目前已经历了多个发展阶段,包括单晶硅电池、多晶硅电池、薄膜电池等等。本章将分别介绍太阳能电池领域的工业化生产流程与设备、实验室制备设备的基本原理以及一系列的太阳能电池的测试表征技术,涵盖材料学测试、光学参数测试、电学参数测试等。

2.1　太阳能电池实验室制备

2.1.1　磁控溅射镀膜

1. 溅射镀膜的基本原理

用离子轰击靶材表面,使靶材的原子被轰击出来的现象称为溅射。溅射出来(产生)的原子沉积在基体表面形成薄膜,称为溅射镀膜。通常是利用气体放电使气体电离,其正离子在电场作用下高速轰击阴极靶体,产生的靶材原子和分子飞向被镀基体表面沉积成薄膜。整个溅射过程都是建立在辉光放电的基础之上,即溅射离子都来源于气体放电。不同的溅射技术采用的辉光放电方式有所不同。

2. 溅射镀膜的优点

溅射镀膜有以下几个突出优点:

(1) 膜厚的可控性和重复性好。由于溅射镀膜的放电电流和靶电流可以分别控制,通过控制靶电流可以控制膜厚,膜厚的可控性和重复性较好。

(2) 适用范围广。几乎所有的固体材料都可以用溅射法制成薄膜。靶可以是金属、半导体、多元素的化合物或混合物。对于合金,按照薄膜成分要求可制备出特定成分的合金及化合物靶材,因而溅射镀膜应用非常广泛。溅射镀膜还可以使不同的材料同时溅射制备混合膜、化合膜;也可使不同的材料依次溅射多层膜。此外,如果溅射时通入反应性气体,可以得到与靶材完全不同的新化合物膜。

(3) 薄膜与基片的结合力强。溅射镀膜是靠动量交换作用使固体的原子、分子进入气相,溅射出的粒子平均能量约为 10eV,大大高于真空蒸发粒子的能量(约 100 倍)。粒子沉积在基片表面后,还有足够的动能进行迁移,因而膜层的质量好,膜/基结合牢固。

(4) 溅射镀膜密度高,针孔少,且膜层的纯度高。

(5) 易实现大面积自动化生产。溅射镀膜比较适合大规模集成电路、透明导电玻璃、磁盘、光盘等高新技术产品的连续化生产,也适应于大面积高质量镀膜玻璃等产品的连续化生产。

3. 溅射镀膜装置

镀膜基于荷能离子轰击靶材时的溅射效应,而整个溅射过程都是建立在辉光放电的基础上,即溅射离子都来源于气体放电。不同的溅射技术所采用的辉光放电方式有所不同。直流二极溅射利用的是直流辉光放电;射频溅射是利用射频辉光放电;磁控溅射是利用环状磁场控制下的辉光放电。根据电极的结构、电极的相对位置以及溅射镀膜的过程可以分为直流二极溅射、射频溅射、磁控溅射、反应磁控溅射等。图 2-1 为 JGP450 型双室超高真空多功能磁控溅射设备照片。

图 2-1 JGP450 型双室超高真空多功能磁控溅射设备照片

1) 直流二极溅射

直流二极溅射是最简单的一种溅射,它利用辉光放电产生的正离子来轰击靶材,工件与工件架为阳极,被溅射材料做成的靶材为阴极。图 2-2 是直流二极溅射装置的原理示意图。

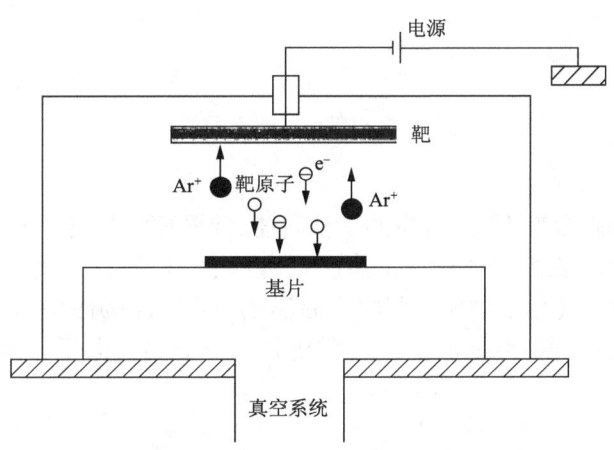

图 2-2 直流二极溅射装置示意图

溅射装置的真空抽至高真空($10^{-4}\sim10^{-3}$Pa)后,充入溅射工作气体(通常为$1\sim10$Pa的Ar气)。两电极加上足够高的直流电压($500\sim5000$V)时,即引起气体"击穿放电",产生Ar等离子体。其中Ar^+向阴极(靶)运动,并轰击阴极,其结果一方面产生阴极溅射,溅射出阴极材料原子在基体上沉积;另一面产生二次电子发射,逸出的电子离开靶面后立即被阴极暗区电场加速,最终获得几千电子伏能量,飞离暗区进入等离子区。这些快电子经过多次与Ar原子碰撞后,逐渐失去能量变成慢电子,同时Ar原子被碰撞电离,补充了Ar^+离子,以维持放电。直流二极溅射的优点:装置简单,适用于溅射金属和半导体靶材,可在大面积的基体上沉积均匀的薄膜。

2) 射频溅射

对绝缘靶材需要采用射频溅射。射频溅射是将两个电极接在射频电源上(频率为13.56MHz)上,在交变电场的作用下,在阳、阴极之间来回振荡,气体原子受到这些振荡电子的碰撞而产生电离,获得并维持等离子体。射频溅射可在$10^{-1}\sim1$Pa气压范围进行。若在靶电极上通过电容耦合加上射频电压后,靶上便形成负偏压,使溅射速率提高。当靶面处于脉冲电位的正半周时,脉冲电位与恒定负向电位相互抵消;处于负半周时则互相叠加,使得离子加速轰击靶面,产生溅射效应,因而可沉积绝缘薄膜。图2-3是射频溅射的原理示意图。

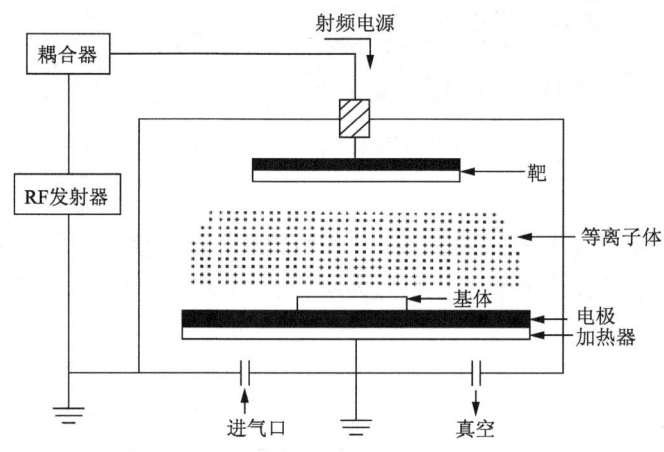

图2-3 射频溅射原理示意图

3) 磁控溅射

磁控溅射法是现在使用最为普遍的一种高速、低温真空等离子体溅射镀膜方法,其原理是在被溅射的靶材(阴极)与阳极之间加一个正交的磁场,在高真空室中充入所需要的惰性气体(通常为Ar气),永磁体在靶材表面形成一定强度的磁场,同高压电场组成正交电磁场。从物理学中可知,处在电场E与磁场B正交方向的电子,其运动方程为

$$\frac{dV}{dt}=\frac{e}{m}(E+V\times B) \tag{2-1}$$

式中,e为电子的电量;m为电子质量;V为电子运动速度。

从靶极发出的电子受磁场的作用,电子的运动轨迹为以轮摆线的形式沿着靶表面向垂直于E、B平面的方向前进,工作气体在阴极附近形成高密度的等离子体,电子在电场的作用下加速飞向基片的过程中不断与 Ar 原子发生碰撞,电离出大量的 Ar^+ 和电子,由于靶上加有一定的负高压,Ar^+ 在电场力的作用下加速飞向靶面,以很高的速度轰击靶面,使靶面上溅射出大量的靶材原子(或分子),被溅射出的呈中性的原子(或分子)以较高的动能脱离靶面飞向基片,沉积成膜。高密度等离子体被磁场束缚在靶面附近,这样电离产生的正离子能有效的轰击靶面,也使得基片可免受等离子体的轰击,从而有效降低了基片的温度。

磁控溅射具有如下特征:①沉积速率大,产量高。由于采用高速磁控电极,可以获得非常大的靶轰击离子电流,靶表面的溅射刻蚀速率和基片面上的膜沉积速率都很高。与其他溅射装置相比,磁控溅射的生产能力大、产量高,便于工业应用和推广。②效率高。低能电子与气体原子的碰撞几率高,因此气体离化率大大增加。③低能溅射。由于靶上施加的电压低,等离子体被磁场束缚在阴极附近的空间中,从而抑制了高能带电离子向基片一侧入射,由带电粒子轰击引起的,对半导体器件等造成的损伤程度比其他溅射方式低。④向基片的入射能量低。由电子轰击造成的、对基片的入射热量少,从而可避免基片温度的过度升高。

4) 反应磁控溅射

反应磁控溅射即在溅射过程中导入反应气体与溅射粒子进行反应(例如,在 Ar 中混入适量的活性气体,如 O_2 等),生成化合物薄膜。它可以在溅射化合物靶的同时导入反应气体与之反应,也可以在溅射金属或合金靶的同时导入反应气体与之反应来制备既定化学配比的化合物薄膜。

反应磁控溅射制备化合物薄膜的优点有:①所用靶材和反应气体是氧、氮、碳氢化合物等,通常容易获得高纯度制品,有利于制备高纯度的化合物薄膜。②通过工艺参数优化,可以制备化学配比或非化学配比的化合物薄膜,从而可调控薄膜的特性。③基板温度不高,对基板限制少。④适于大面积均匀镀膜,易实现工业化生产。

2.1.2 真空蒸发镀膜

真空蒸发镀膜法(简称真空蒸镀法)是在真空室中,加热蒸发容器中待形成薄膜的原材料,使其原子或分子从表面气化逸出,形成蒸汽流,入射到固体(衬底或基片)的表面,凝结形成薄膜。由于真空蒸发法主要物理过程是通过加热蒸发材料而产生,所以又称为热蒸发法。采用这种方法制造薄膜,已有几十年的历史,用途十分广泛。图 2-4 为真空蒸发镀膜原理示意图。一般来说,真空蒸发与化学气相沉积、溅射镀膜等成膜方法相比较,有如下特点:设备比较简单、操作容易;制成的薄膜纯度高、质量好;成膜速率快、效率高;薄膜的生长机理比较单纯。

用磁控溅射法制备光伏电池的上电极,而热丝蒸镀法设备相对较为简易、沉积速率高,所需成本

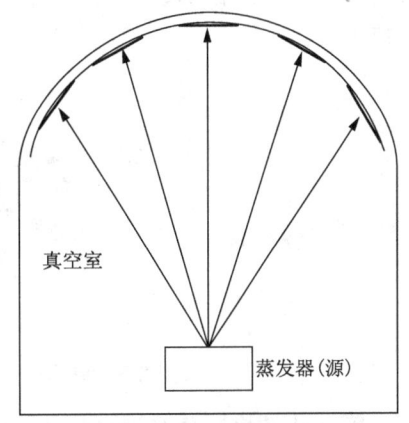

图 2-4 真空蒸发镀膜原理示意图

低,是制备铝电极的理想选择。除以上主要仪器设备外,还有扩散/氧化炉系统、金刚石外圆下切割/划片机等。

2.2 太阳能电池产业化简介

2.2.1 单晶硅太阳能电池

单晶硅太阳能电池光电转换性能优异,这与其成熟的制备工艺和使用结晶完美的高纯单晶硅体材料是分不开的。后者也是造成单晶硅太阳能电池成本居高不下的主要原因。

单晶硅片的制造是一个非常昂贵和耗能的过程,需要经过以下过程:石英砂在电弧炉中用碳还原得到冶金级硅;粉碎的冶金级硅在流化床反应器中与 HCl 气体反应生成液态的 $SiHCl_3$;$SiHCl_3$ 经提纯和精馏制成电子级 $SiHCl_3$;电子级 $SiHCl_3$ 与 H_2 进行化学气相反应沉积高纯多晶硅;高纯多晶硅经 CZ 法并掺杂拉成 P 型或 N 型单晶硅棒;最后通过线切割制成单晶硅片。

此外,在使用传统的内圆切割机切割硅片的过程中,有大约 50% 的高纯硅材料损失掉了,其结果是晶体硅片的成本占了整个晶体硅太阳能电池组件制造成本的 50%。近年来,针对太阳能电池的应用出现了多线切割机。与内圆切割机相比,它具有产能高、切割损失小(切割损失下降到 35% 左右)、对硅片表面的损伤小并可以切割更薄的硅片(约 100μm)等优点,在一定程度上减小了晶体硅片的切割成本,但目前硅片的制造成本仍然偏高。图 2-5 给出了目前商业化晶体硅太阳能电池组件的成本构成,由图可以看出,晶体硅太阳能电池组件的成本主要是由晶体硅太阳能电池片的成本决定的,它占了整个组件制造成本的 72%;而晶体硅太阳能电池片的成本又主要是由硅材料和制硅片的成本所决定,它们占了晶体硅太阳能电池片制造成本的 60%;最终使得硅材料和制硅片的成本占到组件制造成本的 42%。由于制备晶体硅太阳能电池组件的技术已经相当成熟,其成本下降的空间非常有限。未来降低单晶硅太阳能电池组件制造成本的途径主要在于降低硅材料和制硅片所占的成本,譬如使用 100μm 厚的单晶硅片、开发制备太阳能级硅材料的新技术等。

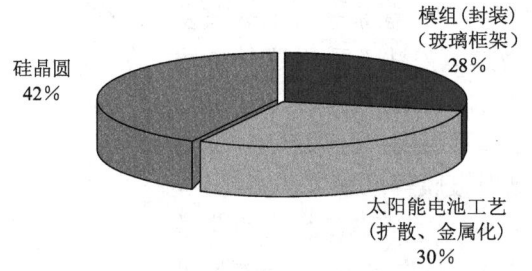

图 2-5 单晶硅太阳能电池组件各部分成本所占的比重

单晶硅生长炉是通过直拉法生产单晶硅的制造设备,主要由主机、加热器电源和计算机控制系统三大部分组成。

1. 主机部分

主机部分主要包含以下装置和系统：
- 机架,双立柱
- 双层水冷式结构炉体
- 水冷式阀座
- 晶体提升及旋转机构
- 坩埚提升及旋转机构
- 氩气系统
- 真空系统及自动炉压检测控制
- 水冷系统及多种安全保障装置
- 留有二次加料口

2. 加热器电源

全水冷电源装置采用专利电源或原装进口 IGBT 驱动器及超快恢复二极管等功率器件,配以特效高频变压器,构成新一代高频开关电源。采用移相全桥软开关(ZVS)及 CPU 独立控制技术,提高了电能转换效率,不需要功率因数补偿装置。

3. 计算机控制系统

计算机控制系统采用 PLC 和上位工业平板电脑 PC 机,配备大屏幕触摸式 HMI 人机界面、高像素 CCD 测径 ADC 系统和具有独立知识产权的"全自动直拉单晶制造法(CZ 法)晶体生长数据采集与监视系统(SCADA 系统)",可实现从抽真空—检漏—炉压控制—熔料—稳定—溶接—引晶—放肩—转肩—等径—收尾—停炉全过程自动控制。

首先,把高纯度的多晶硅原料放入高纯石英坩埚,通过石墨加热器产生的高温将其熔化;然后,对熔化的硅液稍做降温,使之产生一定的过冷度,再用一根固定在籽晶轴上的硅单晶体(称作籽晶)插入熔体表面,待籽晶与熔体熔和后,慢慢向上拉籽晶,晶体便会在籽晶下端生长;接着,控制籽晶生长出一段长为 100mm 左右、直径为 3～5mm 的细颈,用于消除高温溶液对籽晶的强烈热冲击而产生的原子排列的位错,这个过程就是引晶;随后,放大晶体直径到工艺要求的大小,一般为 75～300mm,这个过程称为放肩;接着,突然提高拉速进行转肩操作,使肩部近似直角;然后,进入等径工艺,通过控制热场温度和晶体提升速度,生长出一定直径规格大小的单晶柱体;最后,待大部分硅溶液都已经完成结晶时,再将晶体逐渐缩小而形成一个尾形锥体,称为收尾工艺。这样一个单晶拉制过程就基本完成,进行一定的保温冷却后就可以取出。

直拉法也叫切克劳斯基方法,此法是 1917 年由切克劳斯基建立的一种晶体生长方法。用直拉法生长单晶的设备和工艺比较简单,容易实现自动控制,生产效率高,易于制备大直径单晶,容易控制单晶中杂质浓度,可以制备低电阻率单晶。据统计,世界上硅单晶的产量中 70%～80% 是用直拉法生产的。图 2-6 为单晶硅单晶炉照片。

图 2-6 单晶炉实物照片

2.2.2 多晶硅太阳能电池

由于单晶硅片的成本占了单晶硅太阳能电池制造成本的绝大部分,为了减小这部分成本,人们做了很多努力。多晶硅太阳能电池技术就是其中的一种。为了避免昂贵的拉单晶过程,人们发明了由浇铸法生长多晶硅锭后再由线切割制造多晶硅片的方法。

由于多晶硅片在结晶质量及纯度等方面都远低于单晶硅片,最初制造出的多晶硅太阳能电池存在效率较低的问题,随着长晶技术及多晶硅太阳能电池制备技术的不断进步,近年来多晶硅太阳能电池的转换效率得到了大幅度提高,目前大规模工业化生产的多晶硅太阳能电池的转换效率已达到 11%~15% 的水平。此外,方形多晶硅太阳能电池片在组件填充密度方面的优势使得多晶硅太阳能电池组件与单晶硅太阳能电池组件的转换效率更为接近。

1998 年,多晶硅太阳能电池在国际光伏市场中所占的份额首次超过了单晶硅太阳能电池,并且这种差距还在逐年拉大。导致多晶硅太阳能电池技术的市场占有率迅速超越单晶硅太阳能电池技术的具体原因可以归结为以下几点:

(1) 与昂贵的拉单晶过程相比,铸锭法使用的设备及制造过程简单、省时省电,节约硅材料,可使用较低纯度的硅原料,并具有更高的产率(每小时的产量是直拉法的 5~10 倍)。

(2) 目前国际上普遍采用定向凝固法生长多晶硅锭。通过工艺优化,可以使缺陷及氧、碳等杂质的含量明显减少,多晶硅锭的结晶质量明显改善。目前利用该技术生产的多晶硅锭中已无气孔,晶粒在 1~10mm,晶界的影响已经很小。

(3) 近年来,铸锭工艺朝着铸大锭的方向发展,进一步增加了产能并减少了能源消耗。目前使用的最大铸锭炉的产能为 240kg/炉,280kg/炉的铸锭炉也有望在未来一两年内出现。

（4）远距离 PECVD（等离子体增强化学气相沉积法）沉积氮化硅减反射膜的普遍使用。传统使用 TiO_2 作为减反射膜的多晶硅太阳能电池的效率为 12%，而以氮化硅作为减反射膜的多晶硅太阳能电池的效率却可以达到 15% 以上。这是因为氮化硅薄膜除了提供优秀的减反射性能以外，它内部的氢原子还能对前表面及体区发挥很大的钝化作用。此外，氮化硅减反射膜也比传统的 TiO_2 减反射膜性能稳定。

（5）磷扩散和铝背场的吸杂及背表面钝化减小了多晶硅片内杂质及背表面复合的影响，进一步提高了多晶硅太阳能电池的转换效率。随着铸锭多晶硅技术及多晶硅太阳能电池制造技术的进一步成熟和完善，预计多晶硅太阳能电池在未来的十年内将会有更快、更大的发展。表 2-1 给出了美国能源部可再生能源国家实验室 NREL 对目前多晶硅太阳能电池现状的调查结果。

表 2-1　多晶硅太阳能电池的调查结果

年份	多晶成本 /(美元/kg)	硅锭生成(成本) /(美元/kg)	多晶硅锭成品率 /%	晶圆厚度 /μm	切口损耗 /μm	切割成本 /(美元/晶圆)	切割成本率 /%	芯片效率 /%	模组效率 /%
2002	28.9	36.9	67.7	310.7	187.7	0.54	89.4	14.4	12.7
2004	28.8	34.1	71.6	261.3	174.3	0.48	90.8	15.4	13.6
2006	25.8	32.3	75.8	256.2	158.1	0.42	91.9	16.2	14.3
2008	23.4	29.6	77.6	224.8	153.6	0.37	92.0	17.2	15.1
2010	21.5	26.3	80.9	200.8	140.0	0.34	93.0	17.9	15.8
2012	21.3	23.4	80.9	179.6	130.8	0.31	92.9	18.2	16.0

图 2-7 为产业化的 PECVD 设备照片。

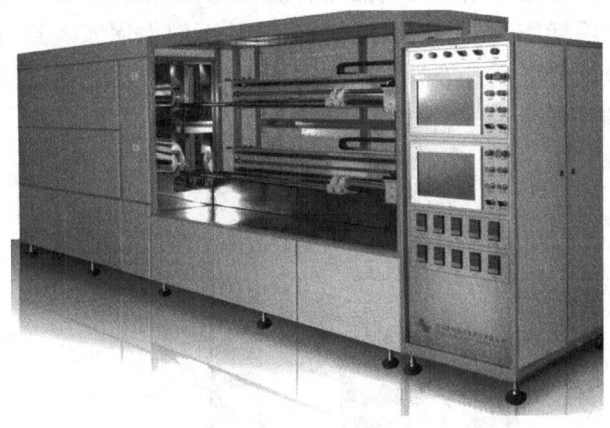

图 2-7　产业化的 PECVD 设备图片

2.2.3　硅带太阳能电池

硅带太阳能电池与传统晶体硅太阳能电池唯一的区别就是：它使用的晶体硅片不是通过切割硅锭制成的，而是由直接从硅熔液中拉制出的硅带经切割制成。由于避免了昂贵的硅锭切割过程,在节省硅材料和降低成本方面有明显的优势。绝大多数硅带技术生长的硅带在晶体质量和纯度方面都略差于传统方法制备的硅片,为了获得最大的太阳能电池效率,常常需要增加额外的步骤进一步改善材料质量。譬如采用 P/Al 杂质吸除去掉硅带中的金属杂质或氢钝化过程减小位错复合的影响。除此以外,硅带上制备太阳能电池的过程与在传统晶体硅片上使用的电池过程完全类似。如果衬底是 P 型材料,需要 P 扩散形成 N 型发射区;前表面电极通常使用丝网印刷或真空蒸发法制备;背电极使用扩散或合金铝形成背表面场;使用单层或双层减反射膜。考虑到所生长的硅带并非完美的平面,某些电池过程可能需要设计成对硅片的"软"处理过程。

在各种硅带技术中,EFG(edge-defined film-fed growth,限边馈膜生长)硅带技术独占鳌头,是目前技术最成熟、商业化水平最高的硅带制备技术。国际光伏市场上硅带太阳能电池所占的市场份额几乎全部由 EFG 硅带太阳能电池占据。目前,EFG 硅带太阳能电池的生产规模已达到 12MW/年的水平,生产线上制造的面积为 10cm×10cm 的 EFG 硅带太阳能电池的平均效率为 14%,与使用传统硅片制成的电池效率相当。随着 EFG 硅带及硅带太阳能电池制备技术的日益成熟,EFG 硅带太阳能电池在下一个十年中将向更大的生产规模(50~100MW/年)扩展。对于 EFG 硅带技术,目前研究的重点在过程控制和过程及设备的自动化方面。

硅带太阳能电池在国际光伏市场上所占的份额也主要归功于 EFG 硅带太阳能电池的贡献。EFG 硅带生长技术是由美国 Mobile Solar 公司在 1975 年以后发展起来的,目前德国 RWE Schott Solar(ASE Americas)公司拥有此项技术。图 2-8 给出了这种技术生长硅带的原理图。如图所示,通过毛细作用将熔融的硅熔液吸入到有狭缝的石墨模具里,然后,降低籽晶使之与模具里的硅熔液相接触,此时,硅熔液应扩展到石墨模具的顶部,在顶部边缘表面张力的作用下硅熔液与籽晶钉扎在一起,通过向上提拉籽晶将硅熔液拉出。与此同时,在毛细作用下,有更多的硅熔液从石墨坩埚流入到石墨模具里。当硅熔液被拉出时,硅熔液就会在固—液界面处凝固形成硅带,凝固热是通过向周围环境辐射或通过固液界面传导散失的。

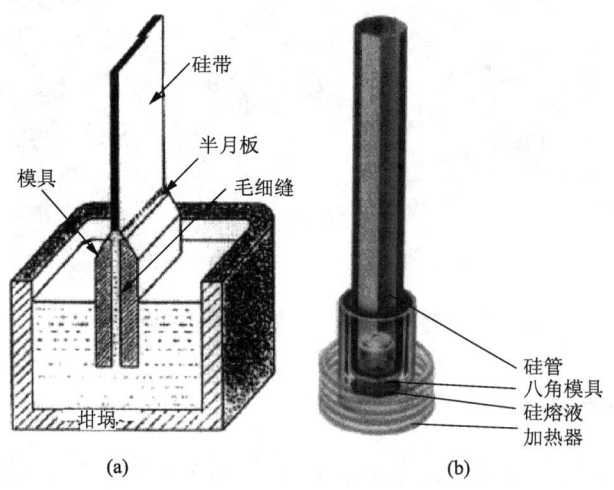

图 2-8　EFG 硅带生长技术原理图

2.3 太阳能电池的性能测试

2.3.1 X射线衍射

固体表面结构分析的主要目的是探知表面晶体的原子排列、晶胞大小、晶体取向、结晶对称性以及原子在晶胞中的位置等晶体结构信息。X射线衍射是分析薄膜晶体结构的最常用方法,通过X射线衍射(XRD)可以鉴定薄膜的相组成、测定晶体的点阵常数及晶粒度、测定应力、研究晶体的择优取向等。X射线衍射的基本原理是布拉格方程,如式(2-2)所示它是一种衍射几何规律的表达式,图2-9为其推导示意图。

$$2d_{hkl}\sin\theta = n\lambda \tag{2-2}$$

式中,d_{hkl}为晶面间距;θ为掠射角;n为整数的衍射级数;λ为X射线波长。

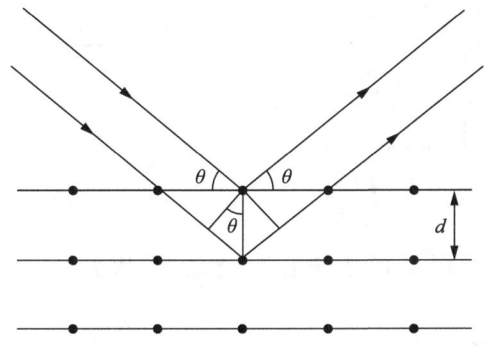

图2-9 X射线衍射布拉格方程的推导示意图

用布拉格方程描述X射线在晶体中的衍射几何时,把晶体看成由许多平行的原子平面堆积而成,把衍射线看作是原子面对入射线的反射。也就是说,在X射线照射到的原子面中,所有原子的散射波在反射方向上相位都是相同的,是干涉加强的方向。布拉格方程反映了衍射线方向与晶体结构的关系,衍射线的分布规律由晶胞的大小、形状和位向决定。而衍射线的强度则取决于原子在晶胞中的位置,通过对衍射花样的衍射线分布和衍射线强度的分析,可获得晶体结构的相关信息。

2.3.2 扫描电子显微镜

扫描电子显微镜是研究材料最重要的电子光学仪器之一,从20世纪60年代开始应用以来,使用日渐广泛。图2-10是扫描电子显微镜的结构原理图。扫描电子显微镜中,由热阴极电子枪或场发射电子枪发射出来的电子,在电场(1~30keV电压)作用下加速,并经2~3个电磁透镜聚焦成极细的电子束,轰击试样表面。试样表面被激发而产生各种信号,包括X射线、二次电子、背散射电子、俄歇电子等,这些信号是分析研究试样表面态及其性能的重要依据。二次电子的能量可以达到50eV,信号的强弱取决于样品的形貌、受激区域的成分和晶体取向。其中二次电子或背散射电子可以由探测器收集经放大处理后,在荧光屏上获得反映样品表面特征的扫描图像。而X射线则可以由能量损耗仪

(EDS)探测,得到样品的成分信息。扫描电子显微镜利用二次电子成像,对薄膜材料进行显微组织形貌分析,其分辨率可以达到 1nm。用于形貌分析的二次电子及背散射电子只产生于近表面处(平均深度 50nm～0.5μm,依不同材料而定)。因此扫描电子显微镜是一种近表面灵敏的分析技术。另外,扫描电子束对表面的损伤也很微弱。

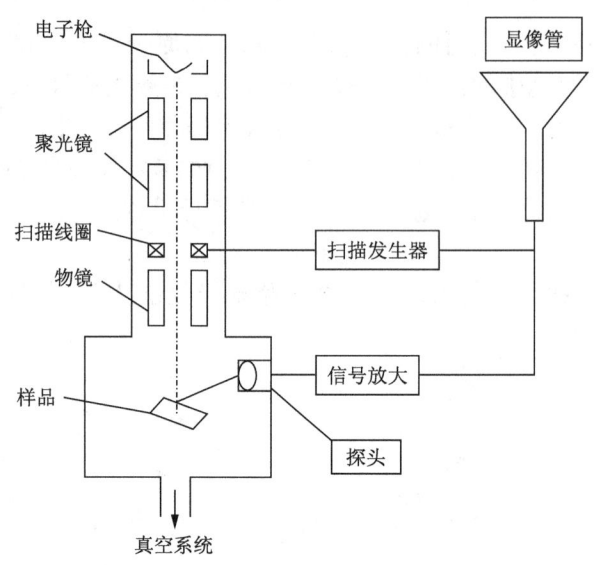

图 2-10　扫描电子显微镜的结构原理图

2.3.3　X 射线光电子能谱

X 射线光电子能谱(X-ray photoelectron spectroscopy,XPS)是 20 世纪 70 年代才发展起来的一种现代表面分析技术,目前应用非常广泛。其实质就是 X 光激发的光电离过程。当一束 X 光照射到材料表面时,它可以穿透几个微米的深度,相应地在这个深度范围内的电子都可以被激发,脱离其轨道的束缚而成为自由电子。但是只有邻近表面区域的光电子才可以通过弹性散射或非弹性散射逃逸到样品表面,进而克服样品的逸出功,进入谱仪的电子分析器而被 XPS 检测到,构成 XPS 谱图中的特征峰和背底。电子的逃逸深度(即谱仪的分析深度)可以用其非弹性散射平均自由程 λ 来描述。一般地,XPS 分析的光电子的动能范围在 100～1000eV,在这个能量范围内电子的非弹性散射平均自由程为 1～5nm。光电子的强度 I 与其来源深度 d 服从以下指数关系:$I \propto \exp(-d/\lambda)$。这样谱仪检测到的光电子中 95% 以上是来自样品表面 3λ 的深度范围,这也就是 XPS 能进行表面分析的原因。由于原子中电子的状态会受到周围化学环境的影响而发生变化,体现在 XPS 谱图上就是谱峰位置的移动,这种由于化学环境的变化所引起的峰位的移动称做化学位移,这也是 XPS 之所以能够进行元素化学状态分析的原因。

X 射线光电子能谱的测量原理很简单,它是建立在爱因斯坦光电发射定律基础上的,对孤立原子,光电子动能 E_k 为

$$E_k = h\nu - E_b \tag{2-3}$$

式中,$h\nu$ 是入射光子的能量;E_b 是电子的结合能。$h\nu$ 是已知的,E_k 可以用能量分析器测

出，由此 E_b 就已知了。同一种元素的原子、不同能级上的电子 E_b 不同，所以在相同 $h\nu$ 下，同一元素会有不同能量的光电子，在能谱图上，就表现为不止一个谱峰。其中最强而又最容易识别的，就是主峰，一般当然用主峰来进行分析。不同元素的主峰，E_b 和 E_k 不同，因此用能量分析仪器分析光电子动能，便能进行表面成分分析。如果用离子束溅射剥蚀表面，用 X 射线光电子谱进行分析，两者交替进行，还可得到元素及其化学状态的深度分布，这就是深度剖面分析。

图 2-11 为 XPS 测量结构示意图。电子结合能受它的化学环境的影响，因此 E_b 可用于确定化学态，这也是 XPS 的主要优点，不仅能区分元素，而且也能区分化学组态，比照元素和化合物结合能的手册和图表就可以区分化学组态。另外，X 射线是非破坏性的，因此 XPS 比 AES(俄歇电子能谱)更适合有机物和氧化物的测量。尽管 X 射线的入射深度比电子束大，XPS 还是与 AES 一样是表面敏感的分析技术，测试深度为样品上表面 0.5～5nm。XPS 是一种比 AES 更高级的化学态分析方法。

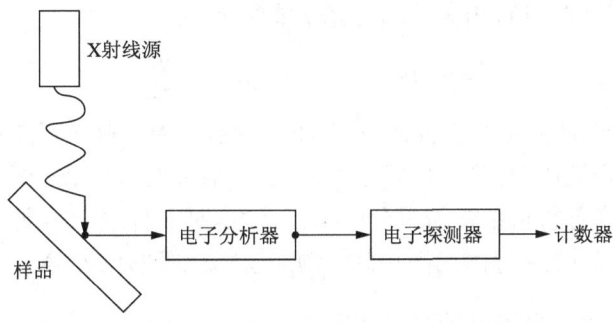

图 2-11　XPS 测量结构示意图

2.3.4　光致荧光发光谱

当激发光照射到被测样品表面时，材料出现本征吸收，而且产生大量的电子空穴对，它们通过不同的复合机理进行复合，产生光发射。发射光在逸出表面前会受到样品本身的自吸收，逸出表面的发射光经会聚进入单色仪分光，然后经探测器接收并放大，得到发光强度按光子能量分布的曲线，即光致发光谱(PL)。

在半导体物理中，如图 2-12 所示，有 5 种不同的复合过程会发射光子。

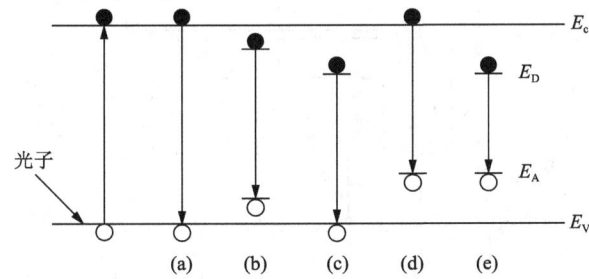

图 2-12　由光致发光谱对应的辐射跃迁

(1) 自由载流子直接复合。导带底电子与价带顶空穴的直接复合,如图 2-12(a)所示。

(2) 激子复合:当光子产生了电子空穴对,库仑引力就会导致一个激发态的形成,其中电子和空穴保持着相互吸引如同类氢模型的状态,这个激发态被称为激子,如图 2-12(b)所示。它的能量略小于用来产生孤立的电子空穴对的禁带宽度的能量。激子能在晶体内部移动,但由于其是束缚的电子空穴对,电子和空穴一起来移动致使它们既不能产生光电导,也不能产生电流。

(3) 施主能级上电子与价带空穴复合。此处施主能级可以是杂质或晶体缺陷引起,如图 2-12(c)所示。

(4) 导带电子与受主能级上空穴复合。此处受主能级可以是杂质或晶体缺陷引起,如图 2-12(d)所示。

(5) 施主电子受主空穴的复合:专指被施主受主杂质束缚着的电子空穴对的复合。也称为施主受主对(D-A 对),相应的辐射光子能量为

$$h\nu = E_g - (E_A + E_D) + \frac{q^2}{4\pi\varepsilon r} \tag{2-4}$$

式中,E_A 为受主能级;E_D 为施主能级;r 是样品中施主受主对的距离;ε 是介电常数。

在这些辐射复合机构中,前一种属于本征机构,后面几种则属于非本征机构。半导体材料的发光过程包含着材料结构与组分的丰富信息,是多种复杂物理过程的综合反映,因而利用发光光谱可以获得材料的多种信息,例如缺陷能级的位置等。

2.3.5 紫外—可见光分光光度计测量薄膜透光率

普遍采用普通分析紫外—可见分光光度计测量样品的紫外和可见光区的透光性能,扫描宽度为 290~900nm,采样间隔为 1nm。首先对石英基片的透光性能进行扫描,把扫描得到的曲线作为基线,然后对镀膜的基片进行扫描,这样就消除了石英的吸收对薄膜样品的影响,从而获得了薄膜样品的紫外—可见光的透光曲线。

2.3.6 四探针及霍尔效应测试薄膜电学性能

四探针法的线路如图 2-13 所示。

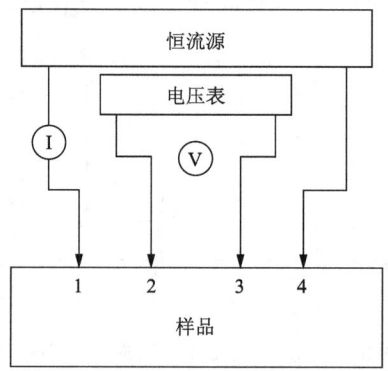

图 2-13 四探针法测试样品电阻率示意图

图 2-13 中,1、2、3、4 是四根金属探针,它们排在一直线上,而且要求四探针同时与样品表面接触,外面一对探针 1、4 用来通电流。当有电流通过时,样品内部各点将有电位差,里面一对探针用来测量 2、3 点的电位差,根据 1、4 探针间的电流 I 和 2、3 探针间的电位差 U,就可以算出材料的电阻率。根据测量的电流和电压的数值可直接求出电阻率为

$$\rho = c \frac{U}{I} \tag{2-5}$$

式中,c 为与被测样品的几何尺寸以及探针间距有关的系数。在样品面积和厚度比探针距离大得多的情况下,材料电阻率可由下式得到:

$$\rho = 2\pi s \frac{U}{I} \tag{2-6}$$

式中,s 为探针间的距离。样品厚度 d 远小于探针间距 s 的无穷大薄层样品电阻率为

$$\rho = \frac{\pi}{\ln 2} \cdot \frac{U}{I} \cdot d \tag{2-7}$$

为了全面评价半导体透明导电薄膜的电学性能,只测量薄膜的电阻率是不够的。利用霍尔效应不仅可以方便地测量试样的电阻率,还能进一步测量试样的载流子浓度(N)及载流子的霍尔迁移率(μ_H)。

霍尔效应是一种磁电效应。在均匀磁场中放置一块金属薄板,使板面与磁场方向垂直,当沿垂直磁场方向给金属板通以电流时,在垂直电流和磁场方向的金属板两侧会产生一附加横向电场。这一现象是霍尔于 1879 年发现的,被称为霍尔效应。霍尔效应的物理基础是利用洛伦兹力,也就是在一垂直磁场下,电子沿某一方向移动,会受到一个作用力。从而在试样表面产生电荷堆积,形成电势差,此电势差称为霍尔电压。霍尔电压 U_H 由下式求得:

$$U_H = \frac{IB}{eNd} \tag{2-8}$$

式中,I 是电流;B 是磁感应强度;d 是试样厚度;e 是电子电荷;N 是电荷密度。通过测量霍尔电压 U_H,可获得半导体薄片的载流子浓度 n_s;同时利用范德堡方法可以很方便地测量半导体薄片的电阻 R_{sh}。利用下面的关系式,可获得霍尔迁移率为

$$\mu_H = \frac{|U_H|}{R_{sh} I B} = \frac{1}{e n_s R_{sh}} \tag{2-9}$$

已知试样的厚度 d,则试样的体电阻率和载流子浓度分别为

$$\rho = R_{sh} d$$

$$N = \frac{n_s}{d} \tag{2-10}$$

根据霍尔电压的正负,还可以判断样品的导电类型。早期测量霍尔效应采用矩形薄片样品。1958 年范德堡提出对任意形状样品电阻率和霍尔系数的测量方法,范德堡测量法可测量试样的电阻率、载流子浓度、迁移率,不受试样的几何形状的限制,这是一种有实际意义的重要方法,目前已被广泛采用。

2.3.7 电化学 C-V

电化学电容电压(ECV)映像技术是基于恒定直流偏置下测量电解液—半导体的肖

特基接触电容,通过在测量电容期间对半导体进行电介质腐蚀可以得到深度分布,因此,没有深度限制,但它是破坏性的,因为要在样品上腐蚀一个空洞。目前的技术采用复合过程,腐蚀和测量用同一设备完成。

电化学方法如图 2-14 所示。半导体样品被弹簧加载的背接触点压在电化学池的密圈上,池内装有电解液,借助背接触点的作用,密封圈的大小就确定了接触面积。

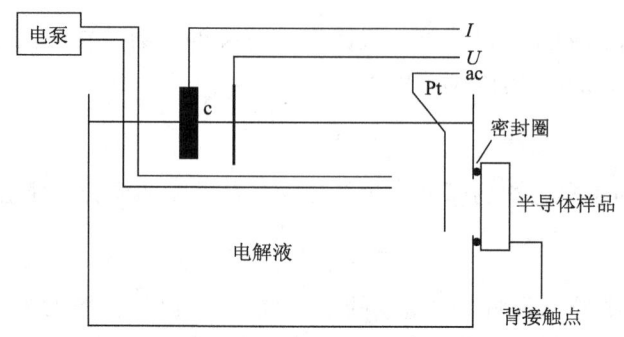

图 2-14 电化学池示意图

腐蚀和测试条件由横跨池子的电压控制,为减小串联电阻,用一个靠近样品的铂电极测量交流电压。载流子浓度的测量基于方程

$$p(W) = \frac{2}{qA^2\varepsilon_0\varepsilon_s}\left[\frac{\mathrm{d}\left(\frac{1}{C^2}\right)}{\mathrm{d}U}\right]^{-1} \tag{2-11}$$

式中,A 为接触面积;ε_0 为真空介电常数;ε_s 为相对介电常数;C 为电容;U 为电压;q 为电子电量。

半导体被腐蚀的深度 W 取决于分解电流 I,即

$$W = \frac{M}{zF\rho A}\int_0^t I\mathrm{d}t \tag{2-12}$$

式中,M 为半导体分子量;I 为溶解数;F 为法拉第常数;ρ 为半导体密度。

把载流子浓度 p 作为 y 轴,腐蚀深度 W 作为 x 轴,逐点描绘就可获得半导体载流子随深度的剖面分布。ECV 优于普通 C-V 剖面测量之处主要是无限的映像深度,因为半导体可以被腐蚀到任何所需的深度。对每种半导体必须选择合适的电解液。

2.3.8 太阳能电池光谱测试系统

太阳能电池对某一波长所收集到的电子空穴对数(光生电流)与入射到其表面上的该波长的光子数之比,决定太阳能电池的光谱响应,也称为太阳能电池的量子效率。太阳能电池的光谱响应分为内光谱响应和外光谱响应。外光谱响应也称外量子效率(external quantum efficiency,EQE),定义为在短路状态时收集到电子空穴对数(短路电流)$J_{sc}(\lambda)$ 与入射到太阳能电池表面的光子数之比,指未扣除表面反射时的光谱响应,即

$$\mathrm{EQE}(\lambda) = \frac{J_{sc}(\lambda)}{qF(\lambda)} \tag{2-13}$$

式中,$F(\lambda)$ 为每单位波长每平方厘米每秒入射的光子数。内光谱响应也称内量子效率

(internal quantum efficiency, IQE),扣除表面反射时的光谱响应:

$$\text{IQE}(\lambda) = \frac{J_{\text{sc}}(\lambda)}{qF(\lambda)[1-R(\lambda)]} \tag{2-14}$$

式中,$R(\lambda)$为太阳能电池对波长λ光的表面反射率。由于单色光非常弱,产生的光电流也很小,利用锁相放大器才能比较准确地测量。光谱响应测试系统的组成如图 2-15 所示,波长范围为 380~1100nm。除运用以上列举的测试表征方法外,还用到 XP-2 型触针式轮廓台阶仪、Agilent 4155C 型电流-电压、电容-电压半导体测试分析仪、标准太阳光谱光源及太阳能电池光电转换效率测量系统、WT1000 光电导衰退法半导体少子寿命测量仪等。

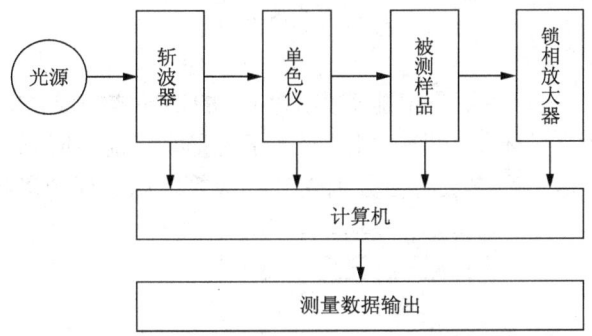

图 2-15 太阳能电池光谱响应测试系统

习 题

(1) 磁控溅射的基本原理是什么?
(2) 磁控溅射和真空蒸发的各自优缺点是什么?
(3) 四探针法的基本原理是什么,如何测试不规则形状样品的参数?

验证性实验项目

实验三 太阳能电池板的暗伏安特性测试实验

一、实验目的

(1) 掌握太阳能电池板原理及应用。
(2) 了解电池板暗伏安特性概念。
(3) 学会太阳能电池板相关特性的测试。

二、预习内容

(1) 阅读教材中的太阳能电池板的工作原理。
(2) 了解电池板的暗伏安特性及其测试方法。

三、实验原理

暗伏安特性是指无光照射时,流经太阳能电池的电流与外加电压之间的关系。

太阳能电池的基本结构是一个大面积平面 PN 结,单个太阳能电池单元的 PN 结面积已远大于普通的二极管。在实际应用中,为得到所需的输出电流,通常将若干电池单元并联。为得到所需输出电压,通常将若干已并联的电池组串连。因此,它的伏安特性虽类似于普通二极管,但取决于太阳能电池的材料、结构及组成组件时的串并连关系。在没有光照时其正向偏压 U 与通过电流 I 的关系式为

$$I = I_0(e^{\beta U} - 1) \tag{2-15}$$

式中,I_0 和 β 是常数。

由半导体理论,二极管主要是由能隙为 E_C-E_V 的半导体构成,如图 2-16 所示。E_C 为半导体导电带,E_V 为半导体价电带。当入射光子能量大于能隙时,光子会被半导体吸收,产生电子和空穴对。电子和空穴对会分别受到二极管之内电场的影响而产生光电流。

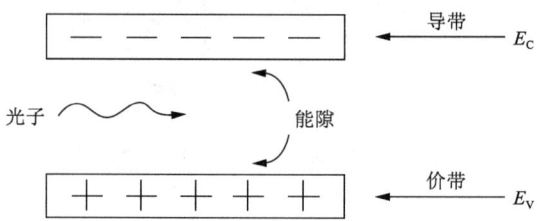

图 2-16 电子和空穴在电场的作用下产生光电流

假设太阳能电池的理论模型是由一理想电流源(光照产生光电流的电流源)、一个理想二极管 D、一个并联电阻 R_{sh} 与一个电阻 R_s 所组成,如图 2-17 所示。I_{ph} 为太阳能电池在光照时的等效电源输出电流,I_d 为光照时通过太阳能电池内部二极管的电流。由基尔霍夫定律得:

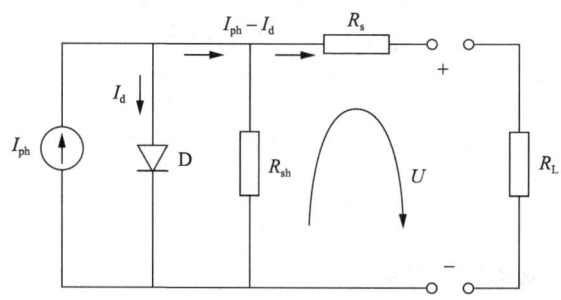

图 2-17 太阳能电池的理论模型电路图

$$IR_s + U - (I_{ph} - I_d - I)R_{sh} = 0 \tag{2-16}$$

式中,I 为太阳能电池的输出电流;U 为输出电压。由式(2-16)可得

$$I\left(1 + \frac{R_s}{R_{sh}}\right) = I_{ph} - \frac{U}{R_{sh}} - I_d \tag{2-17}$$

假定 $R_{sh}=\infty$ 和 $R_s=0$，太阳能电池可简化为图 2-18 所示电路。

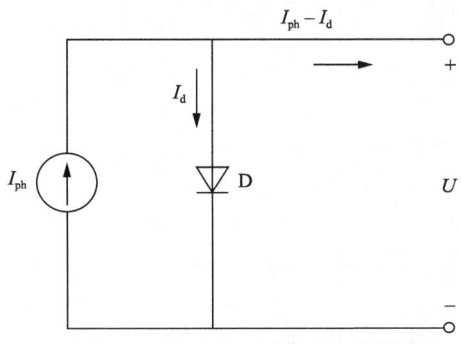

图 2-18　太阳能电池的简化电路图

这里，$I=I_{ph}-I_d=I_{ph}-I_0(e^{\beta U}-1)$。

在短路时，$U=0$，$I_{ph}=I_{sc}$，而在开路时，$I=0$，$I_{SC}-I_0(e^{\beta U_{OC}}-1)=0$。

$$U_{OC}=\frac{1}{\beta}\ln\left(\frac{I_{SC}}{I_0}+1\right) \tag{2-18}$$

式（2-18）即为在 $R_{sh}=\infty$ 和 $R_s=0$ 的情况下，太阳能电池的开路电压 U_{OC} 和短路电流 I_{sc} 的关系式。其中 U_{OC} 为开路电压，I_{sc} 为短路电流，而 I_0、β 是常数。

四、实验仪器与器件

太阳能光伏发电系统实验实训装置、光伏电池板、可调稳压电源、电阻箱、直流电流表、直流电压表、导线。

五、实验内容与步骤

1. 在全暗的情况下，测量太阳能电池正向偏压下流过太阳能电池的电流 I 和输出电压 U

（1）先接光伏板 A，后并联上光伏板 B，再并联上光伏板 C，最后并联上光伏板 D。

（2）测量电路如图 2-19 所示，改变电阻箱的阻值，用万用表量出各种阻值下太阳能电池和电阻箱两端的电压，算出电流测量结果记录在表 2-2 中。

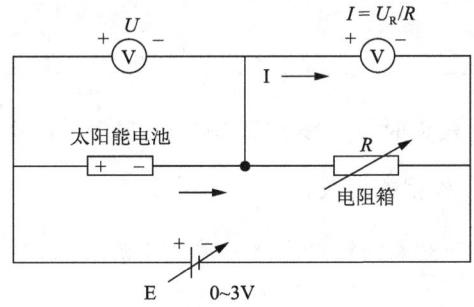

图 2-19　全暗时太阳能电池在外加偏压时的伏安特性测量方案一

表 2-2　全暗情况下太阳能电池在外加偏压时伏安特性数据记录

$R/\mathrm{k\Omega}$	U_1/V	U_2/mV	$I/\mathrm{\mu A}$	$\ln I$
0.1				
0.5				
1				
5				
10				
50				
100				
150				

（3）若连接 0～3.0V 直流可调电源，则可采用图 2-20 实验线路：正向偏压在 0～3.0V 变化条件下，用 $R=1000\Omega$ 固定电阻取代电阻箱（但电阻值必须准确，否则计算电流值时将有较大的误差，把测量结果记录到表 2-3 中。

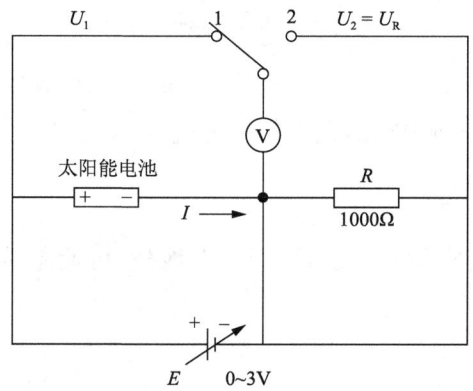

图 2-20　全暗时太阳能电池在外加偏压时的伏安特性测量电路方案二

表 2-3　全暗情况下太阳能电池在外加偏压时伏安特性数据记录

项目＼次数	1	2	3	4	5	6	7	8	9	10
U_1/V										
U_2/mV										
$I/\mathrm{\mu A}$										

由 $\dfrac{I}{I_0}=e^{\beta U}-1$，当 U 较大时，$e^{\beta U}\gg 1$，即 $\ln I=\beta U+\ln I_0$。由最小二乘法，将表中最后几点数据处理后求出 β、I_0 和相关系数 r 值。

2. 在全暗的情况下，测量太阳能电池反向偏压下流过太阳能电池的电流 I 和输出电压 U

（1）在实验台上按照图 2-21 连接好实验导线。

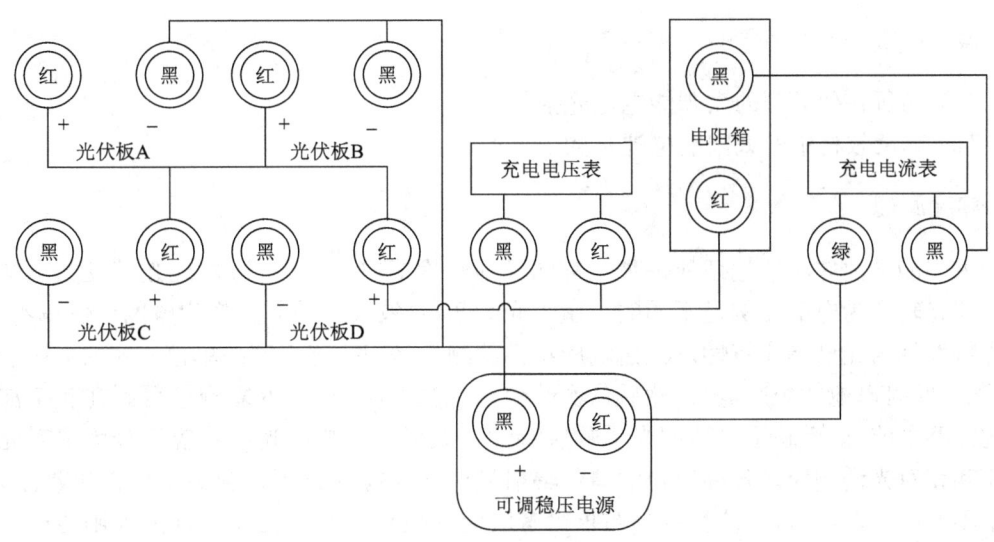

图 2-21 蓄电池充电接线图

(2) 将"可调稳压电源"的电压调至 0V,交换"可调稳压电源"输出接口的红黑线。即给太阳能电池板加反向电压,逐渐增大反向输出电压,每隔 0.3V 记录一次电流值于表 2-4 中。

表 2-4 加反向电压时太阳能电池的电流

电压/V	0	−0.3	−0.6	−0.9	−1.2	−1.5	−1.8	−2.1	−2.4	−2.7	−3
电流/mA											

(3) 根据表格电压电流值画出太阳能电池的暗伏安特性曲线图。

六、实验报告要求

(1) 详述暗伏安特性及其测量原理并画出实验接线图。
(2) 列表整理实验数据并进行数据分析。
(3) 分析误差产生的原因。

七、思考题

(1) 光伏电池板的伏安特性与暗伏安特性有何不同?
(2) 光伏电池板的暗伏安特性的研究对太阳能电池板特性的意义?

实验四 太阳能电池光谱特性测试实验

一、实验目的

(1) 了解太阳和太阳能电池的光谱特性。
(2) 熟悉太阳能光谱特性测试的原理和方法。

二、预习内容

（1）调研各种类型的太阳能电池光谱特性。
（2）阅读教材中的太阳能电池板的工作原理。

三、实验原理

太阳能电池并不能把任何一种光都同样地转换成电。例如，通常红光转变为电的比例与蓝光转变为电的比例是不同的。由于光的颜色（波长）不同，转变为电的比例也不同，这种特性称为光谱响应特性。光谱响应特性的测量是用一定强度的单色光照射太阳能电池，测量此时电池的短路电流，然后依次改变单色光的波长，再重复测量得到在各个波长下的短路电流，即反映了电池的光谱响应特性。太阳能电池的光谱响应又分为绝对光谱响应和相对光谱响应。各种波长的单位辐射光能或对应的光子入射到太阳能电池上，将产生不同的短路电流，按波长的分布求得其对应的短路电流变化曲线称为太阳能电池的绝对光谱响应。如果每一波长以一定等量的辐射光能或等光子数入射到太阳能电池上，所产生的短路电流与其中最大短路电流比较，按波长的分布求得其比值变化曲线，这就是该太阳能电池的相对光谱响应。但是，无论是绝对还是相对光谱响应，光谱响应曲线峰值越高、越平坦，对应电池的短路电流密度就越大，效率也越高。

从太阳能电池的应用角度来说，太阳能电池的光谱特性与光源的辐射光谱特性相匹配是非常重要的，这样可以更充分地利用光能和提高太阳能电池的光电转换效率。例如，有的电池在太阳光照射下能确定转换效率，但在荧光灯这样的室内光源下就无法得到有效的光电转换。不同的太阳能电池与不同的光源的匹配程度是不一样的。而光强和光谱的不同，会引起太阳能电池输出的变动。就人眼的感觉而言，在室外太阳光下和在室内荧光灯下，其亮度并不觉得差别很大，但其能量的绝对值却相差数百倍。由于各种太阳能电池的光谱特性不同，所以太阳能电池的输出特性随所用的光源的光谱不同而变化较大。单晶硅、非晶硅、化合物半导体太阳能电池的光谱特性如下。

（1）单晶硅太阳能电池的光谱特性。单晶硅太阳能电池的特点是对于大于 $0.7\mu m$ 的红外光也有一定的灵敏度。以 P 型单晶硅为衬底，其上扩散 N 型杂质的太阳能电池与 N 型单晶硅为衬底的太阳能电池相比，其光谱特性的峰值更偏向左边（短波长一方）。另外，对于前面介绍过的紫外光太阳能电池，它对从蓝到紫色的短波长（波长小于 $0.5\mu m$）的光有较高的灵敏度，但其制法复杂、成本高，仅限于空间应用。此外，带状多晶硅太阳能电池的光谱特性也接近于单晶硅太阳能电池的光谱特性。

（2）非晶硅太阳能电池的光谱特性：非晶硅太阳能电池的光谱特性随着其材料的组成和结构、膜厚等因素的变化而有很大的不同。非晶硅薄膜的带隙是 $1.7eV$，比单晶硅的带隙 $1.1eV$ 大，所以其灵敏度比单晶硅更偏向短波一侧，这是它的一个优点。

（3）化合物半导体太阳能电池的光谱特性：化合物半导体太阳能电池有许多种类，其光谱特性也各种各样，最常见的 GaAs-GaAlAs 太阳能电池的光谱特性，它在短波长一侧的收集效率较高。

四、实验仪器与器件

太阳能光伏发电系统实验实训装置、光伏电池板、电阻箱、导线。

五、实验内容与步骤

(1) 实验前要清楚电路中各个接线端子的位置,按照图 2-22 连接好太阳能光谱特性测试的实验导线。

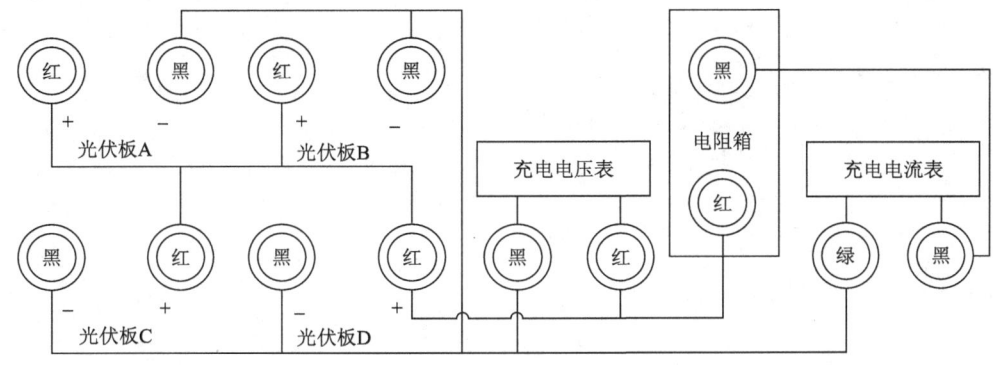

图 2-22　太阳能电池光谱特性测试接线图

(2) 先接光伏板 A,后并联上光伏板 B,再并联上光伏板 C,最后并联上光伏板 D。

(3) 打开"模拟光源控制单元"里面"晨日"、"午日"、"夕日"中的任意一个开关,观察太阳能电池板是否在转动(如果没有转动请开启"跟踪系统电源开关")。

(4) 用自备的不同颜色遮光板挡住其中一块电池板或遮住投光灯,更换不同颜色的遮光板,调节电阻箱电阻值 $R=0$ 和 $R=1\mathrm{k}\Omega$ 观察电流、电压表的数值并记录于表 2-5 中。

(5) 计算出每种遮光板挡住光源后的功率,并与不用遮光板的功率进行对比。

表 2-5　太阳能电池光谱特性测试数据

测试项目		遮光板	太阳光	白板	红板	橙板	黄板	绿板	蓝板	紫板
$R=0\Omega$	短路电流/mA									
	电压/V									
	功率/mW									
$R=1\mathrm{k}\Omega$	电流/mA									
	电压/V									
	功率/mW									

六、实验报告要求

(1) 画出实验接线图。

(2) 列表整理实验数据并进行数据分析。

(3) 将实测数据与理论值进行比较，分析误差产生的原因。

七、思考题

(1) 太阳能光谱与各种电光源光谱有何区别？

(2) 若考虑到红外和紫外光谱，太阳能电池板在原理上与可见光波段的太阳能电池板有何异同？

第3章 太阳能电池组件及聚光电池

太阳能电池芯片最终要走向应用,就必须经过组件封装这一关键步骤,电池的封装不仅可以使电池的寿命得到保证,而且还增强了电池的抗击强度。产品的高质量和高寿命是太阳能电池组件质量的关键,所以组件板的封装质量非常重要。

本章介绍太阳能组件的基本工艺步骤以及关键核心设备,并重点讲解当前太阳能电池产业的新方向——聚光太阳能电池的基本原理及聚光器、追光系统。

3.1 太阳能电池组件

组件线又叫封装线,封装是太阳能电池生产中的关键步骤,没有良好的封装工艺,多好的电池也生产不出好的组件板。电池的封装不仅可以使电池的寿命得到保证,而且还增强了电池的抗击强度。产品的高质量和高寿命是赢得可客户满意的关键,所以组件板的封装质量非常重要。

工艺流程如下:
(1) 电池检测;
(2) 正面焊接—检验;
(3) 背面串接—检验;
(4) 敷设(玻璃清洗、材料切割、玻璃预处理、敷设);
(5) 层压;
(6) 去毛边(去边、清洗);
(7) 装边框(涂胶、装角键、冲孔、装框、擦洗余胶);
(8) 焊接接线盒;
(9) 高压测试;
(10) 组件测试—外观检验;
(11) 包装入库。

具体工艺过程介绍如下:

(1) 电池测试。由于电池片制作条件的随机性,生产出来的电池性能不尽相同,为了有效地将性能一致或相近的电池组合在一起,应根据其性能参数进行分类。电池测试即通过测试电池的输出参数(电流和电压)的大小对其进行分类,以提高电池的利用率,做出质量合格的电池组件。

(2) 正面焊接。正面焊接是将汇流带焊接到电池正面(负极)的主栅线上,汇流带为镀锡的铜带,使用焊接机可以将焊带以多点的形式点焊在主栅线上。焊接用的热源为一个红外灯(利用红外线的热效应)。焊带的长度约为电池边长的2倍,多出的焊带在背面焊接时与后面的电池片的背面电极相连(可采用手工焊接)。

(3) 背面串接。背面焊接是将36片电池串接在一起形成一个组件串(可手动焊接)，电池的定位主要靠一个膜具板，上面有36个放置电池片的凹槽，槽的大小和电池的大小相对应，槽的位置已经设计好，不同规格的组件使用不同的模板。操作者使用电烙铁和焊锡丝将"前面电池"的正面电极(负极)焊接到"后面电池"的背面电极(正极)上，这样依次将36片串接在一起并在组件串的正负极焊接出引线。

(4) 层压敷设。背面串接好且经过检验合格后，将组件串、玻璃和切割好的EVA(塑料包装材料)、玻璃纤维、背板按照一定的层次敷设好，准备层压。玻璃事先涂一层试剂以增加玻璃和EVA的粘接强度。敷设时保证电池串与玻璃等材料的相对位置，调整好电池间的距离，为层压打好基础(敷设层次：由下向上为玻璃、EVA、电池、EVA、玻璃纤维、背板)。

(5) 组件层压。将敷设好的电池放入层压机内，通过抽真空将组件内的空气抽出，然后加热使EVA熔化将电池、玻璃和背板粘接在一起；最后冷却取出组件。层压工艺是组件生产的关键一步，层压温度层压时间根据EVA的性质决定。

(6) 修边。层压时EVA熔化后由于压力而向外延伸固化会形成毛边，所以层压完毕应将其切除。

(7) 装框。类似与给玻璃装一个镜框，给玻璃组件装铝框可以增加组件的强度，进一步的密封电池组件，延长电池的使用寿命。边框和玻璃组件的缝隙用硅酮树脂填充，各边框间用角键连接。

(8) 焊接接线盒。在组件背面引线处焊接一个盒子，以利于电池与其他设备或电池间的连接。

(9) 高压测试。高压测试是指在组件边框和电极引线间施加一定的电压，测试组件的耐压性和绝缘强度，以保证组件在恶劣的自然条件(雷击等)下不被损坏。

(10) 组件测试。测试的目的是对电池的输出功率进行标定，测试其输出特性，确定组件的质量等级。

图3-1给出了太阳能电池从最初的硅料到最终太阳能电池成品的几个主要过程。

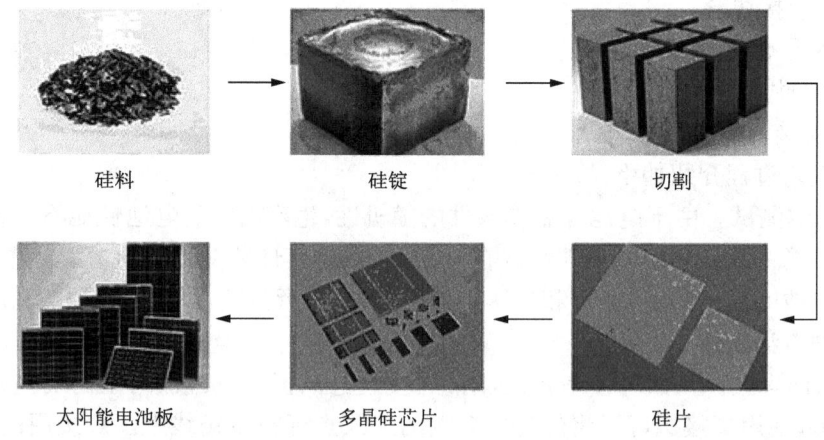

图3-1　太阳能电池组件工艺流程图

图 3-2 给出了太阳能电池组件(电池板)的内部结构图。从图中可以看出,太阳能电池组件是将多个太阳能电池芯片通过金属导线串联的方式连接在一起,以提高组件输出电压,电池芯片的个数越多,其输出电压越大。

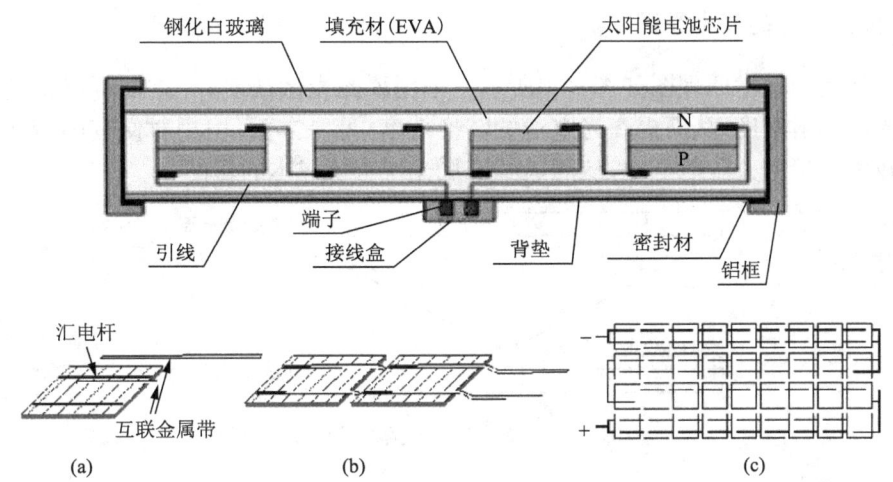

图 3-2 太阳能电池组件的内部结构图

所需生产设备焊接机,层压机,组框机,国内外有多种品牌可选一台组框机可以匹配 6 台层压机的产能,图 3-3 所示为各式组件设备。

(a) 全自动层压机

(b) 组框机

(c) 太阳能电池板组框机

图 3-3 各式组件设备

3.2 聚光太阳能电池

3.2.1 聚光电池的基本原理

聚光光伏的技术原理图如图 3-4 所示。采用聚光光伏技术，一方面可以提高电池接收到的光能辐射密度，从而提高光电池的转换效率；另一方面，用相对便宜的聚光器来部分代替较为昂贵的太阳能电池，从而达到降低光伏系统成本的目的。

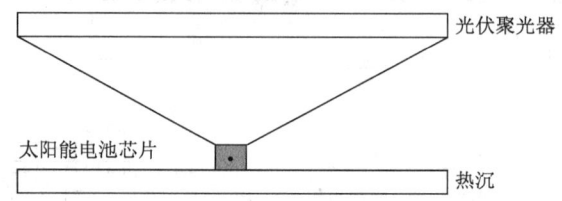

图 3-4 聚光电池的基本结构图

在聚光条件下，电池的伏安特性为

$$U_{\text{ocx}} = U_{\text{oc}} + m\frac{kT}{e}\ln x \tag{3-1}$$

$$I_{\text{scx}} = xI_{\text{sc}} - I_0(e^{meU/kT} - 1) \tag{3-2}$$

其中 x 为聚光比，则效率为

$$\eta = \frac{U_{\text{ocx}}I_{\text{scx}}\text{FF}}{xP_m} \tag{3-3}$$

聚光条件下最大的转换效率为

$$\eta_{\text{M}} = \frac{mkT}{e}\frac{I_{\text{sc}}}{P_m}\left(1 - \frac{mkT}{eU_{\text{oc}}}\right)\left[\ln\left(\frac{I_{\text{sc}}}{I_0}\right) + \ln x\right] \tag{3-4}$$

可见，聚光比 x 越大，效率越高。

3.2.2 聚光电池的技术参数

1. 聚光比

聚光器提高光能密度的倍数称为聚光比，也称为会聚比，它是标志聚光器性能的重要参数。聚光器的聚光比分为几何聚光比和能量聚光比两个不同的概念：

1）几何聚光比

几何聚光 C_G 比定义为聚光器接收自然阳光的开口面积 A_b 和吸收体面积 A_r 之比值，即

$$C_G = \frac{A_b}{A_r} \tag{3-5}$$

几何聚光比可用于粗估聚光器可能达到的最高温度或聚光器的成本。一般来说，几何聚光比越高，其成本就越高，所能达到的最高温度就越高。在实际的系统中，由于镜面误差等原因，入射到开口面积上的太阳辐射并不能全部传输到吸收体面积上，从能量上来

看,这表示产生了一种损失,所以就有了一个区别于几何聚光比的新概念——能量聚光比。

2) 能量聚光比

能量聚光比 C_E 定义为吸收体上接收到的平均能量密度 I_a 与入射的直射太阳辐射强度 I_b 之比值,即

$$C_E = \frac{I_a}{I_b} \tag{3-6}$$

在一切情况下,对所有的聚光器,都有 $C_G > C_E$,只有理想的聚光器,才有 $C_G = C_E$。一般情况下,可表示为如下的关系式

$$C_E = \rho \eta_{op} C_G \tag{3-7}$$

式中,ρ 表示镜面的直射辐射反射率;η_{op} 表示光学效率。

2. 聚光均匀度

在高聚光条件下,聚光器的输出光辐射会产生能量分布不均匀的现象,导致电池表面的温度和电流分布也是不均匀的,这将对电池的工作造成不利影响。很多研究者都对这种现象进行了研究。Franklin 的研究表明,聚光器输出面的光强分布若为高斯曲线形式,与均匀光照时相比聚光电池的开路电压和效率都会下降,且随中心光强的增强下降的幅度会更大。Wennerberg 将薄膜电池用于低聚光器件,表明组合抛物面聚光器在光照均匀性方面比平板反射器差但其聚光率比平板反射器高,他还认为薄膜电池比硅电池更适用于光照不均匀的系统。

Anton 对在不均匀聚光条件下开路电压与温度的关系重点进行了研究,认为对于非聚光的光伏电池和组件,常用开路电压法确定等效电池温度,此方法被证明是非常有效的,但在聚光的条件下,则要重新考虑,其中引入了不均匀度因子 U,定义为最大聚光率与平均聚光率的比值,它主要和聚光器的类型有关,并且假设温度系数仅与聚光率有关而与温度无关,最终得到了最高电池温度与开路电压的关系,并且用实验证明了此模型的正确性。

3. 接收角

在入射光中,只有那些与聚光器光轴的夹角处于某个角度之内的光线,才能被聚光器收集并到达吸收体,这个角度就称为聚光器的接收角,也就是接收器的视野的一半。例如,在一个成像聚光器中,只有当入射光线与系统的轴线所成的角度小于 θ 角时,光线才能聚焦在太阳能电池上,θ 角被称为接收角。

3.2.3 聚光器的总类

聚光光伏技术从起步发展到现在的几十年间,不论是从原理还是从器件上,聚光光伏系统都经历了巨大的变化。一般说来,按照光学原理,可以将聚光器分为折射聚光器、反射聚光器、混合聚光器、热光伏聚光器、全息聚光器和荧光聚光器。

(1) 折射聚光器。折射式聚光器是传统的聚光形式,其聚光元件可以是透镜组,也可

以是菲涅耳透镜,他们都各有优点。首先,当口径很大时,菲涅耳透镜可以制作得很薄很轻,也更容易制作口径很大的透镜,而且制作菲涅耳透镜的材料可以是塑料或者有机玻璃,不仅比玻璃便宜,还能批量生产。但是对于小尺寸电池而言,普通透镜比菲涅耳透镜有着更高的效率。

(2) 反射式聚光器。反射式聚光器主要是利用反射镜将入射太阳光聚焦到太阳能电池片上。反射聚光器包括抛物槽、平板、组合抛物面等,用在光伏反射聚光器中的两种主要反射镜材料是镀银玻璃和镀铝面。反射式光伏聚光器中应用较多的是旋转抛物面镜聚光器(点聚焦)和槽形抛物面镜聚光器(线聚焦)。

(3) 混合聚光器。混合聚光器利用折射、反射和内部反射实现聚光的目的。

(4) 热光伏聚光器。热光伏聚光器工作原理是太阳把辐射器加热到高温,产生光热转换,辐射器再发出辐射到太阳能电池上,完成光电转换。电池不能利用的长波辐射重新回到辐射器。热光伏聚光器理论上可以达到很高的热电综合转换效率。

(5) 全息聚光器。全息聚光器利用全息反射元件作为系统的分光原件,可以以较高的衍射效率将入射光分解成光谱使不同的谱带对应于不同禁带宽度的太阳能电池,提高了电池的转换效率。

(6) 荧光聚光器。荧光聚光器通常是一块透明的荧光材料板,内含荧光物质。一般而言,它的一个端面与光电转换器表面接触,其余的端面镀有镜面反射层。太阳辐射中的一部分被荧聚光器的荧光材料吸收后再以较高的量子效率发射,从而在荧光材料板中产生大量的荧光辐射,那些入射角小于临界角的辐射光线从板面折射出去,其余那些入射角大于临界角的辐射光线在基底板内形成全内反射并沿着荧光材料板传导到光电转换器上。荧光聚光器之所以能产生聚光作用,是因为聚光材料板的大面积表面受太阳光照射时产生的荧光辐射能通过其小面积端面进行传播和吸收。

3.2.4　砷化镓(GaAs)电池

目前,聚光太阳能电池使用的电池材料是砷化镓,由于半导体太阳能电池只能吸收能量大于禁带宽度的光子,所产生的光电流受材料禁带宽度限制,宽禁带材料吸收的光子较少,窄带材料吸收光子较多,而每一个被吸收的光子能力被利用的部分只是禁带的部分。于是,在太阳光谱下,禁带宽度为 $1.4\sim1.6\mathrm{eV}$ 的材料有较高的理论效率,室温下太阳能电池效率随禁带宽度变化的关系如图 3-6 所示,从图中可以看到,GaAs 具有较高的理论效率,是制作太阳能电池最有前途的材料子怀疑。

除了禁带宽度与太阳光谱匹配较好之外,GaAs 还有其他的优点,包括:

(1) 有较好的耐高温特性,这也是为什么聚光电池采用 GaAs 的原因,在聚光点,温度往往高达上百度,这时普通硅电池将会失效,而 GaAs 的结温较高,可以继续工作。

(2) 抗辐照性能好,所以 GaAs 电池目前主要应用于空间电池,比如航天器、人造卫星等。

(3) GaAs 为直接跃迁吸收,吸收系数大,而硅是间接跃迁半导体。$5\mu\mathrm{m}$ 厚度即可吸收 90% 以上的日光,因此 GaAs 电池属于薄膜电池,大大减轻了电池的重量。

(4) GaAs 电池与硅电池比,具有较高的开路电压和较低的短路电流,因此受串联电阻影响较小。

GaAs 电池突出的优点在于效率高,缺点在于成本比较高。在空间应用中,电源成本占航天器总成本的比例不高,而且航天器提供的电源安装空间有限,要求单位面积提供尽可能高的电力,所以,GaAs 电池在空间应用是合理的。为了充分发挥 GaAs 电池高效率的优势,迭层电池是一个主流的发展方向。迭层电池是采用不同能隙的半导体材料组合,可以充分利用日光不同波段的辐射,提高效率。迭层电池结构按照禁带宽度由大到小排列,禁带宽度较大的电池位于电池顶部,禁带宽度较小的子电池位于电池底部。各电池通过隧道结或金属电极连接。GaAs 太阳能电池可以通过多种生长方法制备。

图 3-5 指示了 AM0、AM1.5 光谱。

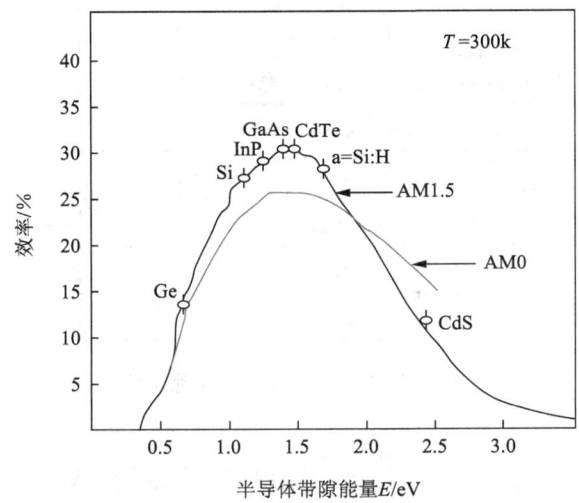

图 3-5 太阳能电池效率上限于带隙的关系

MOVPE(金属有机物气相外延)是制备 GaAs 太阳能电池的主流方法,据统计,全球大约一半的 MOVPE 设备用来制备太阳能电池。1999 年,Takamoto 等报道了对 GaInP/GaAs 太阳能电池的研究,使用 MOVPE 方法在 GaAs 衬底上制备,AM0 效率达到了 26.9%,电池面积 $4cm^2$。

制备多结 GaAs 电池是制备高效率电池的主要发展方向,Karam 等给出了 AlGaInP/GaAs/GaInNAs/Ge 四结电池的设计。Iles 预计四结电池理论效率可以超过 40%。

图 3-6 给出了典型的双结 GaAs 电池的结构,包括带隙较宽的顶层电池(吸收太阳能谱中波长较短的部分)以及中间的隧道结来匹配两结之间的电流和带隙较小的底层电池(吸收能谱中波长较长的部分)。

其中背电场 BSF 层的作用为:

(1) 加速光生少子输运,增加光电流。

(2) 由于少子复合下降而减少了暗电流,背电场可把向背表面运动的光生少子反射回去重新被收集。

(3) 增加开路电压。

(4) 改善金属半导体接触,减小串联电阻,整个电池的填充因子得到改善。

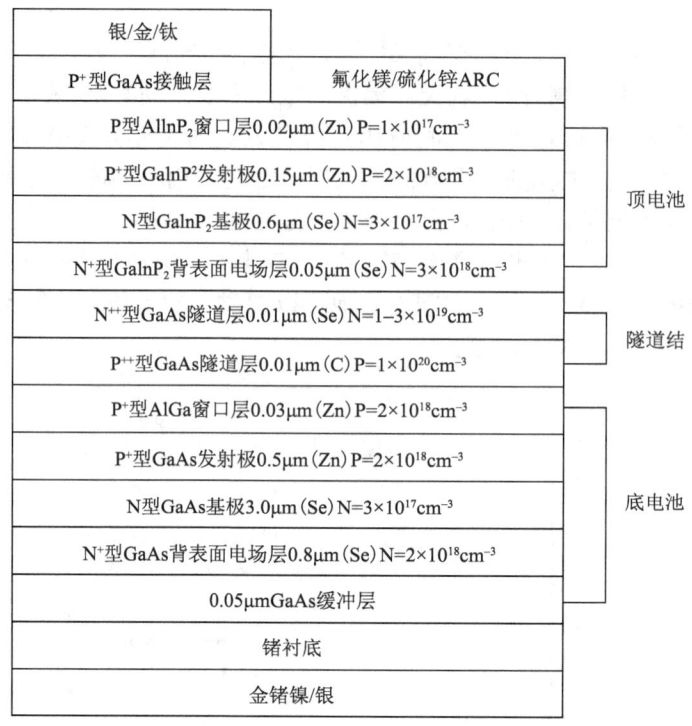

图 3-6　GaInP$_2$/GaAs/Ge 电池结构图

3.3　太阳能聚光系统的引入

目前应用于地面发电系统的 GaAs 太阳能发电系统大多都采用聚光系统,聚光型太阳能(concentration photovoltaic,CPV)技术通过透镜或镜面将接收到的太阳能放大成百上千倍,然后将放大的能量聚焦于效率极高的小光电池上,如图 3-7 所示。

低成本聚光电池普遍采用菲涅耳透镜作为聚光器。菲涅耳透镜是一种折射式的聚光器,它由平凸透镜演变而来,从图 3-8(a)可知,当太阳光垂直平凸透镜时,第一个界面(平面)不改变光的传播方向,第二个界面(曲面)才会改变光的方向,使入射光会聚。把平凸透镜的曲面分成许多个小单元,由于每个小单元可近似的看作是平面(如图 3-8(b)),这样图中画有阴影线的部分变成了直角小棱镜。把许许多多的直角小棱镜平板化(在一块平板上加工制成),便构成了菲涅耳透镜(也称平板透镜),见图 3-8(c)。

图 3-9 为菲涅耳透镜作为聚光器的聚光电池组件的一个单元模组的实物照片。

3.3.1　追光系统概述

1. 太阳光跟踪系统

太阳随着时间其入射角和方位角总是变化的,另外云雾和大风的影响,也会改变太阳的辐射强度和与光伏阵列的相对位置。为了使光伏阵列能够在不同季节、不同的日照时

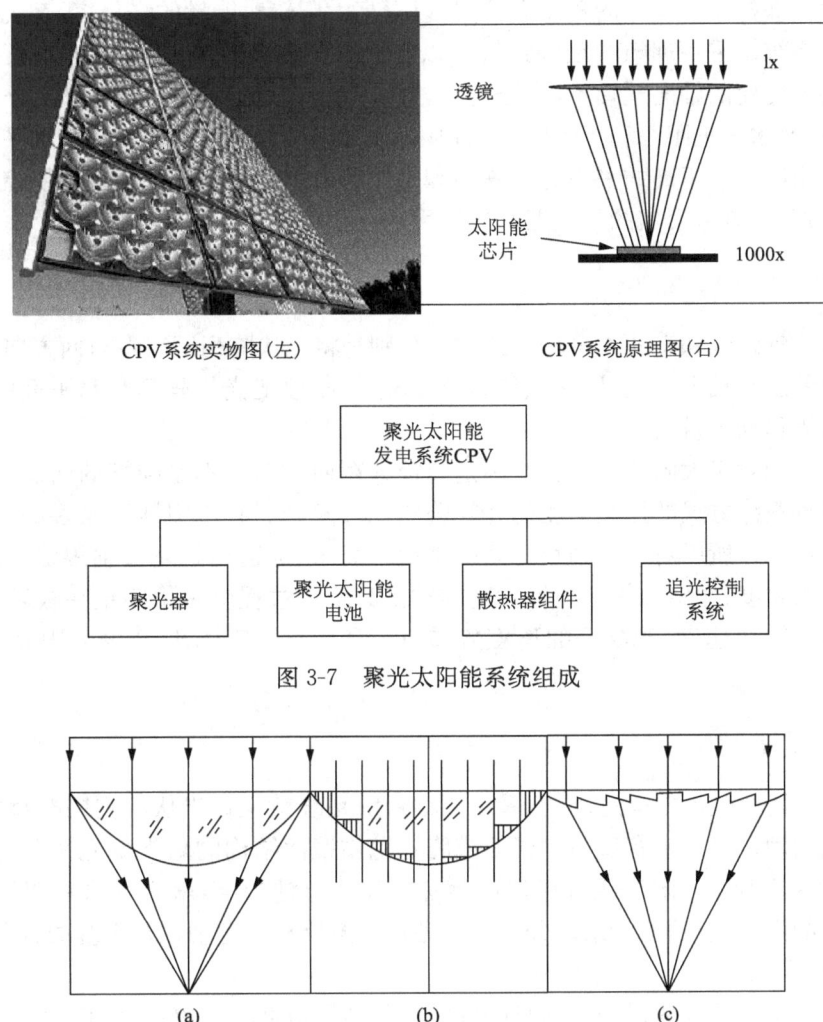

CPV系统实物图(左)　　　　　　CPV系统原理图(右)

图 3-7　聚光太阳能系统组成

图 3-8　菲涅耳透镜原理图

图 3-9　菲涅耳透镜聚光电池模组单元照片

间均能与太阳保持一个最佳的角度和位置,以提高太阳辐射能量的采集率,客观上需要采用太阳跟踪系统。采用理想的跟踪系统可以使能量收集率提高30%以上。根据光伏阵列采光面角度变化的轴向选择不同,分为单轴跟踪和双轴跟踪。单轴跟踪又分为东西水平轴跟踪、南北水平轴跟踪和极轴跟踪三种;双轴跟踪又分为赤道轴跟踪和水平轴跟踪两种。对聚焦精度要求不高的平板光伏阵列和对线型聚焦的聚光器可采用系统控制相对简单的单轴跟踪,对点型聚焦的聚光器则应采用双轴跟踪。

2. 单轴跟踪系统

东西水平轴跟踪和南北水平轴跟踪方式分别是将光伏阵列固定在东西方向水平轴上或南北方向的水平轴上,然后以该轴作为选装轴,不断改变光伏阵列与水平面的夹角,以达到跟踪太阳移动的目的。

由于地球相对于太阳的旋转轴既不是纯粹的东西方向也不是纯粹的南北方向,采用上述两种单轴跟踪方式的控制角度的计算公式比较复杂。它不但涉及众多的角度变量,而且是非线性的。所以对于单轴跟踪系统来说最简单、最适用的是极轴跟踪。所谓极轴是指方位角为零度、倾斜角等于当地纬度的轴。其跟踪过程就是将固定在极轴上的光伏阵列以地球自转角速度(15°/h)的速度旋转,即可达到跟踪太阳,减少太阳光入射角的目的。

3. 双轴跟踪系统

太阳是以两个坐标方向运动的,采用双轴跟踪系统就是让光伏阵列同时绕两条不同方向的轴线运动。对于带有双曲线镜面或旋转抛物镜面结构的聚光型光伏阵列来说,要使镜面反射或折射的太阳光线都精确的聚焦在光伏电池板上,就必须采用双轴跟踪器。按旋转轴向的不同,双轴跟踪系统分为水平轴跟踪系统和赤道轴跟踪系统两种形式。

1) 水平轴跟踪系统

水平轴跟踪系统的两根相互垂直的旋转轴分别是铅直向下的垂直轴和平行于地平线的水平轴。系统绕垂直轴旋转改变其方位角,可以用来跟踪太阳方位;系统绕水平轴旋转改变其仰角,可以用来跟踪太阳的高度角。这个系统的特先是支架座平面与地心引力相垂直,使其偏转的重力最小,稳定性比较好。但因随时间变化的太阳高度和方位是非线性的,使得控制该系统角度旋转的速度和配合比较复杂。

2) 赤道轴跟踪系统

赤道轴跟踪系统的两根相互垂直的旋转轴分别是:平行于天轴(地轴)的极轴和平行于天球赤道面的赤纬轴。使用该装置要先调整后运行。调整装置分步进行:先将极轴对准南北方向,并使极轴的倾角等于当地的地理纬度;然后调整水平面,使其等于当天的太阳赤纬度值;最后将光伏阵列对准太阳,并控制它以15°/h的角速度绕极轴选装。由于地球绕太阳的旋转轴是天轴而不是铅直向下的轴,而且赤纬度一天内的变化量很小,无需每天都进行调整,所以这种跟踪方式是双轴跟踪最常用的一种。

追日跟踪器的结构见图3-10。方位角电机1固定在底座上,主轴及其支撑轴承安装在底座上面(主轴相对于底座可以转动),转动架以及支架固定安装在主轴上,光伏电池、垂直角电机2安装在支架上面(光伏电池相对于支架可以转动),电机2的输出轴连接在光伏电池上。

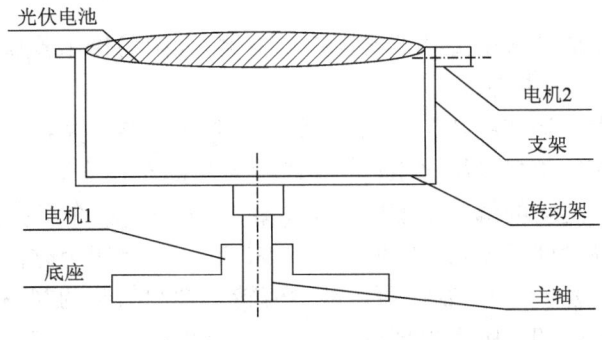

图 3-10 双轴追日跟踪器示意图

3.3.2 跟踪装置

根据控制太阳能采光面角度变化的驱动方式,分为手动跟踪和自动跟踪。手动跟踪呈间歇进行,故跟踪的精度和效果较差。自动跟踪采用光敏元件和程序控制与动力驱动装置相结合,促使太阳能采光面在无人值守的条件下,自动跟随太阳的位置而变化。

1. 手动跟踪系统

手动跟踪方式常用于平板式光伏阵列,每次移动的目的是尽可能使太阳光垂直射入电池板上。由于它们对跟踪精度要求较低,若工作人员每隔1、2小时移动一次,就可使输出维持在与最佳角度相差10%之内。对于精度要求更低的系统,根据太阳赤纬度随季节的变化规律每1~2个月移动一次,使得正午时刻太阳光垂直射入电池板上,也能提高一定的光伏效率。

2. 自动跟踪系统

自动跟踪系统包括各种电子电路、电力电子控制系统和微机的程控系统等闭环控制系统。控制原理为:由光敏传感器将太阳与光伏阵列之间的位置偏差信号和光强信号反馈给控制器,经过数据处理和放大,触发相关的开关电路,使电动机带动机械传动机构,推动修正光伏阵列的位置和角度,从而实现跟踪目的。为了节省驱动能量,要尽可能选择耗电量小的驱动电机,并要求自动跟踪系统除了能跟踪太阳之外,还能通过光敏器件根据光强高低的变化控制电机间歇工作。即在光强达到可利用的强度时才开始跟踪,光强低于这个水平时停止跟踪,到了夜间还能自动关闭电源。

太阳跟踪系统的支撑机构常见的有框架式、轴架式和旋转台式三种。前两种形式是将光伏阵列安装在可进行太阳时角跟踪的轴向移动固定框架或轴架上,其特点是结构简单、价格便宜、安装方便。它们主要适用于支撑单轴跟踪的小功率光伏阵列,但也可额外附带简单的季节性仰角调节功能。旋转台式形式是在一个较大的可进行时角跟踪的旋转台上安装可进行仰角跟踪的光伏阵列。它适用于支撑大功率的双轴跟踪光伏阵列,其缺点是结构复杂,造价较高。

3.3.3 四象限闭环控制系统原理

通过光敏电阻组成的太阳传感器实现追日检测,太阳角传感器属于控制模块的一部分,安装于电池板支架的中心。

跟踪器的传感器结构如图 3-11 所示。设置一个圆筒形外壳,在圆筒外部东、南、西、北四个方向上分别布置 4 只光敏电阻;其中 P1、P3 东西对称安装在圆筒的两侧,用来粗略检测太阳由东往西运动的偏转角度即方位角;P2、P4 南北对称安装在圆筒的两侧,用来粗略检测太阳的视高度即高度角;在圆筒内部,东、南、西、北四个方向上也分别布置 4 只光敏电阻,用来精确检测太阳由东往西运动的偏转角度和太阳的视高度。当光线角度与垂直偏差较大,大于 a 角时,圆筒内部没有光线,只有粗度传感器工作,只有小于 a 角时,精传感器才工作。

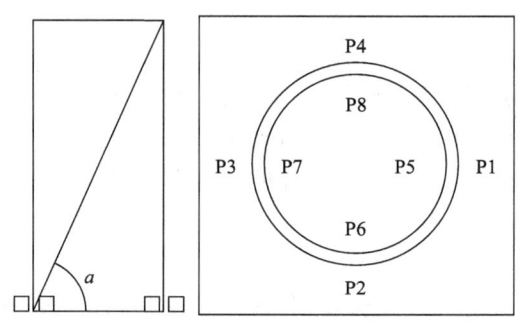

图 3-11 传感器结构示意图

圆筒设计的好处是增大迎向阳光和背向阳光的电位差异,便于粗度检测准确定位太阳角度。较大程度地屏蔽了外界环境的散射光和其他干扰光线,使外界的干扰光对太阳角精度采集的影响降到较低程度,提高跟踪精度。

光电传感器得到的电信号需要通过电压传感器及电流传感器进行信号处理,一种典型的处理模式如图 3-12 所示。

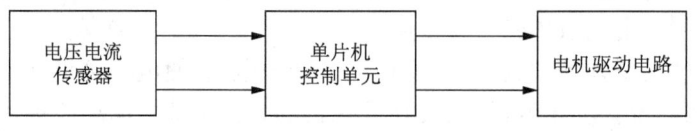

图 3-12 传感器结构示意图

电压传感器和电流传感器如图 3-13 和图 3-14 所示。电流传感器采用 50A、150mV 的分流器和运算放大器 AD820。当负载一定时,太阳能电池板的输出电压随输入光功率变化而变化,通过电压传感器检测电压值可以知道当前功率的大小,进而可以得到太阳光线偏离太阳能电池板法线的角度变化。当负载变化时,电流值变化,通过电流传感器可观测电流的变化情况,当电流稳定后,再通过检测电压传感器的电压值而得到太阳光线偏离太阳能电池板法线的角度变化。

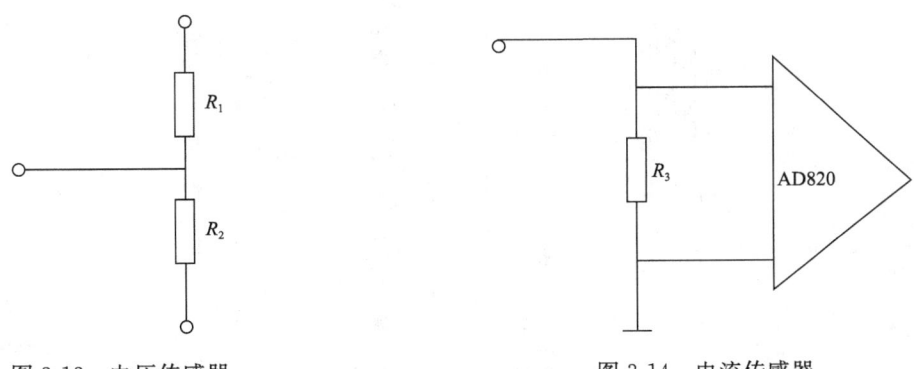

图 3-13　电压传感器　　　　　　图 3-14　电流传感器

此外,电压传感器和电流传感器还可以采用霍尔元件的原理。如电流传感器 CHT50A-S,该电流互感器的主要传感器件是霍尔元件,采用磁平衡原理,检测精度高,线性度好,而且检测电路与被检测电路完全隔离。但电流互感器实际上是电流—电流变换器,即将被测电流转换为 0~50mA 标准电流,并以电流源方式输出,为了获得可供 A/D 采集卡采集的电压信号,还必须外加电压取样电路,将电流信号转变成电压信号。而电压传感器利用霍尔元件,采用磁补偿原理,大功率电阻把电压输入变换为电压传感器的 0~10mA 标准输入电流,并以电流源方式输出,为了获得可供 A/D 采集卡采集的电压信号,还必须外加电压取样电路,将电流信号转变成电压信号,检测电路原理如图 3-15 所示。

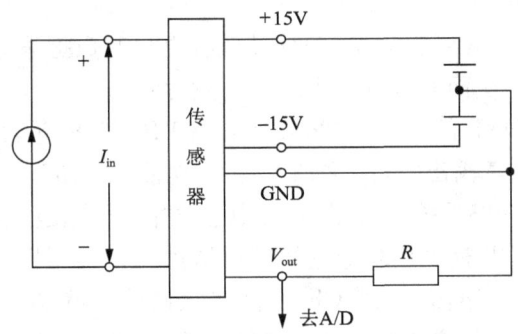

图 3-15　电流/电压传感器检测电路

除了可以使用光敏电阻或光电二极管作为光电传感器外,还可以使用一块经标准光强标定好的光电池作为光强传感器,只要测出其输出短路电流和表面温度即可推算出当时其表面所受的辐射光强,因为在太阳光的照射下,太阳能电池的输出短路电流与太阳辐照度成正比,其电路原理图如图 3-16 所示。

目前,已有集成化的自动控制电路模块可供使用,如 EPCM-2940 数据采集工控主板的全部控制系统包括运行电机在内,全部采用直流 24V 供电。选用该主板的可以增加各个追日系统的数据采集、监控功能,并能够进行集中监控,图 3-17 是其光敏电阻采集电路。

EPCM-2940 是 EPCM2000 系列 MiniISA 远程数据采集主板中功能最丰富的产品之

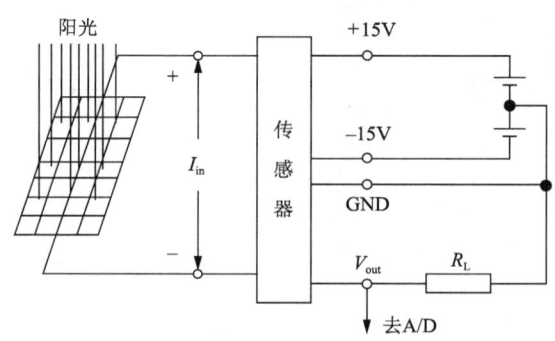

图 3-16 光强检测电路

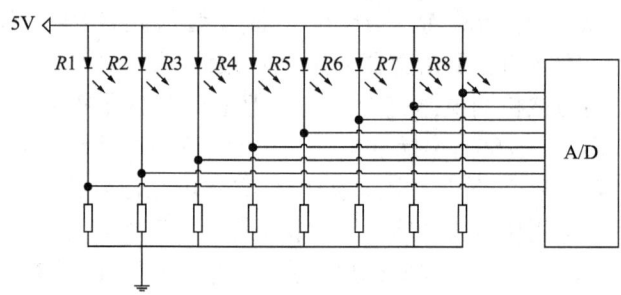

图 3-17 光敏电阻采集电路

一。它不仅仅拥有完整的底层驱动库和通信协议,更具有数据采集、大容量存储、通信及控制等丰富的外围电路,从而充分减少了二次开发时间。

EPCM-2940 采用 NXP 的 32 位 ARM 处理器 LPC2378,包含 8 路模拟量输入、8 路数字量输入和 8 路数字量输出、以太网、3 线和全功能 RS-232 接口、CAN-bus 接口、CF 卡接口,同时它支持 MiniISA 扩展总线,可以快捷方便地扩展功能强大的应用产品。利用它完善的底层驱动库,只需调用相应的接口函数就可以实现模拟量输入、数字量输入/输出、利用各种通信协议通信、利用 CF 卡存储大量数据等功能。EPCM-2940 产品如图 3-18 所示,图 3-19 为全集成化的高聚光光伏电池(HCPV)阵列。

3.3.4 开环及闭、开环相结合的追光系统原理

1. 太阳及地球的运动规律

要想太阳能接收装置最大限度地接收太阳辐射能,保持聚光器的主光轴始终与太阳入射光线平行,就必须掌握太阳的运动规律。众所周知,到达地球上的太阳辐射能随季节、时刻、地球纬度的不同而变化,要掌握它的变化规律,就必须从地球与太阳的运动入手。

1) 地理坐标

地球是一个近似圆形的球体,地球上任何地点的位置都是用地理坐标的经度和纬度来表示。在对太阳能的利用中,具体的地理坐标是必不可少的参数。

第3章 太阳能电池组件及聚光电池

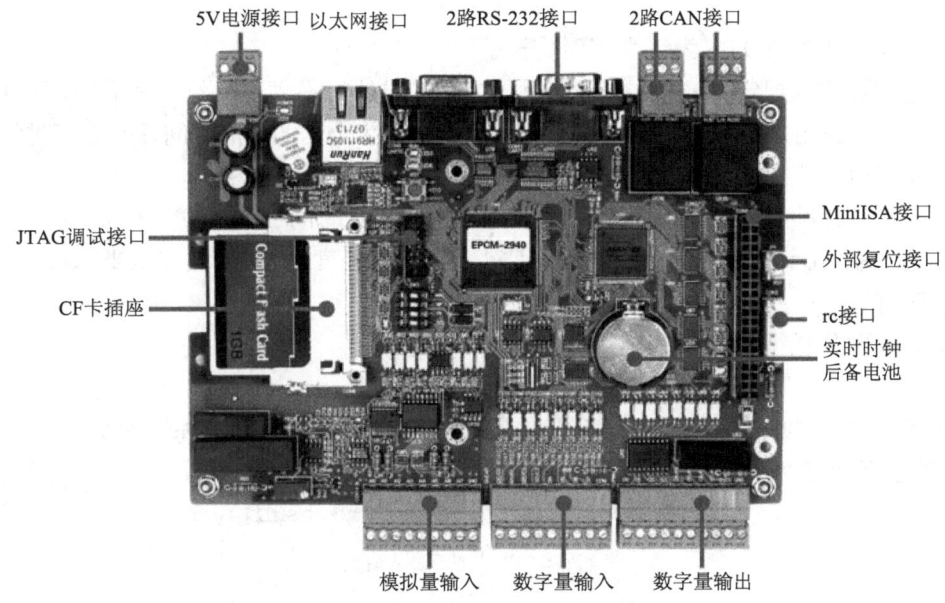

图 3-18 EPCM-2940 产品图

图 3-19 HCPV 阵列

2) 地球的自传和太阳时

地球绕着地轴(自转轴)不断地自转,自转一周即经度 360°,形成一昼夜。一昼夜分为 24 小时,所以地球每小时自转 15°。时间的计量是以地球自转周期为依据的,地球每天自转一周,计 24 太阳时。太阳时和钟表指示的时间是有差别的。在以后导出的太阳角度公式中,涉及的时间都是当地太阳时,它的特点是午时(中午 12 点)阳光正好通过当地子午线,即在空中最高点处,它与日常使用的标准时间并不一致。首先介绍一下太阳时与钟表的换算。钟表所指示的时间也称为平太阳时(简称平时),它与真太阳时之差叫做时差 E。计算如下:

$$E = \tau_\theta - \tau \tag{3-8}$$

式中，τ_θ 为太阳时（分）；τ 为平太阳时（分）。

根据国际协议规定，格林尼治天文台所在子午线处的平太阳时作为世界时间的标准，叫作世界时。我国采用东经 120°经圈上的平太阳时作为全国的标准时间，即"北京时间"。

用北京时间表示的某一经度地区的平太阳时，可用下式表示：

$$\tau = 标准时间 \pm (L_{st} - L_{loc})/15h，即 \tau = 北京时间 \pm 4(120 - L_{loc}) 分 \tag{3-9}$$

式中，L_{st} 为制定标准时间采用的标准经度；L_{loc} 为当地经度，所在地点在东半球取负号，西半球取正好。

由上述两公式得到

$$\tau = 北京时间 + E \pm 4(120 - L_{loc}) \tag{3-10}$$

转换过程中考虑了两项修正，第一项 E 是地球绕日公转时进动和转速变化而产生的修正，时差 E 以分为单位，可按下式计算：

$$E = 9.87\sin 2B - 7.53\cos B - 1.5\sin B \tag{3-11}$$

$$B = \frac{360(n-81)}{364} \tag{3-12}$$

式(3-12)中，n 为所求日期在一年中的日子数，间于 1 到 365 之间，式(3-10)中修正的第二项 $4(120 - L_{loc})$ 是考虑所在地区的经度 L_{loc} 与制定标准时间的经度（我国定为东经120°）之差所产生的修正。

3）地球绕太阳的运行规律

贯穿地球中心与南北相连的线称为地轴。地球除了绕地轴自转外，还绕着太阳循着偏心率很小的椭圆形轨道（通常称为黄道）上运行，称为公转，运行周期为一年。椭圆的偏心率不大，1 月 1 日近日点时，日地距离为 147.1×10^6 km，7 月 1 日远日点时为 152.1×10^6 km，相差约为 3%。地球自转轴与椭圆轨道平面（称黄道平面）的夹角为 66°33′，该轴在空间的方向始终不变，因而赤道平面与黄道平面的夹角为 23°27′。但地心与太阳中心的连线（即午时太阳光线）与地球赤道平面的夹角是一个以一年为周期变化的量，它的变化范围为 ±23°27′，这个角就是太阳赤纬角。赤纬角是地球绕日运行规律造成的特殊现象，它使处于黄道平面不同位置上的地球接受到的太阳光线方向也不同，从而形成地球四季的变化。北半球夏至（6 月 22 日）即南半球冬至，太阳光线正射北回归线 $\delta = 23°27′$；北半球冬至（2 月 22 日）南半球夏至，太阳光正射南回归线，$\delta = -23°27′$；春分及秋分太阳正射赤道，赤纬角都为零，地球南、北半球日夜相等。

2. 天球坐标

所谓天球，就是人们站在地球表面上，仰望天空，在平视四周时看到的这个假想球面。根据相对运动原理，太阳好像在这个球面上周而复始地运动一样。若要确定太阳在天球上的位置，最方便的方法是采用天球坐标系，最常用的天球坐标系是赤道坐标系和地平坐标系。

1）赤道坐标系

赤道坐标系是以天赤道 QQ' 和天子午圈的交点 Q 为原点的天球坐标系，如图 3-20 所示,P、P'分别为北天极和南天极。通过 PP' 的大圆都垂直于天赤道。显然,通过 P 和球面上的太阳(S_θ 点)半圆也垂直于天赤道,两者相交于 B 点。

在赤道坐标系中,太阳 S_θ 的位置由下列两个坐标决定:第一个坐标是圆弧 QB,通常称为时角,用 ω 表示。时角从天子午圈上的 Q 点起算,即从太阳时的正午起算,顺时针方向为正,逆时针方西为负,就是上午为负,下午为正。它的数值等于离正午的时间(小时)乘以 $15°$。第二个坐标时圆弧 BS_θ,称为赤纬,用 δ 表示。赤纬从天赤道起算,对于太阳来说,向北天极由春分、秋分日的 $0°$ 变化到夏至的正 $23°27'$;向南天极由春分、秋分日的 $0°$ 变化到冬至的负 $23°27'$。

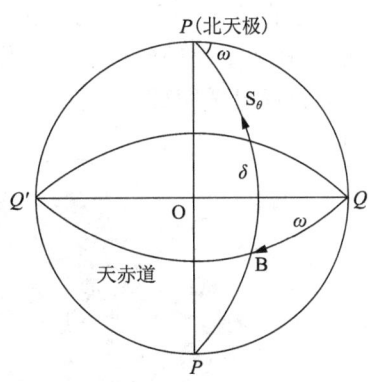

图 3-20 赤道坐标

太阳赤纬角 δ 可由 Cooper 方程近似地计算:

$$\delta = 23.5\sin\left(360° \times \frac{284+n}{365}\right) \tag{3-13}$$

式中,n 是所求日期在一年中的日子数。

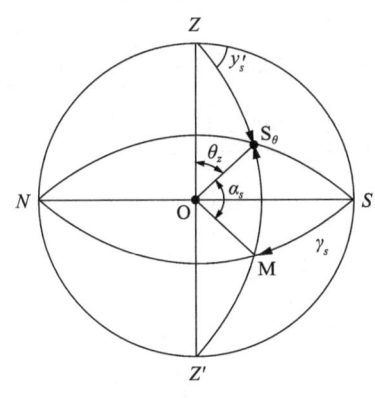

图 3-21 地平坐标

2)地平坐标系

通过天球球心 O 作一直线和观测点铅垂线平行,并与天球相交于 Z 和 Z'。Z 点叫做天顶,Z' 点叫做天底。通过球心 O 与 ZZ' 相垂直的平面在天球上所截出的大圆,叫做真地平。地平坐标系就是以真地平为基本圈,以南点 S 为原点的天球坐标系如图 3-21 所示,天顶是基本的极,所有经过天顶的大圆都垂直于地平面,两者相交于 M 点。在地平坐标系中,太阳 S_θ 的位置由两个坐标确定。

第一个坐标是天顶距离,即圆弧 ZS_θ,或天顶角 $\angle ZOS_\theta$,用 θ_z 表示,也可用太阳的地平高度(简称"太阳高度")表示,即圆弧 $S_\theta M$ 或中心角 $\angle S_\theta OM$,记作 α_s。天顶距和太阳高度有下列关系:

$$\theta_z + \alpha_s = 90° \tag{3-14}$$

第二坐标是方位角,即圆弧 SM,用 γ_s 表示。取南点 S 为起点,向西(顺时针方向)为正,向东为负。

3. 追光系统范例

在光伏及其互补发电系统的计算机仿真研究中,往往利用每小时平均光强(即每小时太阳辐射量)和每小时平均温度等气象数据计算太阳能电池方阵每小时的发电量。

追光系统是结合机械控制和电子控制的较复杂系统,其机械控制方式主要为双轴控制,如图 3-22 及图 3-23 所示。电控部分主要是由单片机和测光电路组成。测光盒是利用光线沿直线传播和小孔成像的原理制作,盒内排布光敏电阻组,阵列组上方正中央开一小孔,小孔盖上薄玻璃(透光)并作防水密封处理,就构成一个探测太阳光方向的探光器。当太阳光通过透明玻璃板照射到光敏电阻组时,通过比较电压进行比较,追踪太阳光线方向。

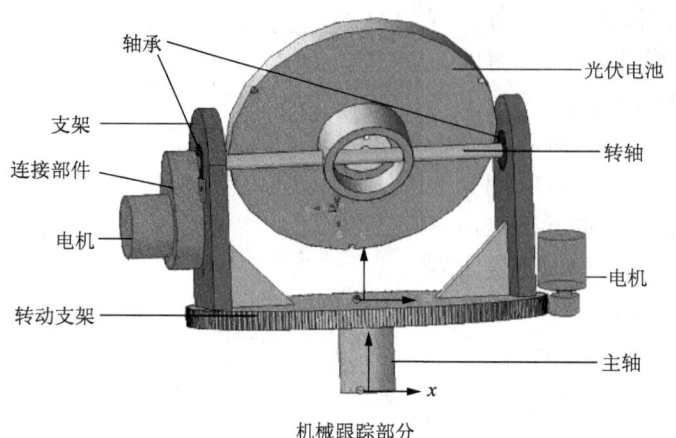

图 3-22 追光系统的机械跟踪部分　　　图 3-23 追光系统的完整试图

图 3-24 为两种不同的追光系统的电控结构原理图,其基本功能类似。

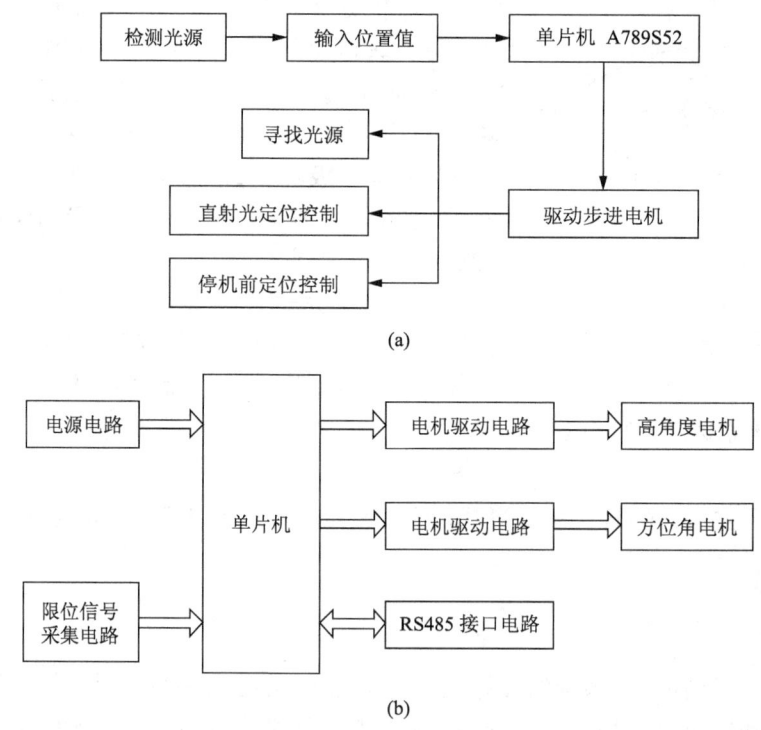

图 3-24 追光系统电气原理图

电子控制系统的设计目的是计算太阳位置,告知机械执行机构动作,其设计原则如下:

(1) 选择典型电路;
(2) 方便二次开发;
(3) 软硬件协同设计;
(4) 性能最优、性价比最高;
(5) 可靠性及抗干扰;
(6) 驱动能力;
(7) 低功耗要求。

自动追光系统就是将传感器安装在太阳能电池板上,与电池板同步转动。光线方向一旦发生细微改变,电箱从测光盒接收到的数据也跟着同步变化,核心控制器将对数据进行逻辑处理,驱动两轴电机进行校正,如此反复调整,实现"自动追光"功能。本系统的全部信号均来自于传感器,系统无需起始定位,当达到一定光照强度时,系统就会在180°范围内自动跟踪,在任何方位再启动都不会迷失方向。跟踪精度与照度和时段有关,日照越强,跟踪精度越高。阳光不足时,系统电路自动休眠等待,不盲目跟踪,当达到一定光照强度时,系统会在短时间内调整到位,实现"自动追光"。如图3-25所示。

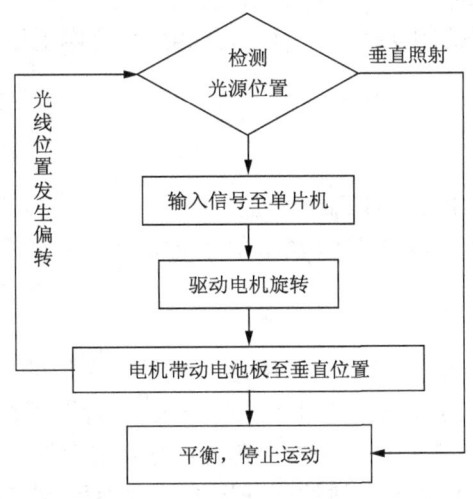

图 3-25 自动追光原理图

通过自动追光系统,反复调整太阳能电池板随着太阳光照方向运动。当太阳光直射即系统达到平衡时,要保证太阳能电池板能及时停下来,需要一个自锁机构。当太阳光未垂直照射在测光盒时,通过信号反馈,单片机驱动电机转动,电机带动涡轮蜗杆运动,从而控制太阳能电池板旋转,直至太阳光直射测光盒为止。使用涡轮蜗杆机构,使系统传动平稳,噪声小,且具有自锁性,可以避免风力过大,掀翻太阳能电池板,使电机反转。

习 题

(1) 写出太阳能组件的工艺流程。
(2) 什么是聚光太阳能电池?
(3) 聚光器的基本原理是什么?
(4) 聚光电池和非聚光电池的 IV 特性区别是什么?
(5) 画出追光系统原理图。

验证性实验项目

实验五　太阳能可变阻抗负载实验

一、实验目的

(1) 了解太阳能电池阵列的结构组成。
(2) 掌握太阳能电池的化学能量转换原理。
(3) 定量研究负载阻抗的变换对太阳能充电电流、充电电压、负载功率、总输出功率、功率因数的影响。

二、预习内容

(1) 阅读教材中的太阳能电池工作原理。
(2) 了解太阳能电池的 IV 特性以及太阳能电池板的伏安特性曲线概念。

三、实验原理

在能源日益紧缺的今天,太阳能的利用越来越受到人们的重视,特别是太阳能电池,其应用已经广泛拓展到电力、通信、交通等各个领域。目前,国内外对晶体硅太阳能电池研究已经很深入了,但是大多数是集中在对其开路电压、短路电流以及填充因子等基本参数的研究。这些参数只能作为硅电池性能好坏的技术参照,在实际应用中却不能很好指导我们使用硅电池。研究硅电池的输出功率的目的是寻求硅电池最佳负载范围,也即实现负载的最佳匹配。通过实验探讨功率和负载之间的关系,为不同应用场合下的负载给出相应的范围。

图 3-26 为硅电池等效电路图,其中 I_{sh} 是恒流源,D 是 PN 结,R_{sh} 是并联电阻,R_s 是串联电阻,R_L 是负载,U_{OC} 是开路电压,U_L 是负载电压。由此可得硅电池负载功率为

$$P_L = \frac{U_L^2}{R_L} \tag{3-15}$$

硅电池总输出功率为

$$P = \frac{U_{OC} U_L}{R_L} \tag{3-16}$$

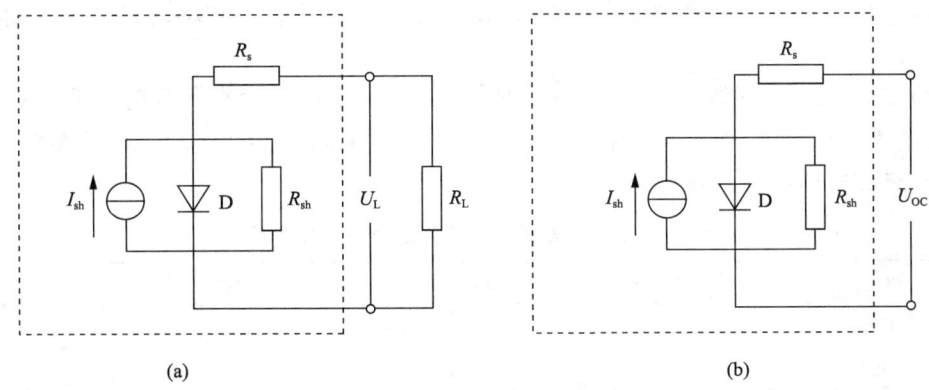

图 3-26 硅电池等效电路图

只需要测量 R_L 的端电压 U_L 及开路电压 U_{OC}，便可以算出负载功率及硅电池总输出功率。

功率因数是有用功率除以总功率，计作 η，有

$$\eta = \frac{P_L}{P} \tag{3-17}$$

式中，η 表示硅电池输出功率的利用率。实验中改变负载大小，可得到负载功率 P_L 和负载 R_L、η 和负载 R_L 之间的关系。

四、实验仪器与器件

太阳能光伏发电系统实验实训装置、光伏电池板、电阻箱、充电电流表、充电电压表、导线等。

五、实验内容与步骤

（1）按照实验原理图 3-27 接好电路，先接光伏板 A，后并联上光伏板 B，再并联上光伏板 C，最后并联上光伏板 D。

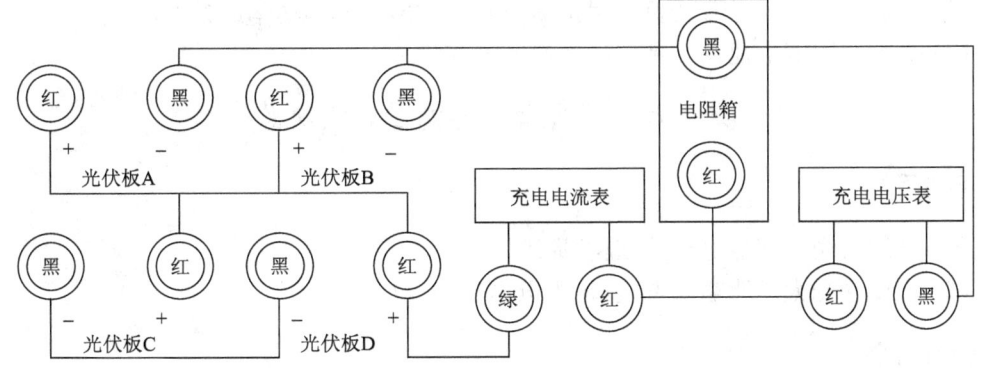

图 3-27 蓄电池充电接线图

（2）打开"模拟光源控制单元"里面"晨日"、"午日"、"夕日"三个开关中的任意一个，

观察电池板是否转动,实验中任选一个状态进行测试。如果没有转动请开启"跟踪系统电源开关"。

(3) 选取两组和四组太阳能电池板根据图 3-27 所示电路分别调节电阻箱的阻值,并将充电电流、充电电压等数据记录于表 3-1 中,其中根据式(3-15)、式(3-16)计算出每组负载功率、总功率和功率因数。

表 3-1　不同负载阻抗下太阳能电池的输出特性

光伏板	电阻值/Ω	0	100	200	300	400	500	600	700	800	900	1k	…	10k
AB 并联	电流/mA													
	电压/V													
	负载功率/W													
	总输出功率/W													
	功率因数													
ABC 并联	电流/mA													
	电压/V													
	负载功率/W													
	总输出功率/W													
	功率因数													

(4) 分析太阳能电池负载阻抗变换时对太阳能电池特性的影响。

六、实验报告要求

(1) 画出实验接线图。
(2) 列表整理实验数据并进行数据分析。
(3) 将实测数据与理论值进行比较,分析误差产生的原因。

七、思考题

(1) 实验中如何通过改变负载阻抗提高最大输出功率和功率因数?
(2) 影响太阳能电池输出特性的因素有哪些?

实验六　聚光太阳能能量转换实验

一、实验目的

(1) 了解聚光太阳能电池的结构、原理。
(2) 测试聚光太阳能输入电流、输入电压和输入功率。

二、预习内容

(1) 阅读教材中的聚光太阳能结构和工作原理。
(2) 调研聚光太阳能电池的性能参数。

三、实验原理

聚光太阳能又称为聚光光伏(high concentrated photo voltaics,HCPV),该技术是通过聚光的方式把一定面积上的光通过聚光系统会聚在一个狭小的区域(焦斑),太阳能电池仅需焦斑面积的大小即可,从而大幅减少了太阳能电池的用量。同样条件下,倍率越高,所需太阳能电池面积越小。

HCPV系统模组主要由太阳能电池、高聚光镜面菲涅耳透镜等光学聚光元件、太阳光追踪器组成,如图3-28所示。应用菲涅耳透镜的作用就是将光线从相对较大的区域面积转换成相当小的面积上,这种透镜也被称做集光器或聚光器。

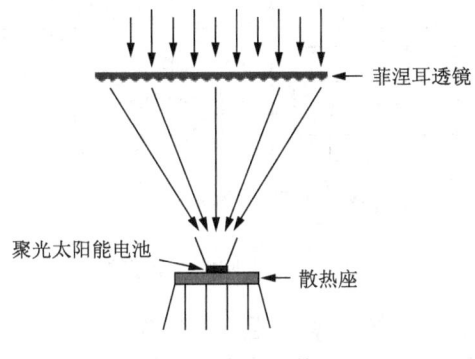

图 3-28 聚光系统原理

在太阳聚光领域,菲涅耳透镜是聚光太阳能系统中重要的光学部件之一。菲涅耳透镜聚光镜就是透镜的焦点刚好落在太阳能芯片上,当透镜面垂直面向太阳时,光线将会被聚焦在电池片上,汇聚了更多的能量,因而只需要较小的电池片面积,大大节约了成本。菲涅耳透镜作为聚光光伏系统中重要的光学器件,其性能优劣直接影响着CPV系统的聚光率的高低,从光学效果上来讲,要求有尽量高的光线透过率、能量汇聚率及较高的聚光倍数。

应用菲涅耳透镜能够将太阳光聚焦到入光面的 1/10 至 1/1000 甚至更小的接收面(高性能电池片)上,比传统平板光伏发电效率提高 30% 以上,满足太阳能聚光发电和聚热系统中高能量高温需求。

对常规太阳能电池进行聚光,使太阳能电池工作在几倍乃至几百倍的光强条件下,一定程度上克服了太阳能量的分散性(约 $1kW/m^2$),可以提高单位面积太阳能电池的输出功率,大大降低光伏发电的成本,具有很好的应用前景。然而,对于特定的太阳能电池,不可以无限制地提高聚光倍数,因为随着聚光倍数的增加,太阳能电池本身的串联内阻和工作温度都会提高,特别是工作温度升高到一定程度,会导致太阳能电池电压的急剧下降以及转换效率的下降。因此,高倍聚光要求特制的聚光太阳能电池、特制的聚光器以及高精度太阳跟踪系统。

四、实验仪器与器件

太阳能光伏发电系统实验实训装置、聚光太阳能电池组件、光伏控制器、蓄电池、导线。

五、实验内容与步骤

(1) 观察聚光太阳能组件的结构。
(2) 按照图 3-29 连接好聚光太阳能充电电路的实验导线。

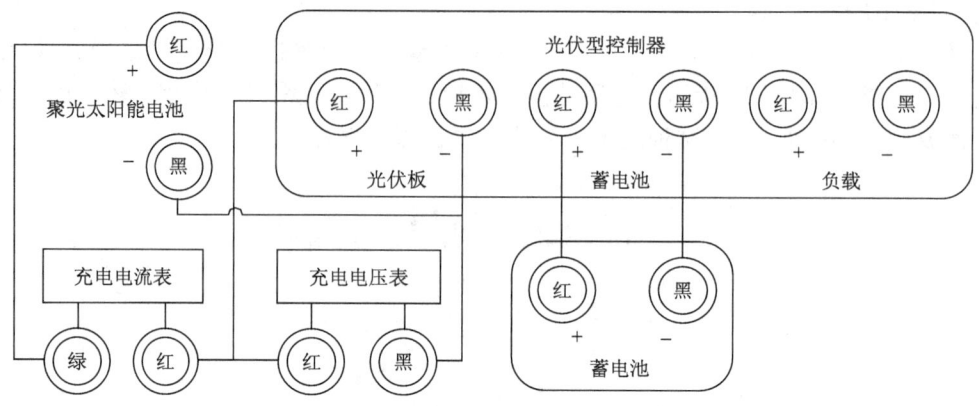

图 3-29　聚光太阳能实验接线图

(3) 调整聚光太阳能光学系统和太阳能跟踪系统。
(4) 改变光源的光强和位置,将各次电池板的充电电流、充电电压等数据记录于表 3-2 中。

表 3-2　不同光照下聚光太阳能发电系统的充电电流和充电电压测量

测试项目	不同光照			
充电电流/mA				
充电电压/V				
输入功率/mW				

六、实验报告要求

(1) 写出聚光太阳能工作原理,画出实验接线图。
(2) 列表整理实验数据并进行数据分析。
(3) 定量比较聚光太阳能与非聚光太阳能的性能,分析误差产生的原因。

七、思考题

(1) 高倍聚光和低倍聚光系统结构和工作原理有何不同?
(2) 如何有效增大聚光太阳能光伏电池的输出功率?

综合性实验项目

实验七 太阳能电池板逐日系统综合实验

一、实验目的

(1) 掌握独立光伏发电系统原理和接线方法。
(2) 掌握地平坐标系下的太阳双轴跟踪原理。
(3) 熟悉 AT89C51 单片机工作原理和编程方法。
(4) 了解两维步进电机工作原理。
(5) 熟悉数据采集和分析处理的方法，提高分析故障的能力。

二、预习内容

(1) 阅读教材中的独立光伏发电系统中太阳能电池板逐日系统原理工作。
(2) 复习 AT89C51 单片机的工作原理。
(3) 熟悉实验装置，调研双坐标步进电机的工作原理和使用。

三、实验原理

对太阳进行跟踪的方法很多，但都不外乎采用确定太阳位置所用的两种坐标系统，即赤道坐标系和地平坐标系，并分为双轴跟踪和单轴跟踪。采用在地平坐标系下的太阳跟踪及程序跟踪和传感器跟踪相结合的控制方式，即采用程序控制，利用光学传感器对太阳能板做自动定位和误差校正，而通过单片机控制步进电机来实现。单片机利用时钟提供的日期和时间，计算出太阳能板的预期位置，与编码器提供的当前位置比较，输出控制信号。驱动装置根据单片机提供的信号控制俯仰角电机和方位角电机使太阳能板运行至太阳垂直照射点，从而进行跟踪。传感器在太阳能板位置出现误差时进行校正。

1. 系统组成

系统由时钟、单片机、驱动装置、编码器、太阳能板和传感器 6 部分组成。系统的核心部件是传感器和单片机，其原理如图 3-30 所示。

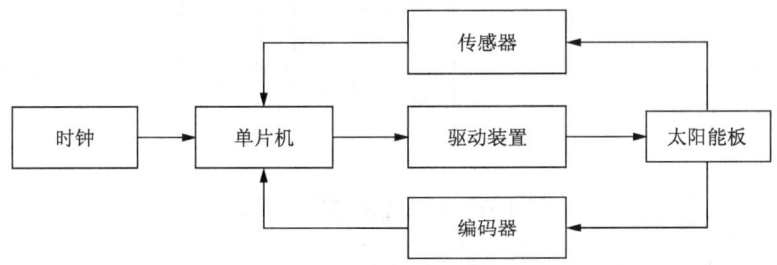

图 3-30 太阳能跟踪系统原理图

1) 光电传感器

本控制系统中所采用光电传感器为 6 块相同的硅光电池,其中 4 块用来制作四象限硅光电池,进行误差校正,2 块作为判断光照强弱的信号输出传感器。太阳跟踪传感器是本系统的关键部件。为了保证太阳能板的受光面始终与太阳光线保持垂直而不发生偏离,采用特制的四象限硅光电池作为太阳跟踪误差校正用传感器。

如图 3-31 所示为四象限跟踪太阳传感器原理图。当光轴对准太阳时,光斑的中心在光轴上,四个象限接收到相同的光功率,输出相同的电压信号。当光轴未对准太阳时即太阳光与光轴成角度 θ 时,光线经光学系统照射到四象限光电池上形成的光斑必然发生偏移,即 $(x\neq 0, y\neq 0)$。由于各象限的光功率与其光斑面积成正比,每个象限被光斑覆盖的面积不同,各象限光电池产生的电压不尽相同。根据上述将 V_x、V_y 进行模数转换,然后送入单片机。单片机通过驱动设备可控制俯仰角电机和方位角电机转动,直到 $V_x=V_y=0$,即 $x=0, y=0$,则表明系统光轴已经对准太阳,根据以上原理即可对太阳能板位置误差进行校正。

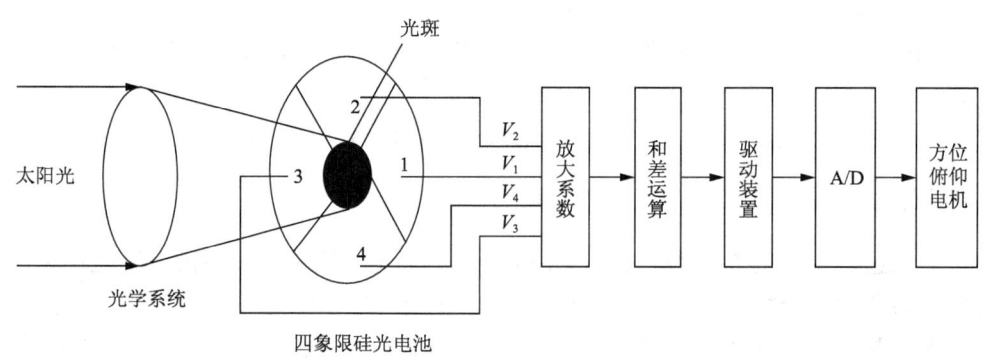

图 3-31 太阳能跟踪传感器工作原理

判断光强信号的传感器由两块光电池组成,一块接受太阳辐射,另外一块受光面背光。如图 3-32 所示,前一块光电池的作用是判断太阳直射辐射的强度,在直射辐射较弱时不启动跟踪程序,从而避免多云天气的盲目跟踪。后一块光电池的作用是当长时间阴天或多云转晴后太阳重新出现时,判断太阳直射辐射的强度,来决定是否启动跟踪程序。

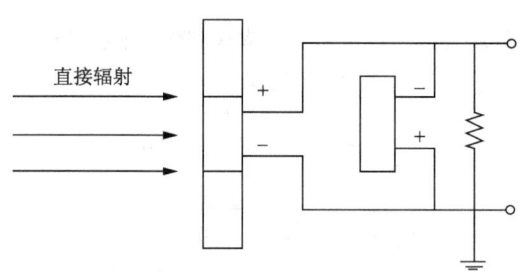

图 3-32 判断光强信号传感器

2) 智能单元与双坐标步进电机控制系统

控制系统选用 AT89C51 单片机作为智能单元。AT89C51 是一种低功耗、低电压、高性能的 8 位单片机,片内带有一个 4kB 的 FLASH 可编程、可擦除只读存储器。本实验采用地平坐标系的双轴自动跟踪控制系统,因此利用双坐标步进电机控制,双坐标步进电机控制就是在 x 轴方向控制 1 台步进电机,在 y 轴方向控制 1 台步进电机。这 2 台步进电机同时驱动同一个对象,使对象在一个平面上以任意曲线运动。二维步进电机控制系统原理如图 3-33 所示。

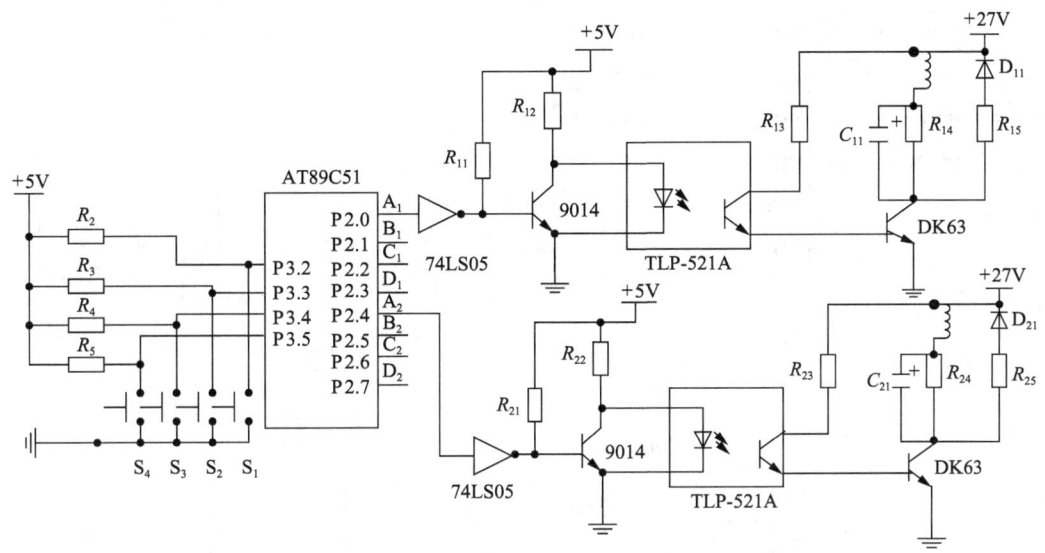

图 3-33　二维步进电机控制系统电路原理图

AT89C51 单片机通过 P2 口输出控制脉冲信号,P2.0~P2.3 为一路,P2.4~P2.7 为一路,分两路各控制 1 台步进电机。P3.2~P3.5 设置为行程保护开关,作二维步进电机正反向最大行程保护。功率放大电路中采用 74LS05 将单片机 P2 口脉冲信号进行放大,经 9014 控制光电耦合器,隔离后由功率管 DK63 驱动步进电机的各相绕组。

3) 采样保持与 A/D 转换电路

本系统选用的 A/D 转换为 MAXIM 公司生产的 MAX186 转换器,是串行输出 CMOS 芯片。其转换速度快、精度高、耗电省、接线简单,适用于各种仪器仪表和自动控制系统中的数据采集。MAX186 转换器自带有采样保持器,因而系统不再设计采样保持电路,而且与 AT89C51 为串行连接,接口电路如图 3-34 所示。

4) 时钟芯片 DS1302

DS1302 与 AT89C51 单片机接口采用 3 线(RST、SCLK 和 I/O)连接,AT89C51 为主芯片负责控制 2 芯片之间的数据通信。RST 为数据通信的使能信号,为 0 则允许通信;为 1 则禁止通讯。SCLK 为数据通讯的位同步脉冲信号,I/O 是双向串行数据传输线。RST、SCLK 都是单片机发出的控制信号,如图 3-35 所示。

2. 软件设计

控制系统的软件设计可采用结构化、模块化的程序设计方法。主程序初始化完毕之后,即进入等待状态,单片机控制运行交由中断服务程序控制。所需完成的功能主要由子

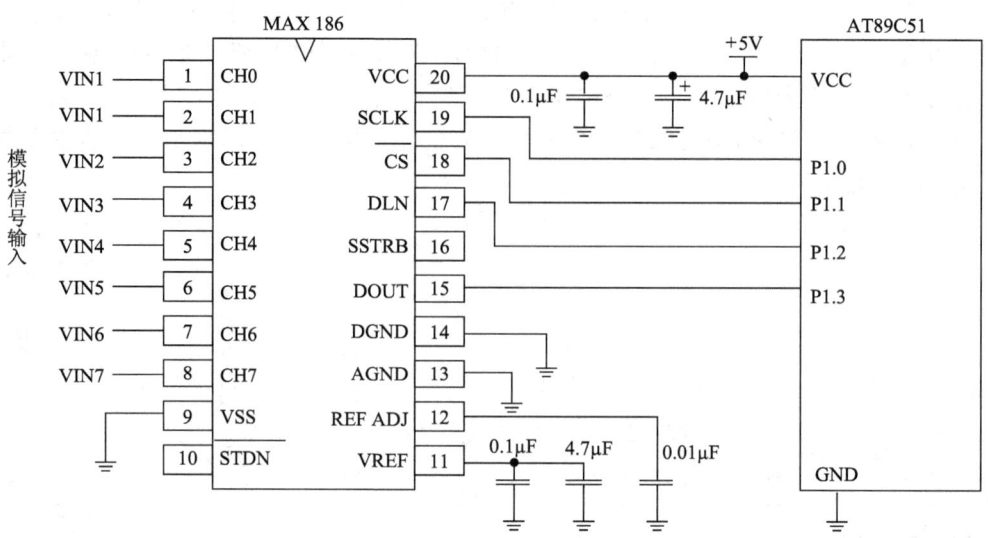

图 3-34　AT89C51 与 MAX186 接口电路图

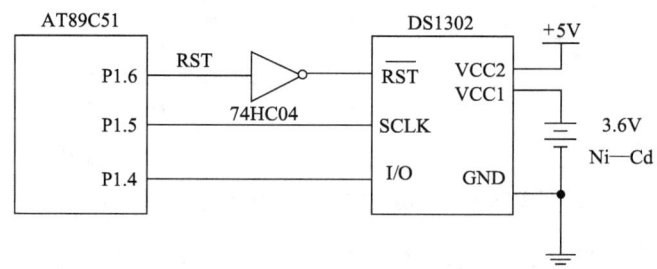

图 3-35　DS1302 与单片机接口电路

模块实现。各部分独立完成一定的功能，又有机结合为一个整体，完成所要求的控制任务。

程序的结构如图 3-36 所示。主程序包括初始化、最初的 A/D 转换程序。整个程序周期里，初始化程序只在主程序第一次执行时执行一次。初始化之后，进行最初 A/D 转换，实际上等于对 A/D 转换滤波器置初始值。

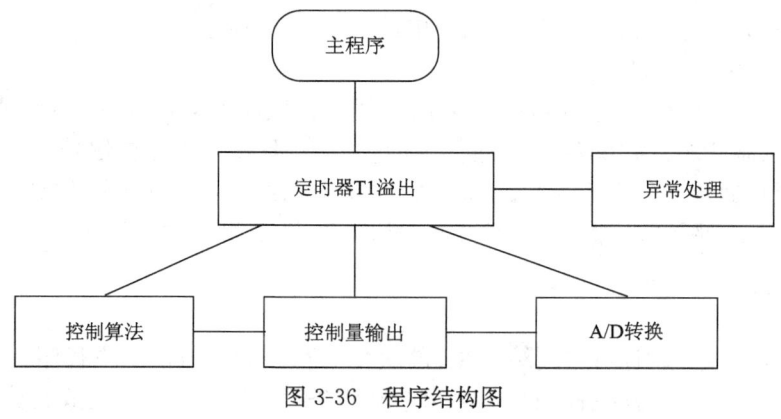

图 3-36　程序结构图

定时器1溢出中断服务程序包含多个模块,先后在一个T1溢出周期内执行完毕。这些模块包括:控制算法、控制量输出、A/D转换、转换结果处理和分析、异常处理等部分。通过每次T1溢出、周期性的采样、反馈比较、调整、输出,从而实现控制策略。编制控制算法子程序包括以下几个步骤:计算当前期望位置;计算补偿通道输出值;计算当前实际位置;计算误差和误差通道输出值;补偿通道输出值和误差通道输出值相加。单片机输出的控制量为脉冲输出,脉冲量的输出可以通过软件定时器,规定脉冲输出的间隔时间,从而规定了脉冲输出的频率。

程序运行中会发生多种异常情况,有些可以通过检查输入数据判断,而有一些情况系统可以自行校正。光电传感器误差信号超出死区也应视为异常情况。可能的原因是出现了一干扰光源或太阳能板与太阳位置发生偏离。为了避免在多云情况下的盲目跟踪,如果辐射强度没有达到特定值,则对于误差信号超出死区不作任何操作。太阳能板与太阳位置发生偏离的情况下,系统有能力自动的回复运行状态。

在每次定时器T1中断时,系统都检查控制字。当控制字表明系统在校正状态时,输出控制量的值由预期位置量和光电传感器误差信号共同计算产生。

四、实验仪器与器件

太阳能光伏发电系统实验实训装置、光伏电池板、双轴步进电机、光伏控制器、逆变器、可调稳压电源、蓄电池、导线等。

五、实验内容与步骤

(1) 实验前要清楚电路中各个接线端子的极性和位置,切不可将正负极性接反或短路,按照图3-37连接太阳能电池板逐日系统的实验导线。

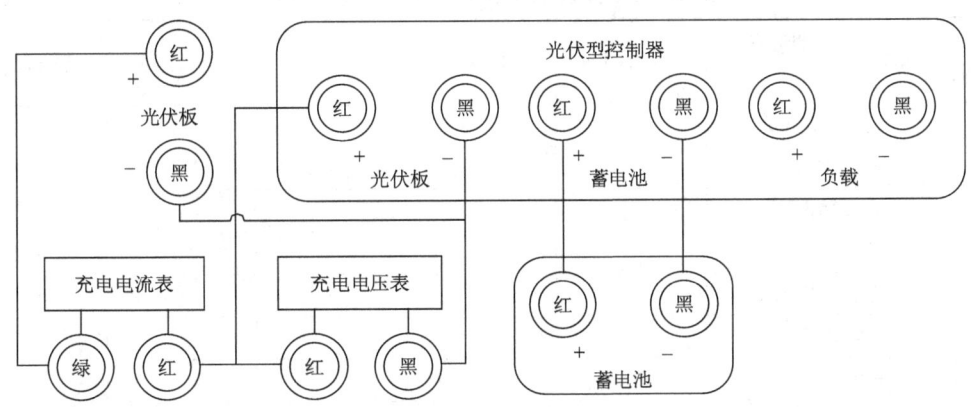

图3-37 太阳能电池板逐日系统的实验接线图

(2) 将A、B、C、D四块光伏板并联连接于电路中。

实验中的接线设置:2芯线用于连接太阳能电池板;航空插头连接到传感器上的航空插座;电机引出线4芯,红色为水平方向电机负极、黑色为水平方向电机正极、黄色为垂直方向电机负极、绿色为垂直方向电机正极;传感器引出线7芯:白色为信号共地,黑色为信号 a,黄色为信号 b、蓝色为信号 c、绿色为信号 d、灰色为信号 e、橙色为信号 f,接线端子详细说明如表 3-3 所示。

表 3-3 接线端子说明

序号 接线端子说明	电源及电机接线端子	传感器接线端子
1	1 接 DC 12V 蓄电池正极	A 接传感器引出线④白色
2	2 接 DC 12V 蓄电池负极	B 接传感器引出线④黑色
3	3 接水平方向电机正极,即电机引出线③黑色	C 接传感器引出线④黄色
4	4 接水平方向电机负极,即电机引出线③红色	D 接传感器引出线④蓝色
5	5 接垂直方向电机正极,即电机引出线③绿色	E 接传感器引出线④绿色
6	6 接垂直方向电机负极,即电机引出线③黄色	F 接传感器引出线④灰色
7	7 接 DC 12V 蓄电池正极	G 接传感器引出线④橙色
8	8 接 DC 12V 蓄电池负极	

(3) 在暗箱中(用遮光罩挡光),打开"模拟光源控制单元"里面"晨日"开关,取水平距离光强作为标准光照强度,开启触摸屏的电源开关,输入密码,点击"系统状态",从实验台中的触摸屏右下角读出电池板的光照强度 J、充电电流和充电电压值,记录于表 3-4 中。

(4) 打开"模拟光源控制单元"里面"午日"开关,关闭"跟踪系统电源开关",从实验台中的触摸屏右下角读出电池板的光照强度 J_0、充电电流和充电电压值,记录于表 3-4 中。

(5) 打开"模拟光源控制单元"里面"夕日"开关,关闭"跟踪系统电源开关",从实验台中的触摸屏右下角读出电池板的光照强度 J_1、充电电流和充电电压值,记录于表 3-4 中。

表 3-4 太阳能电池板逐日系统的实验数据

项目	测量值	状态1	状态2	状态3	状态4	稳定状态
晨日	充电电流/mA					
	充电电压/V					
	输入功率/W					
	光照度/lx					
午日	充电电流/mA					
	充电电压/V					
	输入功率/W					
	光照度/lx					
夕日	充电电流/mA					
	充电电压/V					
	输入功率/W					
	光照度/lx					

六、实验报告要求

(1) 写出太阳能电池板逐日系统工作原理,画出实验接线图。
(2) 列表整理实验数据并进行数据分析。
(3) 将实测数据与理论值进行比较,分析误差产生的原因。

七、思考题

(1) 单轴太阳能电池板逐日系统与双轴太阳能电池板逐日系统原理和性能上有什么不同?
(2) 影响太阳能电池板逐日系统定位精度的因素有哪些,分别如何解决?

设计性实验项目

实验八 直流步进电机型云台自动追光电路的设计

一、实验目的

(1) 了解直流步进电机云台的工作原理及结构。
(2) 学习设计直流步进电机云台自动追光电路。
(3) 锻炼操作者设计与调试电路的能力。

二、预习内容

(1) 阅读教材中的直流异步电机的特性与工作原理。
(2) 了解直流步进电机的驱动方式和工作原理。
(3) 掌握线路故障的检查方法和元器件性能测试方法。

三、设计任务及具体要求

1. 设计任务

设计一个太阳能光伏发电系统中的可对太阳光自动跟踪的云台追光电路。

2. 具体要求

(1) 利用 6 个光敏电阻和 2 个直流异步电机,能够根据太阳方位的变化实现云台的上下、左右自动调整;
(2) 采用 ULN2803 芯片设计直流异步电机驱动电路。

四、实验仪器与器件

太阳能光伏发电系统实验实训装置、光伏电池板、光伏控制器、可调稳压电源、蓄电池、导线、元器件(自选)、覆铜板、万用表等。

五、设计方案提示

步进电机是一种感应电机,它的工作原理是利用电子电路将直流电变成分时供电多相时序控制电流,用这种电流为步进电机供电,步进电机才能正常工作,驱动器就是为步进电机分时供电的多相时序控制器。

通常电机的转子为永磁体,当电流流过定子绕组时,定子绕组产生一个矢量磁场,该磁场会带动转子旋转一角度,使得转子的一对磁场方向与定子的磁场方向一致。当定子的矢量磁场旋转一个角度,转子也随着该磁场转一个角度。每输入一个电脉冲,电动机转动一个角度前进一步,它输出的角位移与输入的脉冲数成正比、转速与脉冲频率成正比。改变绕组通电的顺序,电机就会反转,所以可用控制脉冲数量、频率及电动机各相绕组的通电顺序来控制步进电机的转动。

步进电机可以将电脉冲转换成特定的旋转运动,当它收到一个脉冲信号后,就会按照设定的方向转动一个固定的角度(即步距角),通过控制脉冲个数就可以控制电机转动的角度,通过控制脉冲频率则可以控制电机的速度和加速度,达到调速的目的。在不超载的情况下,步进电机的转速、停止的位置只与脉冲信号的频率和脉冲数有关,而与负载变化无关,是一种线性关系,因而可用于精确位置控制。本设计中使用的是一种微型步进电机,使用DC5V供电,可以使用单片机进行控制,适合于各种小型机电自动控制系统。

步进电机具有如下特点:①转动位移与输入脉冲数严格对应,步距误差不会累积,可以组成结构简单且有一定精度的开环控制系统;②可以使用数字信号直接进行开环控制,简单、廉价;③易于起动、停止、正反转及变速,响应性好;④停转时有自锁能力;⑤很方便地实现在超低速下高精度稳定运行,通常可以不经过减速器直接驱动负载;⑥电机速度可在相当宽范围内平滑调节,可以使用一台驱动控制器同时控制几台步进电机完全同步运行。

直流步进电机型云台自动追光电路的单元电路设计如下。

(1) 传感器电路。本设计利用6个光敏电阻并采用四象限法判定太阳光分布,其中Up、Down、Left、Right分别对应于上、下、左、右转动控制信号的光敏探头电路,探头输出电路如图3-38所示。另外,为了提高测量的精度,在传感电路还设置了L、R两个光敏电路用来微调云台。

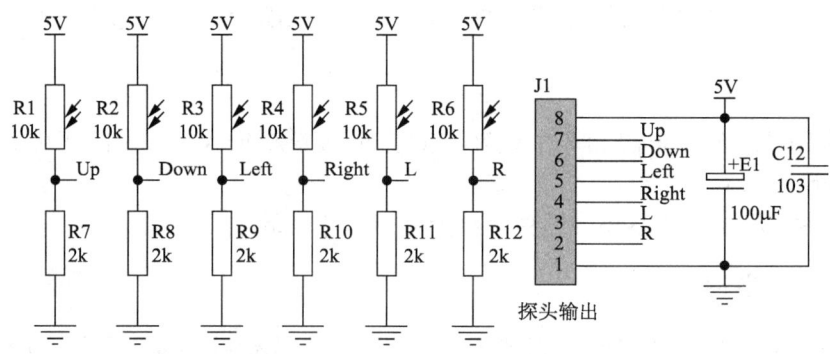

图3-38 光敏电阻型探头电路原理图

(2) 直流步进电机型云台自动追光电路。硬件连接如图 3-39 所示,采用 STC12C5A602S 单片机作为主控单片机。从 J1 输入六个光敏电阻对太阳光的感测信号,由 C1 和 R1 构成复位电路,Y1 晶振、电容 C4、C5 构成晶振电路给 STC12C5A602S 单片机提供 11.0592MHz 振荡频率。J6 为 STC12C5A602S 单片机程序下载端,方便程序的调试和更改,J4 和 J5 为接口端子。

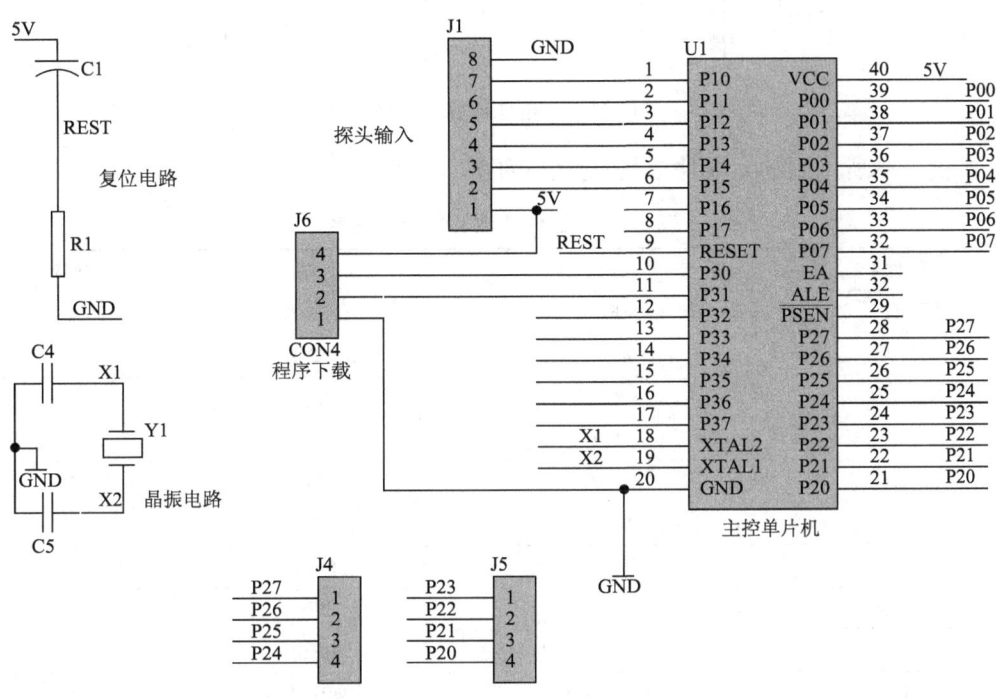

图 3-39 直流步进电机型云台自动追光电路原理图

(3) 异步电机驱动电路。由于该步进电机每相的直流电阻为 20Ω,用 DC 5V 驱动时每相电流约为 250mA,若直接用单片机驱动,单片机承受不了这么大的电流,需要外加大电流驱动电路,可以使用如 ULN2803、ULN2003 之类的达林顿阵列集成电路。

本设计中使用的是 ULN2803,该芯片有 8 路达林顿阵列,可同时驱动 2 个步进电机。硬件设计原理图如图 3-40 所示,J3 为异步电机接线端子。

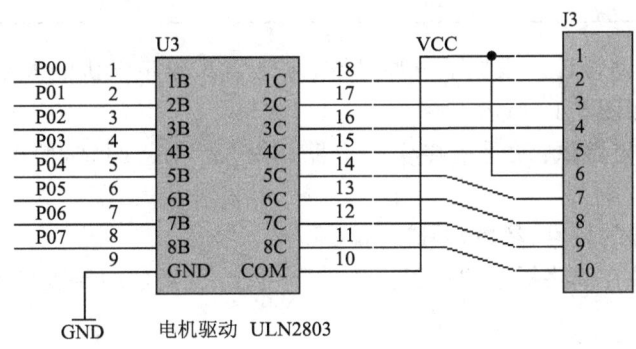

图 3-40 异步电机驱动电路原理图

(4) 电源电路。采用集成稳压芯片 L7805 对电源 VCC 进行 5V 整流、滤波和稳压，如图 3-41 所示，J2 为 12V 电源电压输入端子。

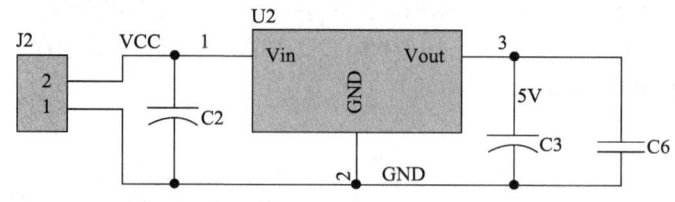

图 3-41　电源电路原理图

本设计中所用到的元器件参数、封装等如表 3-5 所示。

表 3-5　元器件参数及封装一览表

元件号	参数	封装	数量
E1	10μF/16V	RB.1/.2	1
E2、E3	470μF/16V	RB.2/.4	2
C1、C2	27P	CAP	2
C3	104	CAP	1
R1	10kΩ	AXIAL0.4	1
Y1	11.0592	XTAL-1	1
U2	L7805	TO-220	1
排阻	10kΩ	SIP9	1
IC1	STC12C5A602S	SIP40	1
IC2	ULN2803	DIIP18	1
IC 座	40P	DIP40	1
IC 座	18P	DIP18	1
J1	8P	SIP8	1
J2	5P	SIP5	1
J3	4P	SIP4	1
J4	2P	KF128-2	1
J5	10P	KF128-10	1

(5) 印制板电路设计。根据电气原理图，基于直流异步电机的太阳能追光云台电路的 PCB 板参考图如图 3-42 所示。

(6) 电路焊接与调试：动手搭接实验电路，并进行电路调试，使电路具有一定的稳定性。

① 核对元器件的型号、参数，并进行检测。

② 确定元器件在线路板上的位置。极性不可接反，集成电路要注意引脚顺序，切不可接错。

③ 焊接前元件的引线要刮净、镀锡。

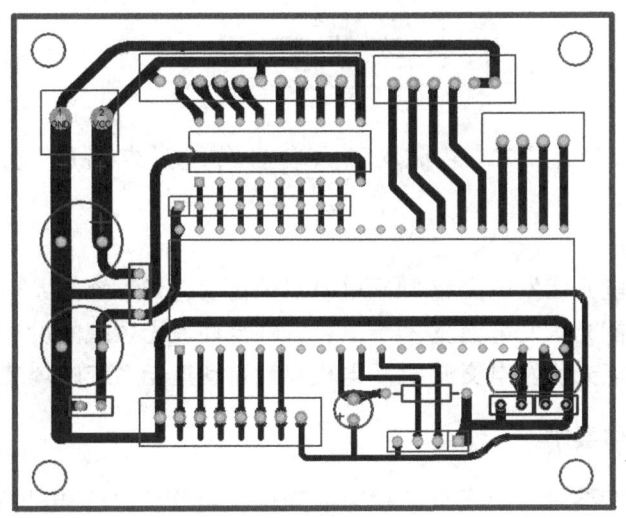

图 3-42　PCB 板参考设计图

④ 焊接时,焊点要光滑、清洁。切记不可有虚焊。焊接顺序原则上是先焊耐热元件,再焊怕热元件,如应先焊电阻,后焊集成电路。

⑤ 检查是否有虚焊或连在一起的焊点,若有要进行处理。

⑥ 加电调试。可根据电路原理进行检查、调试。调试时要看清输入、输出引线,不可接反。

六、实验内容与步骤

(1) 方案设计,给出单元电路图。
(2) 利用 Protel 软件画出电气原理图和印刷电路板图。
(3) 直流步进电机型云台自动追光电路板的制作。
(4) 直流步进电机型云台自动追光电路板的调试。
(5) 自制外壳。
(6) 记录调试后的元件参数及电路中有关的电压电流值,写设计报告。

七、实验报告要求

(1) 阐述电路的设计过程和电路功能,给出所选用元器件的规格型号。
(2) 记录制作和调试过程中出现的问题与解决的办法。
(3) 记录调试完毕的电路参数。
(4) 总结实验收获。

八、思考题

若用聚光太阳能,如何设计云台进行自动追光?

实 训 项 目

实验九　交流24V电机双轴云台自动追光电路的设计与制作

一、实训目的

（1）了解太阳能光伏发电交流24V电机双轴自动追光系统的原理。
（2）了解太阳能光伏发电交流24V电机双轴自动追光系统的设计和制作过程。
（3）了解太阳能光伏发电交流24V电机双轴自动追光系统的焊装及调试。

二、实训任务及具体要求

（1）设计一个能够对太阳光自动跟踪的光伏发电交流24V电机双轴自动追光系统电路。
（2）具体要求如下：
① 利用STC12C5608AD单片机设计硬件电路。
② 利用Protel99设计印制电路板电气原理图和PCB板图。
③ 能够实现对24V交流电机双轴自动追光功能。

三、实训仪器及器件

交流24V云台套件、太阳能光伏发电系统实验实训装置、可调稳压电源、光伏电池板、蓄电池、光伏控制器、导线、万用表等。

四、设计方案

太阳能控制器是太阳能光伏系统中重要的组成部分，它在很大程度上决定了太阳能光伏系统的可靠性，控制器的任务主要是实现太阳能对蓄电池的充电并保护光伏系统中的蓄电池。

对于传感器电路，本设计利用6个光敏电阻并采用四象限法判定太阳光分布，其中Up、Down、Left、Right分别对应于上、下、左、右转动控制信号的光敏探头电路，探头输出电路如图3-43所示。为了提高测量的效率在传感电路还设置了L、R两个光敏电路用来粗测太阳光。

本设计是以STC12C5608AD单片机为核心部件，它是STC12C5608AD单片机是宏晶科技生产的单时钟/机器周期(1T)单片机，指令代码完全兼容传统8051。工作电压为5V标准电压。由768BRAM、8kBROM、15个I/O口、8路10位A/D转换(P1口)几部分组成。通用全双工异步串行口(UART)。体积小，功耗低，价格低廉，非常适合用于各类智能仪表、数字式变送器和便携式仪器等领域。另外单片机还可以通过串口进行在系统编程(ISP)，无需专用编程器，编程调试方便。STC12C5608AD单片机自带的A/D转换口在P1口，有8路10位高速A/D转换器，速度最高可达100kHz，为8路电压输入型

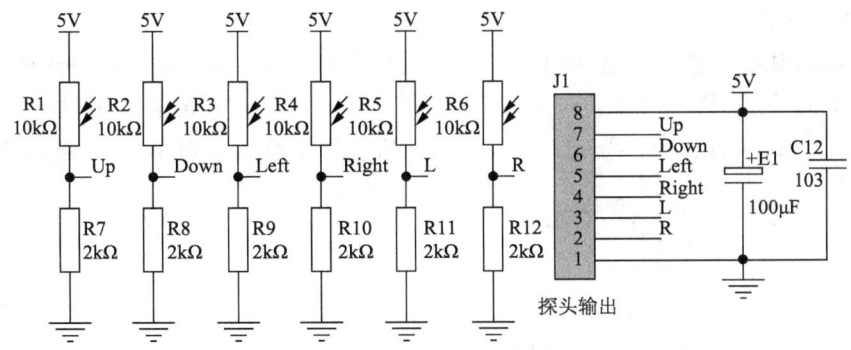

图 3-43 太阳能光伏控制器控制开关电路原理图

A/D。单片机的 ADC 为逐次比较型 A/D 转换器,由多路选择开关、比较器、逐次比较寄存器、10 位 A/D 转换结果寄存器和 A/D 转换控制器构成。逐次转换型 A/D 转换器具有速度快,功耗低的优点。

STC12C5608AD 单片机片内的时钟产生方式也是采用内部时钟方式,以及在 XTAL1 和 XTAL2 两引脚间外接石英晶体和电容构成一个自激振荡器,从而内部时钟电路提供振荡时钟。振荡器的频率主要取决于晶体的振荡频率,可通过改变电容 C7、C8 的值进行微调。本设计中晶体的振荡频率取 11.0592MHz,电容取 27pF。

本设计的复位电路在上电瞬间,由于电容 E2 上的电压不能突变,电容处于充电状态,随着电容的充电,RST 脚上的电压才慢慢下降。选择合理的充电常数,就能使 STC12C5608AD 单片机内部复位。

基于 STC12C5608AD 单片机的 24V 双轴电机交流云台自动追光电路主电路原理图如图 3-44 所示,其中单片机所需的 5V 电压由 D1、C10、集成稳压片 L7805 将 12V 交流电

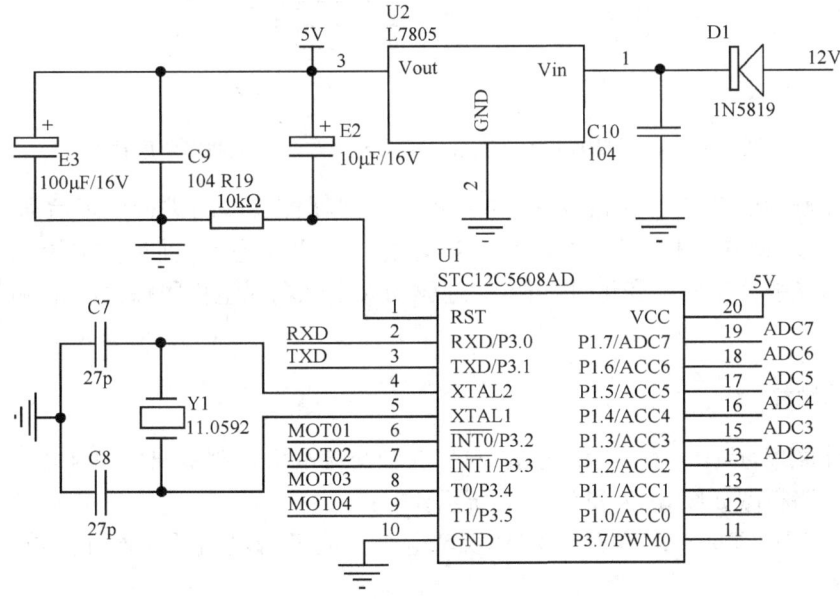

图 3-44 24V 双轴电机交流云台自动追光电路主电路原理图

稳压、滤波得到。

24V 双轴电机交流云台自动追光探头输入电路如图 3-45 所示。太阳光强由传感器电路转变为电信号从 J2 端子输入,后经 R13～R18、C1～C6 信号调理后分别送到 STC12C5608AD 单片机 P1.2～P1.7 口。单片机程序下载可通过 J4 端子进行数据通信。

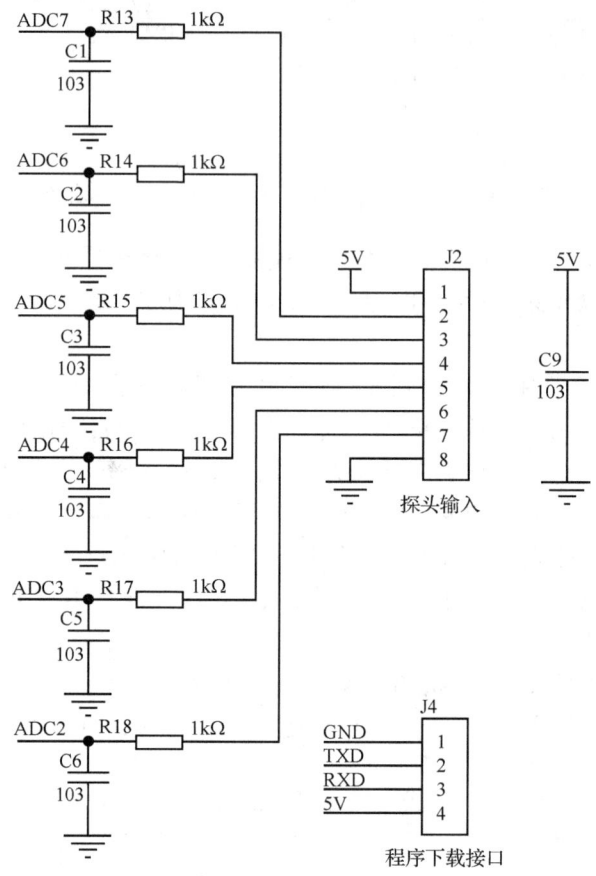

图 3-45　24V 双轴电机交流云台探头输入与程序下载电路原理图

如图 3-46 所示,STC12C5608AD 单片机将传感器探头电路进行处理后通过 P3.2～P3.5 分别送入 MOTO1～MOTO4,实现对交流 24V 电机左右、前后方向上的正反转控制。当外界光强分布发生变化时,可实时地驱动太阳光电池组件跟踪太阳光,提高光伏转换性能。

五、线路板设计

按设计原理,用 Protel 99 SE 画出 24V 双轴交流电机控制输出电路和探头输出电路参考印刷电路板图如图 3-47 和图 3-48 所示。

基于 STC12C5608AD 单片机 24V 双轴电机交流云台电路的元器件参数、封装等如表 3-6 所示。

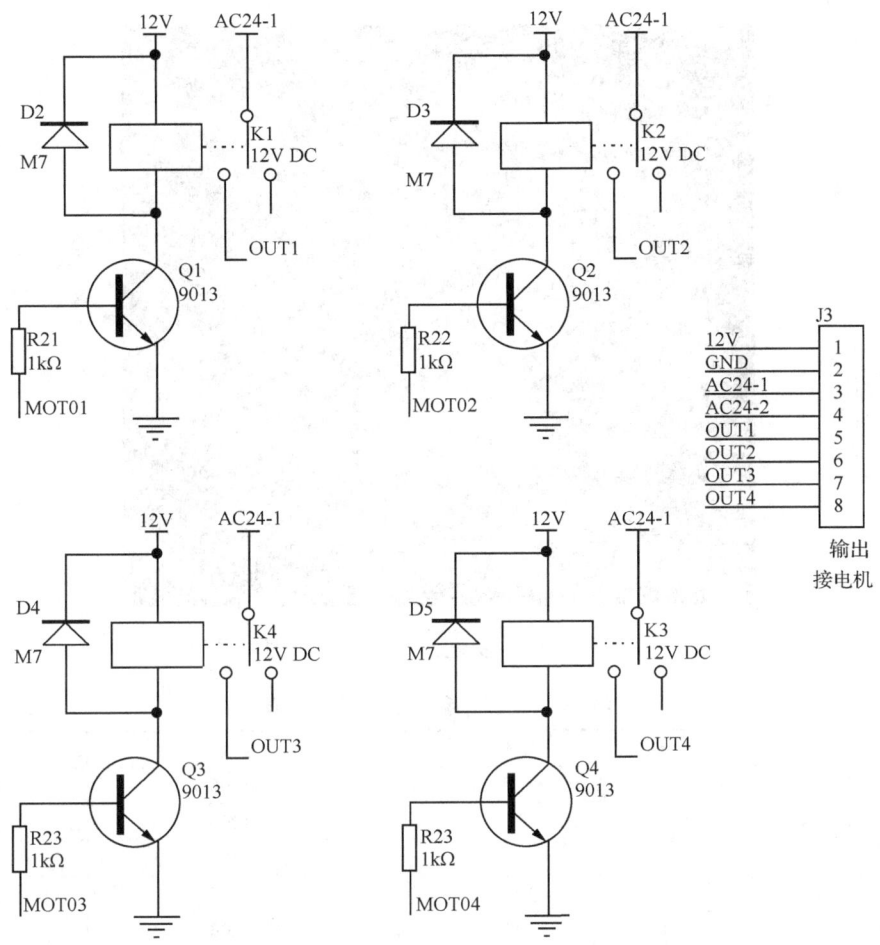

图 3-46 24V 双轴交流电机控制输出电路

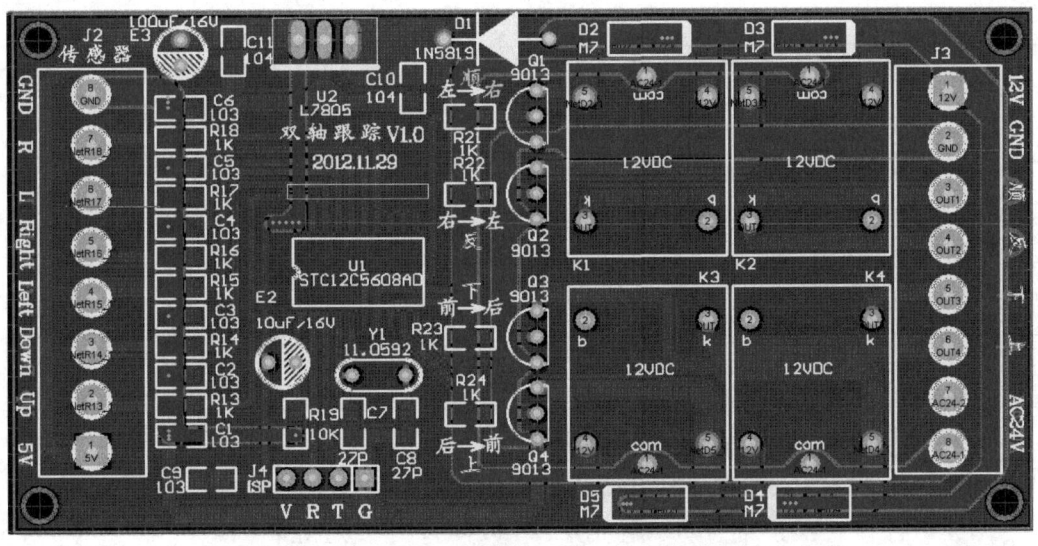

图 3-47 24V 双轴交流电机控制输出电路 PCB 板参考图

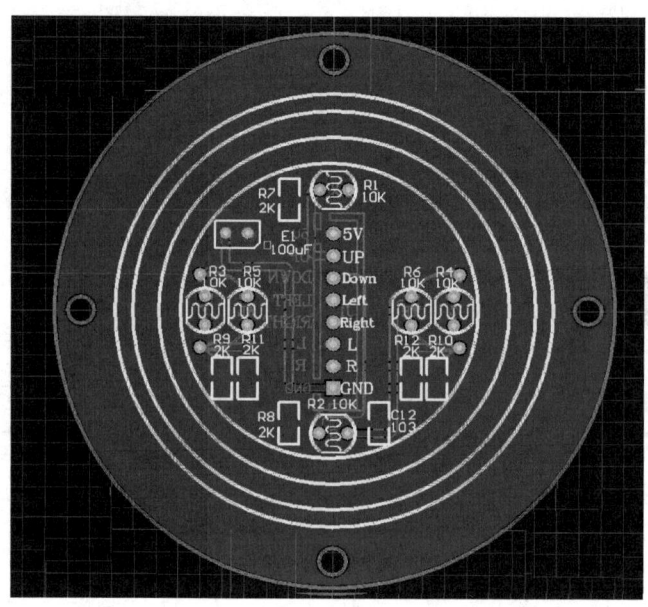

图 3-48 探头电路参考 PCB 板图

表 3-6 元器件参数及封装一览表

元件号	参数	封装	数量
C1~C6	103	1206	6
C7~C8	27P	1206	2
C9	103	1206	1
C10~C11	104	1206	1
C12	103	1206	1
D1	1N5819	1206	1
D2~D5	M7	贴片	4
E1	100μF	RB.1/.2	1
E2	10μF/16V	RB.1/.2	1
E3	100μF/16V	RB.1/.2	1
J1	8P	SIP8	1
J2~J3	8P	KF128-8	2
J4	4P	SIP4	1
K1~K4	12V DC	5P	4
Q1~Q4	9013	TO-92B	4
R1~R6	10kΩ	0805	6
R7~R12	2kΩ	0805	6
R13~R18,R21~R24	1kΩ	0805	1
R19	10kΩ	0805	1
U1	STC12C5608AD	SOL-20	1
U2	L7805	TO-220	1
Y1	11.0592	XTAL-1	1

六、24V 双轴电机交流云台电路的制作

(1) 核对元器件的型号、参数,并进行检测。

(2) 确定元器件在线路板上的位置,极性不可接反,集成电路要注意引脚顺序,切不可接错。

(3) 焊接前元件的引线要刮净、镀锡。

(4) 焊接时,焊点要光滑、清洁,切记不可有虚焊。

(5) 焊接顺序原则上是先焊耐热元件,再焊怕热元件,如应先焊电阻,后焊集成电路。

(6) 引出导线的颜色要符合习惯用法:一般电源正极用红线,电源负极用蓝线,地线用黑线,输入用红线,输出用白线(或其他颜色)。

七、调试

(1) 检查是否有虚焊或连在一起的焊点,若有要进行处理。

(2) 加电调试。可根据电路原理进行检查,调试。调试时要看清输入、输出引线,不可接反。

(3) 利用太阳能光伏发电系统实验实训装置、可调稳压电源、万用表等对所设计的控制器电路进行通电,测试充电电流和充电电压。

八、实训报告要求

(1) 写出设计内容与要求。

(2) 画出完整的 24V 双轴电机交流云台电路图,说明电路的工作原理。

(3) 写出在实训过程中出现的故障、原因及排除的方法。

(4) 总结所设计电路的优缺点,并提出改进方案。

第 4 章 太阳能光伏发电系统

太阳能光伏发电系统是利用太阳能组件和其他辅助设备将太阳能转换成电能的系统。本章主要介绍太阳能光伏发电系统的工作原理、分类、组成和特点；重点介绍独立光伏发电系统和并网发电系统的组成和工作原理。独立光伏系统已在家用小型发电系统中使用，而并网运行的太阳能光伏发电必将发展成为重要的发电方式之一。独立光伏发电系统和并网发电系统在光伏发电技术中占有很重要的地位。

4.1 太阳能光伏发电系统的工作原理

太阳能光伏发电系统是利用太阳能组件和其他辅助设备将太阳能转换成电能的系统，其原理图如图 4-1 所示，它是由太阳能电池组件、蓄电池组、充放电控制器、逆变器等组成。

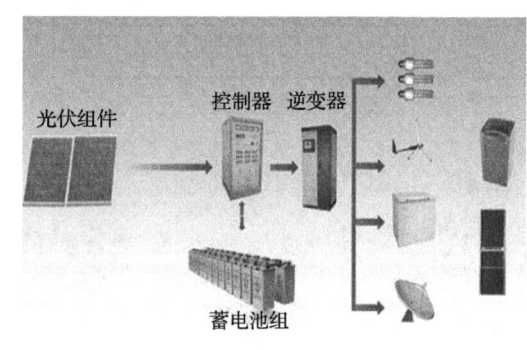

图 4-1 太阳能光伏发电系统原理图

白天，在光照条件下，太阳能电池组件产生一定的电动势，通过组件的串并联形成太阳能电池方阵，使得方阵电压达到系统输入电压的要求。再通过充放电控制器对蓄电池进行充电，将由光能转换而来的电能贮存起来。晚上，蓄电池组为逆变器提供输入电，通过逆变器的作用，将直流电转换成交流电，输送到配电柜，由配电柜的切换作用进行供电。蓄电池组的放电情况由控制器进行控制，保证蓄电池的正常使用。光伏电站系统还应有限荷保护和防雷装置，以保护系统设备的过负载运行及免遭雷击，维护系统设备的安全使用。

4.2 太阳能光伏发电系统的分类

太阳能光伏发电系统按供电方式大致可以分为独立发电系统、并网发电系统和混合发电系统三大类。

典型的独立发电系统如图 4-2 所示，利用蓄电池和太阳能电池构成独立的供电系统来向负载提供电能。当太阳能电池输出电能不能满足负载要求时，由蓄电池来进行补充，当其输出的功率超出负载需求时，就会将电能储存在蓄电池中。

一般的并网发电系统如图 4-3 所示，将太阳能电池控制系统和民用电网并联，当太阳能电池输出电能不能满足负载要求时，由电网来进行补充，当其输出的功率超出负载需求

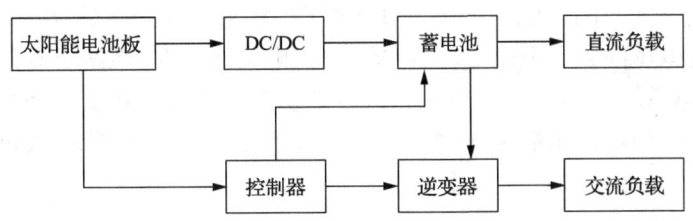

图 4-2　独立运行的光伏发电系统结构框图

时,将电能输送到电网中。

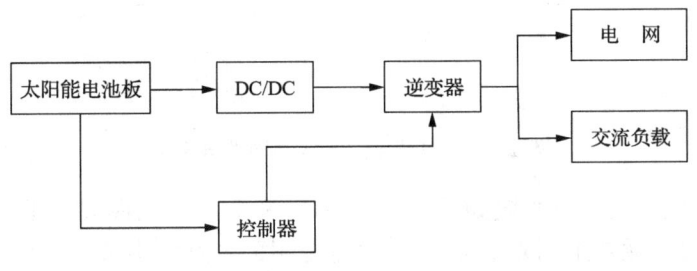

图 4-3　并网光伏发电系统结构框图

混合型光伏发电系统如图 4-4 所示,它区别于以上两个系统之处是增加了备用发电机组。当光伏阵列发电不足或蓄电池储量不足时,可以启动发电机组,它既可以直接给交流负载供电,又可以经整流器后给蓄电池充电,所以称为混合型光伏发电系统。

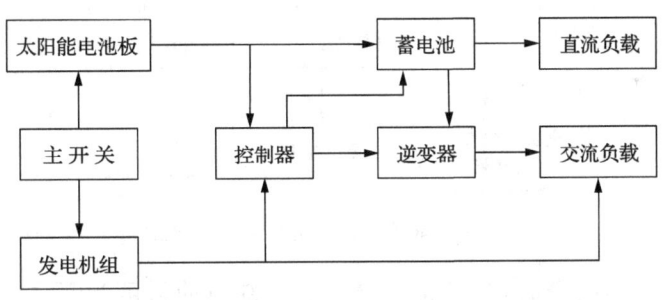

图 4-4　混合型光伏发电系统结构框图

由于昼夜和四季的更替以及天气变化等因素的影响,光伏发电存在发电量不稳定的缺陷,所以独立发电系统往往需要采用较大容量的蓄电池作为储能元件来平衡供电。然而系统中增加蓄电池后会带来维护费用的增高,系统体积增大和环境污染等问题,并网发电系统可以很好地解决这些问题。伴随着光伏发电产业由边远农村地区逐步向城市并网发电和光伏建筑方向的快速迈进,在未来光伏并网发电中是光伏发电的主流趋势。

常用的光伏并网发电系统可以按照系统功能分为两类:一种为不含蓄电池环节的不可调度式光伏并网发电系统,另一种为含蓄电池组的可调度式光伏并网发电系统。

不可调度式光伏并网发电系统如图 4-5 所示,并网逆变器将光伏阵列产生的直流电能转化为和电网电压同频、同相的交流电能,当主电网断电时,系统自动停止向电网供电。白天,当光伏发电系统产生的交流电能超过本地负载所需时,超过部分馈送给电网;其他时间,特别是夜间,当本地负载大于光伏发电系统产生的交流电能时,电网自动向负载补充电能。

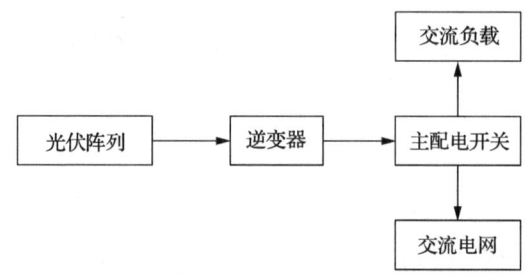

图 4-5　不可调度式光伏并网发电系统

可调度式光伏并网发电系统如图 4-6 所示,它和前者相比最大的不同之处是系统中配有储能环节(目前通常采用蓄电池组)。蓄电池组的容量大小可以按具体需要配置。可调度式光伏并网发电系统与前者比较,它可以实现不间断供电(UPS),作为电网终端的有源功率调节器抵消有害的高次谐波分量,提高电能质量,电网调峰,有助于改善电网的运行质量。

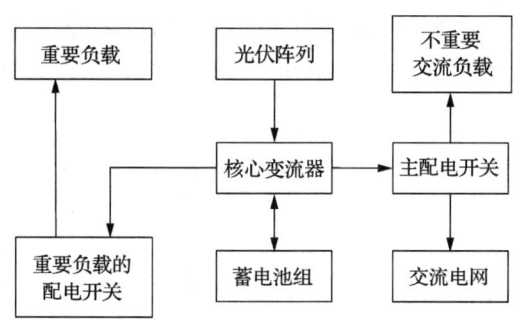

图 4-6　可调度式光伏并网发电系统

然而,由于蓄电池组寿命短、成本高、体积大等缺点使得可调度式光伏并网发电系统的应用规模远小于不可调度式光伏并网发电系统。

光伏并网发电系统按其发电方式又可分为以下两种。

(1) 集中式并网光伏系统,系统所发电力直接进入电网,节省了起着储能作用的蓄电池所占的成本,但这种方式显然不能发挥太阳能分布广泛、地域广阔等特点。

(2) 分布式并网光伏系统,即户用型光伏并网系统,它可与建筑物结合形成屋顶光伏系统,通过设计可以降低建筑造价和光伏发电系统的造价。在分布式并网光伏系统中,白天不用的电量可以通过逆变器将这些电能出售给当地的公用电力网,夜晚需要用电时,再从电力网中购回。典型的户用型光伏并网系统如图 4-7 所示。

由此可见,如果分布式光伏并网发电系统能够普遍地应用到用户家中,不但充分利用

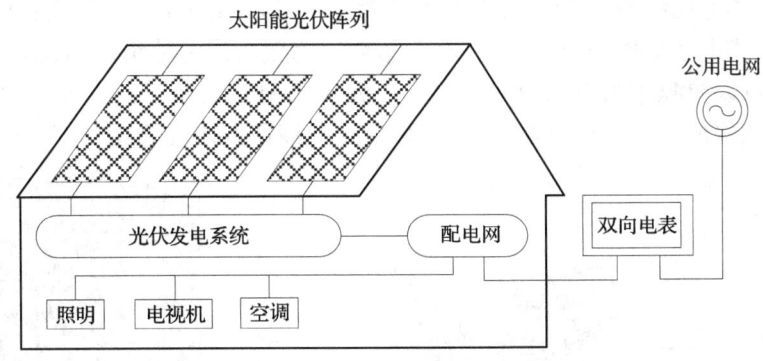

图 4-7　典型的户用型光伏并网系统

了太阳能资源分布广泛的特点,还可以达到改善电网质量、加强电网的调峰能力、抗灾害能力和延伸能力等目的。目前,对于分布式光伏并网发电系统的研究一方面是太阳能电池的研究,使电池每发出一瓦电的造价降低至可以实用的阶段;另一方面就是针对并网发电的逆变系统的研究,如提高系统的效率和稳定性,太阳能电池最大功率点的控制,系统对电网调峰作用等。

4.3　独立太阳能光伏发电系统

太阳能电池发电系统是利用以光生伏特效应原理制成的太阳能电池将太阳辐射能直接转换成电能的发电系统。太阳能光伏发电系统的规模和应用形式各异,如系统规模跨度很大,小到 0.3～2W 的太阳能庭院灯,大到兆瓦级的太阳能光伏电站;其应用形式也多种多样,在家用、交通、通信、空间等诸多领域都能得到广泛的应用。它由太阳能电池方阵、控制器、蓄电池组、DC/AC 逆变器等部分组成,其系统组成如图 4-8 所示。

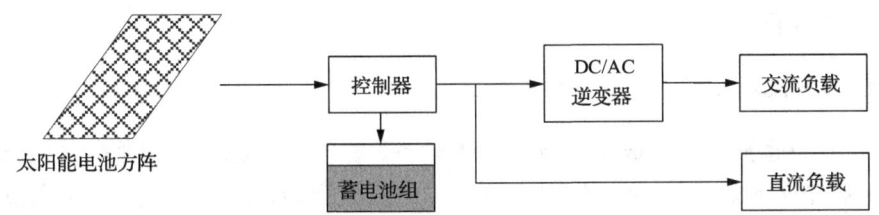

图 4-8　太阳能电池发电系统示意图

1. 太阳能电池方阵

在有光照(无论是太阳光,还是其他发光体产生的光照)情况下,电池吸收光能,电池两端出现异号电荷的积累,即产生"光生电压",这就是光生伏特效应。在光生伏特效应的作用下,太阳能电池的两端产生电动势,将光能转换成电能,是能量转换的器件。太阳能电池一般为硅电池,分为单晶硅太阳能电池、多晶硅太阳能电池和非晶硅太阳能电池三种。

太阳能电池单体是光电转换的最小单元,尺寸一般为 $4cm^2$ 到 $100cm^2$ 不等。太阳能电池单体的工作电压约为 0.5V,工作电流约为 20~25mA/cm²,一般不能单独作为电源使用。将太阳能电池单体进行串并联封装后,就成为太阳能电池组件,其功率一般为几瓦至几十瓦,是可以单独作为电源使用的最小单元。太阳能电池组件再经过串并联组合安装在支架上,就构成了太阳能电池方阵,可以满足负载所要求的输出功率,如图 4-9 所示。

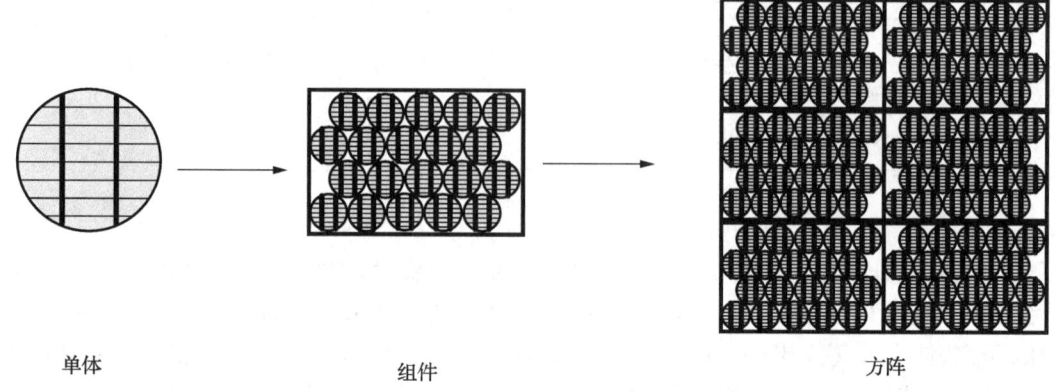

图 4-9 太阳能电池单体、组件和方阵

2. 充放电控制器

充放电控制器是能自动防止蓄电池组过充电和过放电并具有简单测量功能的电子设备。由于蓄电池组被过充电或过放电后将严重影响其性能和寿命,充放电控制器在光伏系统中一般是必不可少的。按照开关器件在电路中的位置,充放电控制器可分为串联控制型和分流控制型;按照控制方式,可分为普通开关控制型(含单路和多路开关控制)和脉冲宽度调制(pulse width modulation,PWM)控制型(含最大功率跟踪控制器)。开关器件可以是继电器,也可以是 MOSFET 模块。但 PWM 脉宽调制控制器只能用 MOSFET 模块作为开关器件。

3. 直流/交流逆变器

逆变器是将直流电变换成交流电的电子设备。由于太阳能电池和蓄电池发出的是直流电,当负载是交流负载时,逆变器是不可缺少的。逆变器按运行方式可分为独立运行逆变器和并网逆变器。独立运行逆变器用于独立运行的太阳能电池发电系统,为独立负载供电。并网逆变器用于并网运行的太阳能电池发电系统,将发出的电能馈入电网。逆变器按输出波形,又可分为方波逆变器和正弦波逆变器。方波逆变器电路简单,造价低,但谐波分量大,一般用于几百瓦以下和对谐波要求不高的系统。正弦波逆变器成本高,但可以适用于各种负载。从长远看,正弦脉宽调制(sinusoidal pulse width modulation,SPWM)逆变器将成为发展的主流。

4. 蓄电池组

蓄电池组的作用是储存太阳能电池方阵受光照时所发出的电能并可随时向负载供

电。太阳能电池发电系统对所用蓄电池组的基本要求是：①自放电率低；②使用寿命长；③深放电能力强；④充电效率高；⑤少维护或免维护；⑥工作温度范围宽；⑦价格低廉。

目前，我国与太阳能电池发电系统配套使用的蓄电池主要是铅酸蓄电池和镉镍蓄电池。配套200A·h以上的铅酸蓄电池，一般选用固定式或工业密封免维护铅酸蓄电池；配套200A·h以下的铅酸蓄电池，一般选用小型密封免维护铅酸蓄电池。

5. 测量设备

对于小型太阳能电池发电系统，只要求进行简单的测量，如蓄电池电压和充放电电流，测量所用的电压和电流表一般装在控制器面板上。对于太阳能通信电源系统、阴极保护系统等工业电源系统和大型太阳能发电站，往往要求对更多的参数进行测量，如太阳能辐射量、环境温度、充放电电量等，有时甚至要求具有远程数据传输、数据打印和遥控功能，这时要求为太阳能电池发电系统应配备智能化的数据采集系统和微机监控系统。

4.4 太阳能光伏并网系统

太阳能光伏发电系统目前主要用在无电或是缺电的边远地区，作为独立的电源给家用电器及照明设备供电。随着电力紧张、环境污染等问题的日趋严重，与公用电网联网运行的太阳能光伏发电系统已经显出越来越强的竞争力。太阳能并网发电系统不经过蓄电池储能，通过并网逆变器直接反向馈入电网的发电系统。因为直接将电能输入电网，免除配置蓄电池，省掉了蓄电池储能和释放的过程，可以充分利用太阳能所发出的电力，减小能量损耗，降低系统成本。并网发电系统能够并行使用市电和太阳能作为本地交流负载的电源，降低整个系统的负载缺电率。

展望未来，并网运行的太阳能光伏发电必将发展成为重要的发电方式之一。并网发电系统是太阳能发电的发展方向，代表了21世纪最具吸引力的能源利用技术。太阳能并网系统可以对公用电网起到调峰作用，当用电负荷较大时，太阳能电力不足就向市电购电。在背靠电网的前提下，光伏并网发电系统省掉了蓄电池，从而扩展了使用的范围，提高了灵活性，并降低了造价。

4.4.1 太阳能光伏并网系统组成

光伏并网发电系统由光伏阵列、变换器和控制器等组成。变换器将光伏电池的输出直流电逆变成正弦交流电并入电网，控制器控制光伏电池最大功率点跟踪和逆变器并网电流的波形、频率和功率，使光伏发电系统向电网输送的功率达是光伏电池工作的最大功率。典型的光伏并网系统包括：光伏阵列、DC/DC变换器、逆变器和继电保护装置。

三相光伏发电并网系统的主电路如图4-10所示。太阳能电池方阵通过正弦波脉宽调制逆变器向电网输送电能，逆变器馈送给电网的电力容量由光伏方阵功率和当时当地的日照条件决定。

在这个电路中，光伏电池发出的直流电经过逆变器之后转换成交流电，通过滤波电感成为符合市电电网要求的交流电之后直接接入公共电网。

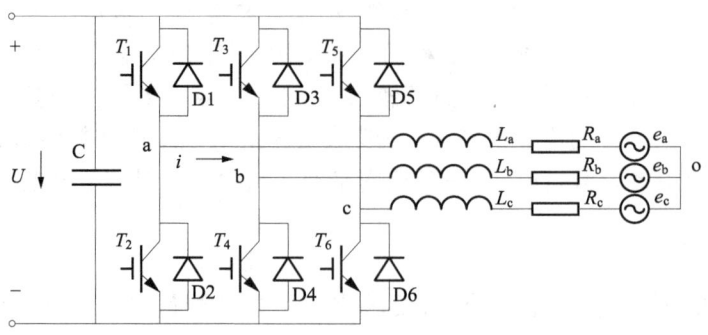

图 4-10　三相光伏发电并网系统电路图

图 4-11 为光伏发电并网系统的实物图。并网系统中光伏电池板方阵所产生电力除了供给交流负载外,多余的电力反馈给电网。在阴雨天或夜晚,太阳能电池组件没有产生电能或者产生的电能不能满足负载需求时就由电网供电。

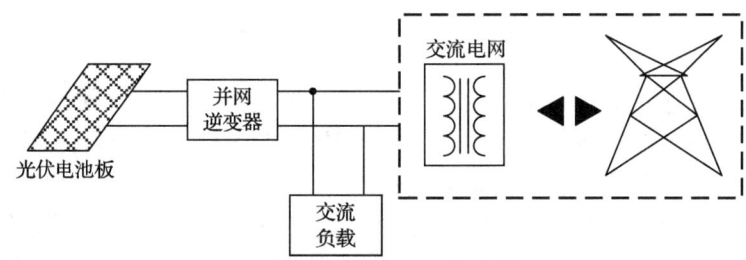

图 4-11　光伏发电并网系统实物图

4.4.2　光伏并网系统逆变器要求

并网光伏发电系统的核心是并网逆变器,需要专用的逆变器,以保证输出的电力满足电网电力对电压、频率等电性能指标的要求。因此并网时对逆变器提出了较高的要求。

(1) 要求逆变器输出正弦波电流。光伏电站回馈给公用电网的电力,必须满足电网规定的指标,如逆变器的输出电流不能含有直流分量,逆变器输出电流的高次谐波必须尽量减少,不能对电网造成谐波污染等。

(2) 要求逆变器在负载和日照变化幅度较大的情况下均能高效运行。光伏电站的能量来自太阳能,而太阳辐照度随气候而变化,这就要求逆变器能在不同的日照条件下均能高效运行。

(3) 要求逆变器能使光伏方阵工作在最大功率点。太阳能电池的输出功率与日照、温度、负载的变化有关,即其输出特性具有非线性。这就要求逆变器具有最大功率跟踪功能,即不论日照、温度等如何变化,都能通过逆变器的自动调节实现方阵的最佳运行。

(4) 要求逆变器具有体积小、可靠性高的特点。对于家用的光伏系统,其逆变器通常安装在室内或墙上,因此对其体积、质量均有限制。另外,对整机的可靠性也提出较高的要求,太阳能电池的寿命在 20 年以上,因此其配套设备也必须与其相当。

(5) 可以在市电断电情况下逆变器在日照时能够单独供电。

4.4.3 光伏并网系统的拓扑结构

1. 单级式并网逆变器拓扑

考虑光伏阵列输出电压较低的情况,单级式并网逆变器必须能在一个功率变换环节内实现众多功能,包括直流升压、最大功率点跟踪、DC/AC逆变以及光伏阵列和电网之间的隔离,因此这种拓扑结构包括有变压器。

这种拓扑结构的优点是成本低、体积小、效率高、损耗少。但是因为要在同一级实现众多功能,所以设计比较复杂。

2. 两级式并网逆变器拓扑

现在的光伏并网发电系统大多采用两级式的并网逆变拓扑结构。它一般包括DC/DC级和DC/AC级,前级实现升压和最大功率跟踪功能,后级实现将直流电转变成交流电并网的功能。本书的并网系统就是采用两级式并网拓扑机构。

3. 多级式并网逆变器拓扑

多级拓扑设计会增加并网逆变器的复杂程度和成本,但这也给同时实现多种功能带来可能,包括逆变桥低开关频率、DC/DC变换器正弦半波输出,因此多级拓扑设计可以在降低损耗的同时达到很好的最大功率点跟踪特性。但系统采用多级拓扑的同时也会带来功率损耗过大的缺点,为此,多级式拓扑结构在并网系统中并不常用。

4.5 智能微网

4.5.1 智能微网的概念

智能微网是指由分布式电源、储能装置、能量转换装置、相关负荷和监控、保护装置汇集而成的小型发配电系统,是一个能够实现自我控制、保护和管理的自治系统,既可以与外部电网并网运行,也可以孤立运行。

从微观看,微网可以看做是小型的电力系统,它具备完整的发输配电功能,可以实现局部的功率平衡与能量优化,它与带有负荷的分布式发电系统的本质区别在于同时具有并网和独立运行能力。从宏观看,微网又可以认为是配电网中的一个"虚拟"的电源或负荷。微网系统构成如图4-12所示。

4.5.2 智能微网的优点

微网技术是新型电力电子技术和分布式发电、储能技术的综合,相比较于传统发电系统,微网的优点主要体现在以下几个方面:

(1) 微网是多个分布式发电系统(DG)的集成应用,解决了大规模DG的接入问题,继承单独DG系统所具有的优点;同时可以克服单独DG并网的缺点,减少单个分布式电源可能给电网造成的影响,实现不同DG的优势互补,有助于DG的优化利用。

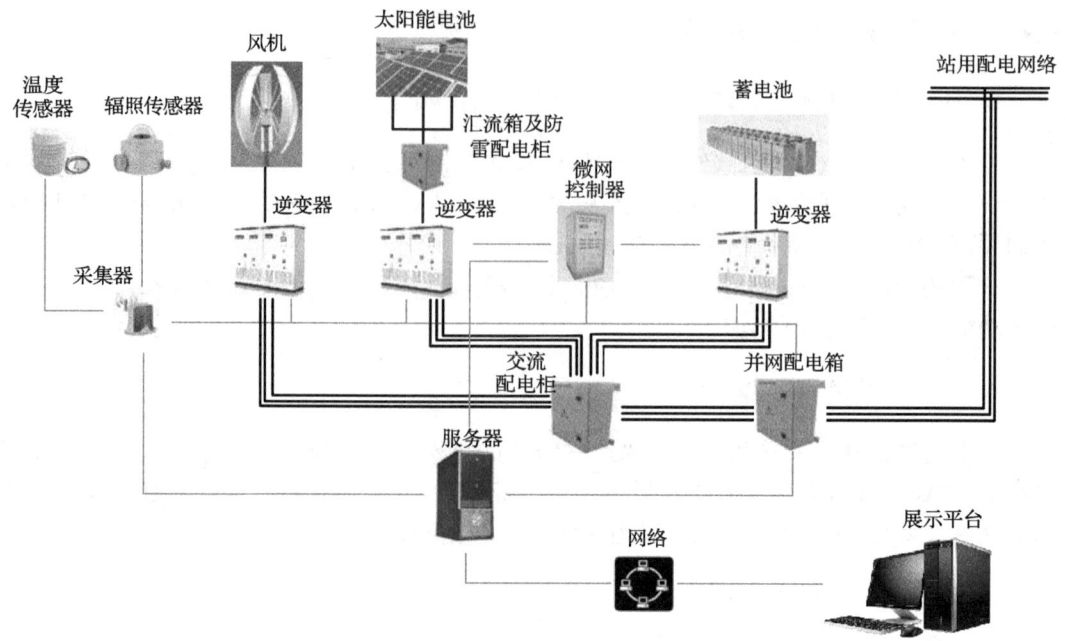

图 4-12 微网系统构成图

（2）微网灵活的运行模式提高了用户侧的供电可靠性。按重要性程度，用户侧负荷可分为普通负荷、次重要负荷和敏感负荷，当外电网发生较严重的电压闪变及跌落时，可以根据负荷的重要性等级，通过静态开关将重要负荷隔离起来孤岛运行，保证局部供电的可靠性。

（3）可以减少大发电站的发电备用需求，并通过缩短发电厂与负荷间的距离降低输电损耗和因电网升级而增加的投资成本。

（4）对用户来讲，广泛使用微网可以降低电价，获得最大限度的经济效益。例如，利用峰谷电价差，在峰电期微网可以向电网输送电能，以延缓电力紧张，而在电网电力过剩时可直接从电网低价采购电能。

4.5.3　智能微网运行方式

微网有两种基本的运行方式，即并网运行和独立运行。大多数情况下微网与主电网并网运行，此时微网中的负荷可以从微网或者主电网得到电力供应。当主电网发生各种故障、扰动及电能质量不满足负荷要求时，微网将快速与主电网断开并且平滑过渡到独立运行，以确保重要负荷不受影响。在这两种基本的运行方式中，包括以下四种运行阶段。

（1）微网并网运行的暂态阶段（并网的过渡过程）。
（2）微网并网运行的稳态阶段。
（3）微网独立运行的暂态阶段（离网的过渡过程）。
（4）微网独立运行的稳态阶段。

微网必须确保在这四种运行阶段下都稳定可靠，且必须满足相应的入网要求。IEEE

标准委员会近年来一直在进行微网标准的制定和完善工作。该标准涵盖微网及含有分布式电源的孤立系统,为微网的规划设计、运行管理及微网与主电网的并网和离网运行控制提供了技术依据。

4.5.4 智能微网关键技术

1. 微网的控制

智能微网运行方式灵活、供电服务质量高,这些都离不开完善与稳定的控制系统。控制问题也是微电网研究中的一个关键问题。

(1) 并网运行方式中,微网控制系统能够快速检测主电网的扰动及电能质量变化并作出迅速响应;

(2) 微网可以实现快速无冲击地并入主电网或者与主电网分离;

(3) 有功和无功可以实现解耦控制;

(4) 各种微电源的输出功率通过相互协调可以与负荷需求动态匹配,并可动态实现微网与主电网之间潮流的定向、定量调整。

目前,已有3类经典的智能微网控制方法。

(1) 基于电力电子技术的"即插即用"的控制思想。该方法根据微网控制要求,灵活选择与传统发电机相类似的下垂特性曲线进行控制,将系统的不平衡功率动态分配给各机组承担,具有简单可靠、易于实现的特点。该方法没有考虑系统电压与频率的恢复问题,也就是类似传统发电机中的二次调整问题,因此在微电网遭受严重扰动时,系统的频率质量可能无法保证。此外,该方法仅针对基于电力电子技术的微电源间的控制。

(2) 基于功率管理系统的控制。该方法采用不同控制模块对有功功率、无功功率分别进行控制,很好地满足了智能微网多种控制的要求,尤其在调节功率平衡时,加入了频率恢复算法,能够满足频率质量要求。另外,针对智能微网中对无功功率的不同需求,功率管理系统采用了多种控制方法,从而大大增加了控制的灵活性并提高了控制性能。与第1种方法类似,这种方法只讨论了基于电力电子技术的机组间的协调控制,未综合考虑它们与含调速器的常规发电机间的协调控制。

(3) 基于多代理技术的微网控制方法。该方法将传统电力系统中的多代理技术应用于微网控制系统。代理的自治性、反应能力、自发行为等特点正好满足智能微网分散控制的需要,提供了一个能够嵌入各种控制性能但又无需管理者经常出现的系统。但目前多代理技术在微网中的应用多集中于协调市场交易、对能量进行管理方面,还未深入到对智能微网中的频率、电压等进行控制的层面。要使多代理技术在微电网控制系统中发挥更大作用,仍有大量研究工作需要进行。

2. 微网的保护

微网的保护与传统电网的保护有着极大的不同,主要表现为:

(1) 潮流的双向流通;

(2) 微电网在并网运行与独立运行2种工况下,短路电流大小不同且差异很大。因此,如何在独立和并网2种运行工况下均能对微电网内部故障做出响应以及在并网情况下快速感知大电网故障,同时保证保护的选择性、快速性、灵敏性与可靠性是微电网保护的关键,也是微电网保护的难点。

传统的电流保护显然无法满足微电网保护的特殊要求。目前,针对单相接地故障与线间故障,有学者提出了基于对称电流分量检测的保护策,将传统的过电流保护与之结合可取得良好的效果。

3. 集成的通信体系

智能微网集成通信体系至少满足以下5项要求。
(1) 普遍性:所有潜在对象都能有机会参与。
(2) 开放性:参与主体都能对等使用基础设施。
(3) 标准化:所有通信技术基于统一技术标准。
(4) 安全性:能抵御外来攻击,保障信息安全。
(5) 扩展性:通信设施具有足够的带宽来支持未来的需要。

微网作为大电网的有效补充与分布式能源有效的利用形式,已经引起各国科研人员的广泛关注,虽然将其广泛应用还有许多问题尚待解决,但毫无疑问,微网的发展潜力十分巨大。

习 题

(1) 简述太阳能光伏发电系统的主要组成部件及其工作原理。
(2) 什么叫作离网光伏发电系统和并网光伏发电系统?
(3) 试用简图画出离网光伏发电系统和并网光伏发电系统的能量传送的过程。
(4) 简述太阳能光伏发电的特点。

验证性实验项目

实验十 太阳能光伏板能量转换实验

一、实验目的

(1) 了解和掌握太阳能电池板能量转换原理。
(2) 了解并掌握太阳能电池板最大输出功率、填充因子、转换效率的测试。
(3) 学会分析太阳能电池的串、并联电阻对填充因子的影响。

二、预习内容

(1) 阅读教材中的太阳能电池的基本原理,了解太阳能电池的基本特性和主要参数。
(2) 熟悉实验电路。

三、实验原理

半导体太阳能电池是以光伏效应为基础的半导体器件。光伏效应是指适当波长的光照到半导体系统上时,系统吸收光能后两端产生光生电动势的现象。所以太阳能电池是把太阳能转化为电能的一种新型能源,太阳能电池的能量转换效率是最为重要的性能指标。

在存在电阻负载时,负载为直线,如图 4-13 所示,其斜率由电阻的大小决定。负载线与伏安特性曲线的交点 W 为工作点。负载电阻 R_L 从电池获得的功率为

$$P_R = IU \tag{4-1}$$

即图 4-13 中矩形面积,能使矩形面积最大的负载电阻称为最佳负载。最佳负载能够从太阳能电池获得最大输出功率。

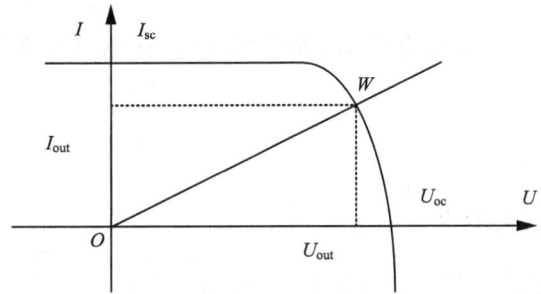

图 4-13　太阳能电池的工作点

由图 4-13 看出,曲线上任意一点都是太阳能电池的工作点。工作点和原点的连线是负载线,负载线的斜率的倒数即等于 R_L。调节负载电阻 R_L 到某一个数值 R_m 时,在曲线上得到一点 W,W 点对应的工作电流 I_m 和工作电压 U_m 之乘积为最大。即

$$P_m = I_m U_m \tag{4-2}$$

式中,W 点为太阳能电池的最佳工作点;I_m 为最佳工作电流;U_m 为最佳工作电压;R_m 为最佳负载电阻;P_m 为最大输出功率。太阳能电池的转换效率为

$$\eta = \frac{P_m}{P_{in}} \times 100\% \tag{4-3}$$

式中,P_{in} 为太阳能电池的输入功率。所以太阳能电池的转换效率指在外部回路上连接最佳负载时的最大能量转换效率。

最大输出功率与 $U_{oc} I_{sc}$ 之比称填充因子,用 FF 表示。对于一定的开路电压 U_{oc} 和短路电流 I_{sc} 值的特性曲线来说,填充因子越接近于 1,电池效率越高,伏安特性线弯曲越大,因此也称之为曲线因子,表示式为

$$FF = \frac{P_m}{U_{oc} I_{sc}} = \frac{U_m I_m}{U_{oc} I_{sc}} \tag{4-4}$$

FF 是衡量太阳能电池输出特性好坏的重要指标之一。在一定光强下,FF 越大,曲线越方,输出功率越高。电池的转换效率也可表示为

$$\eta = \frac{FF \times U_{oc} \times I_{sc}}{P_m} \times 100\% \tag{4-5}$$

影响填充因子的参数有开路电压和太阳能电池的串联电阻、并联电阻等。在理想情况下，U_{oc}越大则FF越大。在实际的太阳能电池中要考虑太阳能电池的等效电阻。通常把太阳能电池里的等效电阻分为两类：并联电阻R_{sh}（或者R_p）和串联电阻R_s。并联电阻主要来源于电池边缘漏电、杂质和缺陷引起的PN结漏电等。串联电阻包括金属电极和半导体之间的接触电阻、金属电极电阻和半导体材料的体电阻等。

串并联电阻对电池性能的影响，填充因子FF随着并联电阻的减小而减小，而开路电压U_{OC}只有在并联电阻低于$100\Omega \cdot cm^2$时才也随着FF减小，短路电流不受并联电阻的影响。通常晶硅太阳能电池的的并联电阻都超过$1000\Omega \cdot cm^2$，所以一般并联电阻的影响可以忽略。串联电阻对电池的填充因子影响很大，只有在串联电阻很大时才会短路电流有影响，而开路电压不受串联电阻的影响。为了获得高效率，尽可能降低串联电阻是很有必要的。

四、实验仪器与器件

太阳能光伏发电系统实验实训装置、光伏电池板、充电电压表、充电电流表、电阻箱、光功率计。

五、实验内容与步骤

1. 太阳能电池板最大输出功率测试实验

（1）在实验台上按照图 4-14 连接好实验导线。

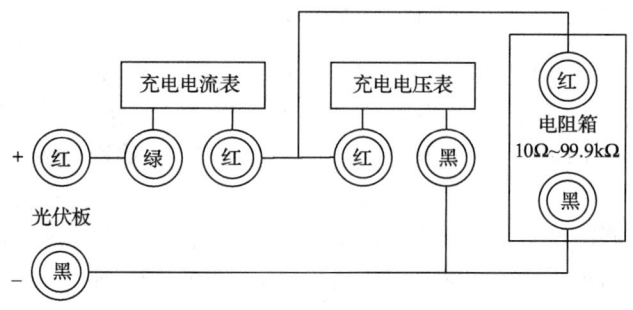

图 4-14　太阳能电池板最大输出功率测试接线图

（2）打开"模拟光源控制单元"里面"晨日"、"午日"、"夕日"中的任意一个开关，观察太阳能电池板是否在转动。如果没有转动请开启"跟踪系统电源开关"。

（3）将电阻箱调节如下几组阻值，并记录下每个刻度的电压、电流值于表 4-1 中。

表 4-1　太阳能电池板最大输出功率测试数据

电阻值/Ω	0	100	200	100	400	500	600	700	800	900	1k	10k
电流/mA												
电压/V												
功率/mW												

（4）找出上表中的最大功率，即为该太阳能电池板的最大输出功率。

2. 太阳能电池板填充因子计算实验

(1) 熟练掌握太阳能电池板的填充因子公式：

$$FF = \frac{P_m}{U_{oc}I_{sc}} \quad (4-6)$$

(2) 将实验中的数据代入式(4-6)中，计算出电池板的填充因子。

(3) 填充因子是表征太阳能电池板的性能优劣的重要参数，其值越大，电池的光电转换效率越高，一般的硅光电池 FF 值为 0.75～0.8。

3. 太阳能电池板转换效率测试实验

掌握太阳能电池板的转换效率公式如下：

$$\eta_s(\%) = \frac{P_m}{P_{in}} \times 100\% \quad (4-7)$$

式中，P_m 为太阳能电池板的最大输出功率；P_{in} 为入射到太阳能电池板表面的光功率，可通过光功率计测得。

4. 串、并联电阻对太阳能电池板填充因子影响的测试实验

(1) 在实验台上按照图 4-15，以串联电阻的方式连接好实验导线。

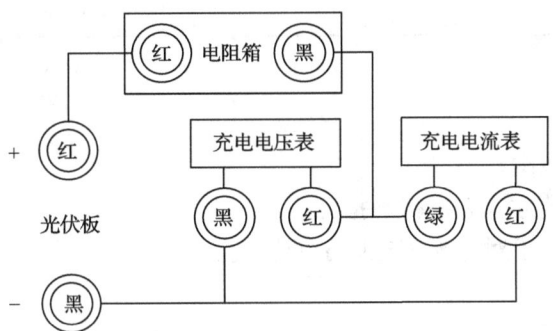

图 4-15　串、并联电阻对太阳能电池板填充因子影响的测试接线图

(2) 打开"模拟光源控制单元"里面"晨日"、"午日"、"夕日"中的任意一个开关，观察太阳能电池板是否在转动。如果没有转动请开启"跟踪系统电源开关"。

(3) 将电阻箱调节如下几组阻值，并记录下每个刻度的电压、电流值于表 4-2 中。

(4) 根据表格电压电流值计算出电池板的输出功率填入表 4-2 中，并对电阻箱值为"0"时的功率进行比较，分析串联电阻对填充因子的影响。

表 4-2　串联电阻对太阳能电池板填充因子影响的测试

电阻值/Ω	0	10	200	100	400	500	600	700	800	900	1k	10k
电流/mA												
电压/V												
输出功率/mW												

（5）在实验台上按照并联电阻的方式连接好实验导线，如图 4-16 所示。

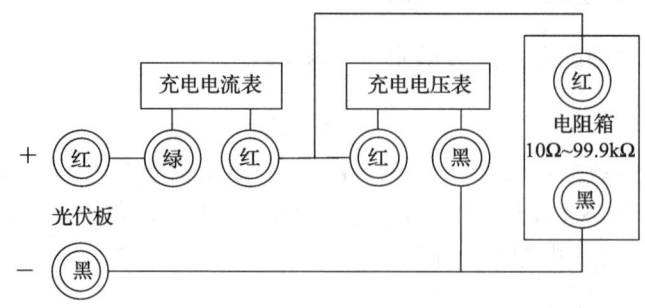

图 4-16　并联电阻对太阳能电池板填充因子影响的测试接线图

（6）将电阻箱调节如下几组阻值，并记录下每个刻度的电压、电流值于表 4-3 中。

（7）根据表格电压电流值计算出电池板的输出功率填入表 4-3 中，并对电阻箱值为"0"时的功率进行比较，分析并联电阻对填充因子的影响。

表 4-3　并联电阻对太阳能电池板填充因子影响的测试

电阻值/Ω	0	10	200	100	400	500	600	700	800	900	1k	10k
电流/mA												
电压/V												
输出功率/mW												

六、实验报告要求

（1）画出实验接线图。
（2）列表整理实验数据并进行数据分析。
（3）分析串并联电阻对电池填充因子的影响。

七、思考题

（1）填充因子的物理意义是什么？如何在实验中测试填充因子？
（2）负载电阻对太阳能电池的输出特性有何影响，什么是最佳负载电阻？

实验十一　太阳能负载最大输出实验

一、实验目的

（1）掌握太阳能电池的化学能量转换原理。
（2）了解太阳能电池阵列的结构组成。
（3）掌握太阳能电池最大输出电流、最大输出电压、最大输出功率测试方法。

二、预习内容

（1）阅读教材中的太阳能电池工作原理。

(2) 太阳能电池的伏安特性及其测试电路。

三、实验原理

目前,太阳能电池的种类一般有三种材料的种类,即非晶硅、单晶硅和多晶硅。非晶硅电池是早期产品,具有成本低、产量高等特点,其光电的转换效率一般为 8% 左右,所以价格低廉,现在已经基本被淘汰。

单晶硅和多晶硅电池是一种将硅矿石采用烧结、拉晶、制极等工艺,再按照相关的工艺要求进行切割成适当的小片,经焊接线连接在一起形成组片,由于它的基片很薄,所以小功率的电池还需要再安装在绝缘基板上使用,而大功率的采用强化玻璃将片基层压于绝缘基板内,最后加上铝合金框架进行保护所制成的平板电池。单晶硅电池与多晶硅电池的不同处在于多晶硅的表面有大面积的冰花状花纹,而单晶硅电池则是细小的颗粒,在它们的表面都镀有一层蓝色或紫色的抗反光膜。单晶硅转换效率一般为 10%~15%,而多晶硅的转换效率为 12%~16%。

太阳能电池的一个单片为一个 PN 结。单片电池的开路电压为 0.45~0.6V,一般情况下,电压为 0.5V,电池串联的片数越多,电压越高;单片电池的电流取决于单个 PN 结实际受光面积,其短路电流一般为 15~30mA/cm^2,面积越大或并联的片数越多则电流越大。

太阳能电池的最大功率 P_m=开路电压×短路电流,这是理想功率,而平时大家衡量太阳能电池的是额定功率 P_N。实际中额定功率是小于最大功率的,主要是由于太阳能电池的输出效率只有 70% 左右。在使用中由于受光强度的不同,所以不同时刻的功率也是不同的,它的实际平均功率 $P=0.7P_m$。如果太阳能电池要直接带动负载,并且要使负载长期稳定的工作,则负载的额定功率为 $P_r=0.7P_m$。如果按照负载的功率选择太阳能电池的功率则电池的功率为 $P_m=1.43P_r$,也就是说太阳能电池的功率应为负载功率的 1.43 倍。

在选择太阳能电池的功率时,应合理选择负载的耗电功率,这样才能使发电功率与耗电功率处于一种平衡状态。当然太阳能电池的发电功率也会受到季节、气候、地理环境和光照时间等多方面因素的制约。

对于电器功率 P_1、每天用电时间 T、太阳能组件功率 P_2、地区标准光照时间 X、系统效率 F,有

$$P_2 = \frac{P_1 TF}{X} \tag{4-8}$$

令 U_s、R_s 为给定的电源电压和内阻,R 为定值电阻,R_L 为负载电阻(可调)。由公式 $P=I^2R$ 可得 R_L 的功率为

$$P = \left(\frac{U_s}{R_s+R+R_L}\right)^2 R_L \tag{4-9}$$

从式(4-9)可看出,负载电阻 R_L 太大或太小都不能获得大的功率。当负载电阻很大时,电路近于开路状态;当负载电阻很小时,电路近于短路状态。显然,负载在开路和短路

两种情况下都不会获得大的功率。当 $0<R_L<\infty$ 时，$P>0$，所以，当 R_L 从极小逐渐增大到极大的变化过程中，必然存在一个值，使 R_L 能从电源获得最大功率。由数学分析可知，这是一个求极值的问题。P 存在极值的必要条件为

$$\frac{dP}{dR_L} = 0 \tag{4-10}$$

即

$$\frac{dP}{dR_L} = \frac{U_S^2(R_S+R+R_L)^2 - 2(R_S+R+R_L)U_S^2 R_L}{(R_S+R+R_L)^4} = 0$$

当 $R_L = R_S + R$ 时，P 有极值，为

$$P_m = \frac{U_S^2}{4(R_S+R)} = \frac{U_o^2}{4R_0} \tag{4-11}$$

四、实验仪器与器件

太阳能光伏发电系统实验实训装置、光伏电池板、电阻箱、充电电流表、充电电压表、导线等。

五、实验内容与步骤

最大输出电压和电流的测量过程如下。

(1) 按照实验原理图 4-17 接好电路，先接光伏板 A，后并联上光伏板 B，再并连上光伏板 C，最后并联上光伏板 D。

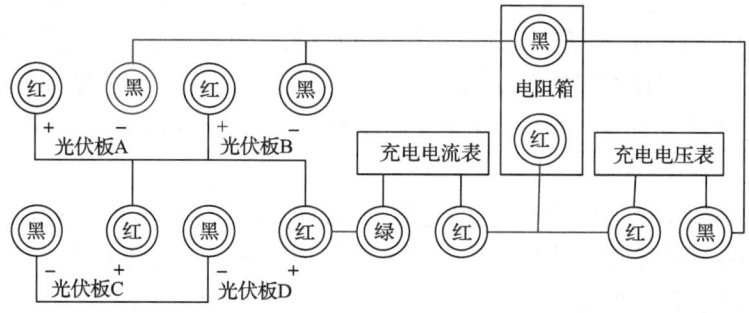

图 4-17 蓄电池充电接线图

(2) 打开"模拟光源控制单元"里面"晨日"、"午日"、"夕日"三个开关中的任意一个，观察电池板是否转动，实验中任选一个状态进行测试。如果没有转动请开启"跟踪系统电源开关"。

(3) 选取两组和四组太阳能电池板根据图 4-17 所示电路分别调节电阻箱的阻值，并将充电电流、充电电压等数据记录于表 4-4 中，其中根据公式 $P=UI$ 计算出每组功率，比较一下，表格中的最大功率即为太阳能电池板的最大输出功率。

(4) 根据表 4-4 中电压和电流值绘制太阳能电池的输出最大功率曲线图。

表 4-4　不同光伏板的电流和电压特性测量

光伏板	电阻值/Ω	0	100	200	300	400	500	600	700	800	900	1k	...	10k
AC 并联	电流/mA													
	电压/V													
	功率/W													
ABCD 并联	电流/mA													
	电压/V													
	功率/W													

六、实验报告要求

(1) 画出实验接线图。

(2) 列表整理实验数据并进行数据分析。

(3) 将实测数据与理论值进行比较，分析误差产生的原因。

七、思考题

(1) 分析影响太阳能负载输出最大功率的因素有哪些？

(2) 对于交流负载，实验中的测试电路如何调整？

综合性实验项目

实验十二　太阳能光伏并网发电系统综合实验

一、实验目的

(1) 掌握光伏并网发电系统的结构组成。

(2) 掌握孤岛效应。

(3) 掌握并网逆变器的原理。

(4) 掌握相位跟踪的实现方法。

(5) 掌握并网型逆变器的设计方法。

二、预习内容

(1) 阅读教材中光伏发电系统一章。

(2) 熟悉实验内容。

三、实验原理

(1) 在光伏并网系统中，并网逆变器是系统核心部分。目前并网型系统的研究主要集中于 DC/DC 和 DC/AC 两级能量变换部分。DC/DC 变换环节调整光伏阵列的工作点使其跟踪最大功率点,即最大功率点跟踪 MPPT;DC/AC 逆变环节主要使输出电流与电网电压同相位、同频率,同时获得单位功率因数。光伏并网发电系统的结构如图 4-18 所示。

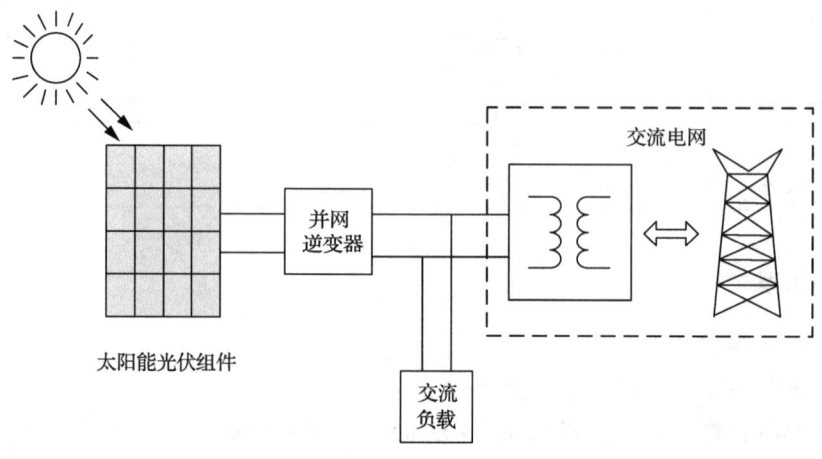

图 4-18 光伏并网系统结构图

(2) 太阳能并网逆变器是并网发电系统的核心部分,其主要功能是将太阳能电池板发出的直流电逆变成单相交流电,并送入电网。同时实现稳定中间电压,便于前级升压斩波器对最大功率点的跟踪,并且具有完善的并网保护功能,保证系统能够安全可靠地运行。图 4-19 给出了全桥型逆变器主电路的拓扑结构图。

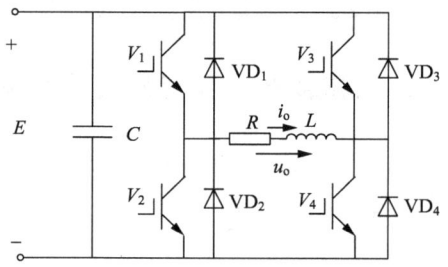

图 4-19 全桥逆变器原理图

(3) 孤岛效应是当电力公司的供电系统因故障事故或停电维修等原因而停止工作时,安装在各个用户端的光伏并网发电系统未能即时检测出停电状态而迅速将自身切离市电网络,因而形成了一个由光伏并网发电系统向周围负载供电的一个电力公司无法掌握的自给供电孤岛现象。这种现象应该尽量避免,光伏并网逆变器应该具有防孤岛效应功能。

四、实验仪器及器件

太阳能光伏发电系统实验实训装置、示波器、蓄电池、逆变器、导线、交流电压表和电流表等。

五、实验内容

（1）并网发电实验，在实验台上按照图 4-20 连接好实验导线。

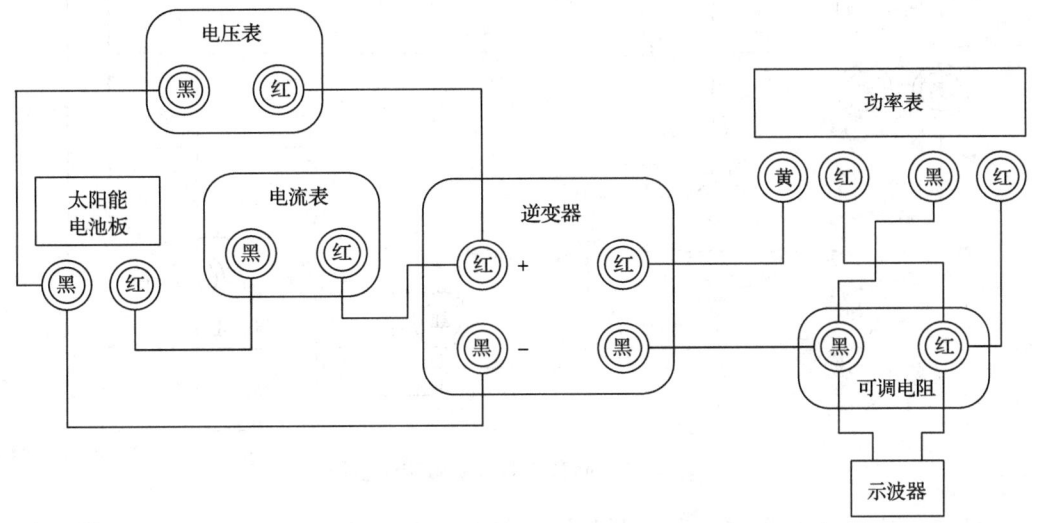

图 4-20 实验接线图

① 200V 直流输入电压下的输出参数记录在表 4-5 中。

表 4-5 输出参数记录表（200V 电压下）

输入功率	输出功率	效率/%	功率因数	输出电流

② 300V 直流输入电压下的输出参数记录在表 4-6 中。

表 4-6 输出参数记录表（300V 电压下）

输入功率	输出功率	效率/%	功率因数	输出电流

（2）防孤岛效应测试，按图 4-21 接好实验导线。

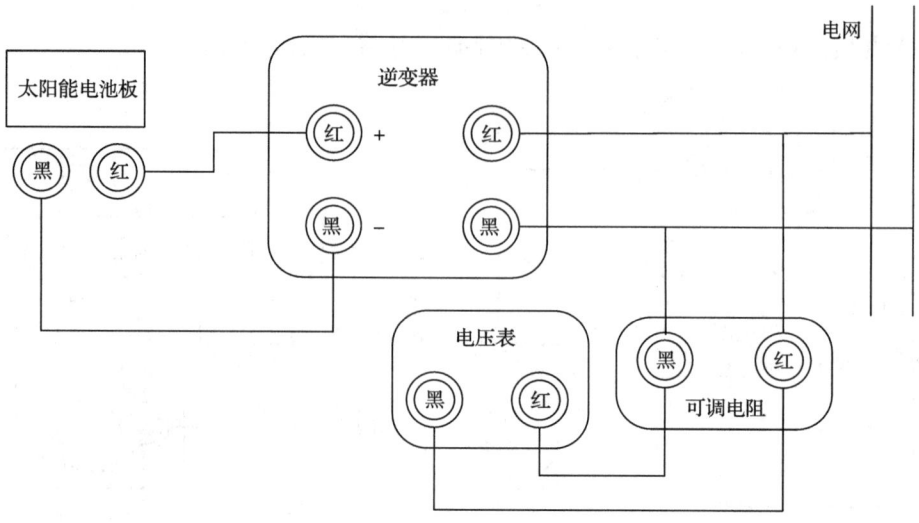

图 4-21 防孤岛效应实验接线图

将逆变器输出与电网接通和断开分别读取电压表读数并记录在表 4-7 中，判断是否有防孤岛效应功能。

表 4-7 防孤岛效应数据记录表

方式	并网	从电网断开
电压表读数		

六、实验报告要求

（1）画出实验接线图。
（2）整理实验数据并分析。

七、思考题

（1）如何克服孤岛效应？
（2）如何改善输出电流畸变率？

设计性实验项目

实验十三　小功率光伏发电并网系统的设计

一、实验目的

（1）掌握光伏并网发电系统的设计方法。
（2）掌握 MPPT 控制方法。

二、设计任务与具体要求

(1) 设计任务:设计并制作一个光伏并网发电模拟装置。

(2) 具体要求:

① 具有最大功率点跟踪(MPPT)功能。

② 具有频率跟踪功能,即输出信号频率与参考信号频率相对偏差绝对值不超过1%。

③ 逆变器效率 $\eta \geqslant 70\%$,输出电压 U_o 的失真度 $THD \leqslant 5\%$。

④ 具有输入欠压保护功能,动作电压 $U_d(th)=10 \pm 0.5V$。

⑤ 具有输出过流保护功能,动作电流 $I_o(th)=1.5 \pm 0.2A$。

三、方案提示

(1) SPWM 波实现方案:采用自然采样法,以正弦波为调制波、等腰三角形为载波进行比较,在两个波形的自然交点时刻控制开关管的通断。

(2) 频率和相位跟踪功能实现方案:使用单片机同时对参考信号和输出信号的频率和相位进行检测,经过计算处理使两者实现同频同相。

(3) 逆变主电路采用全桥式电路,功率管选用 IRF540。

四、工作原理

光伏并网发电模拟装置主要由光伏电池组件、DC/AC 变换电路、控制电路、反馈电路和保护电路等部分组成。系统的核心是全桥式逆变电路、可采用恒压跟踪法调节 SPWM 波的调制比实现 MPPT 控制。系统组成框图如图 4-22 所示。

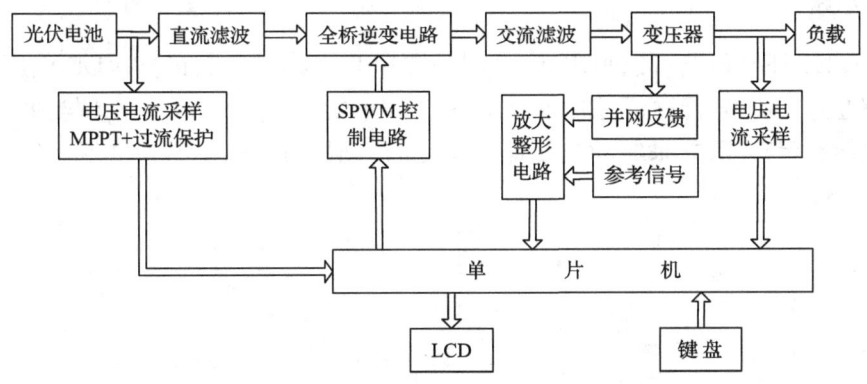

图 4-22 系统总体框图

五、实验仪器

蓄电池,功率 MOSFET 管,UCC27200,IRF640,单片机开发套件,整流二极管,示波器等。

六、设计内容与步骤

（1）DC/AC 全桥逆变电路：DC/AC 逆变是本系统的核心，单片机输出的 SPWM 波，由于其 I/O 驱动能力不足，所以不能直接驱动 4 个 MOSFET 管，需要增加驱动芯片，可以选用 UCC27200。为了开关管的安全，需在 MOSFET 管两端并联 RCD 吸收电路。

（2）MPPT 控制算法：对于光伏最大功率跟踪 MPPT，可以把最大功率线近似地看成电压为常数的一根垂直线，使光伏电池板工作于恒压跟踪状态，这是目前光伏发电经常采用的方法。电池板工作于最大功率点附近，工作电压在 U_d 变化之前时保持不变。与其他 MPPT 算法相比，采用恒压跟踪法具有算法简单易行，系统稳定性高，跟踪速度快的优点。

（3）保护电路的设计：使用单片机采样输入电压和输出电流，当达到欠压和过流保护设定值时，通过程序使输入继电器断开。

（4）并网控制设计：采用单片机实现频率和相位同步，产生逆变器需要的 SPWM 波，设计单片机的外围电路和编写程序。

七、设计报告要求

（1）给出方案选择与论证过程。
（2）分析关键电路以及参数选择，设计原理图和 PCB 板图。
（3）软件的设计包括功能结构，主要模块程序流程图。
（4）测试数据，处理数据，进行误差分析和结论。
（5）存在的问题和设想展望。

八、参考电路

MOSFET 驱动电路可以采用 TI 公司的芯片 UCC27200，其最高 VDD 电压为 20V，工作频率超过 1MHz，传输延迟时间为 20ns，3A 输入/3A 输出电流。高侧与低侧驱动器均具有欠压锁定功能，如果驱动电压低于指定的阈值，则强制输出为低值。参考电路如图 4-23 所示。

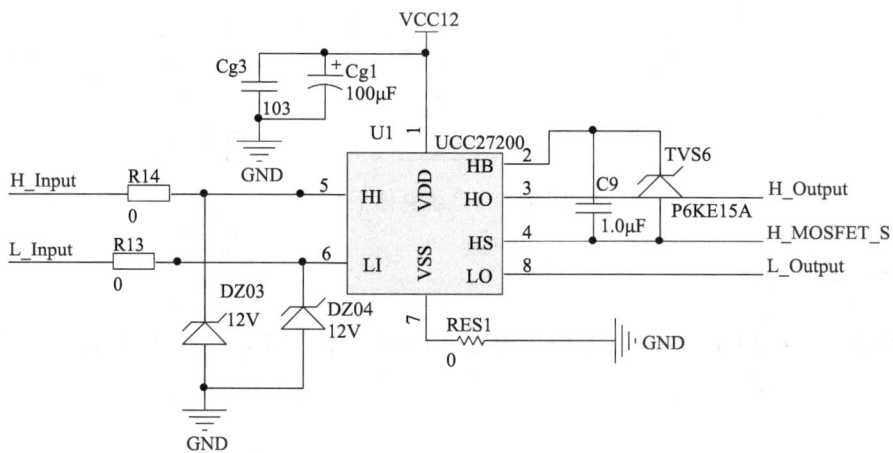

图 4-23 MOSFET 驱动电路

由反馈信号及正弦波参考信号经过滤波、过零比较及整形限幅得到方波信号,送入单片机中,计算出正弦电压的频率和相位。参考电路如图 4-24 所示。

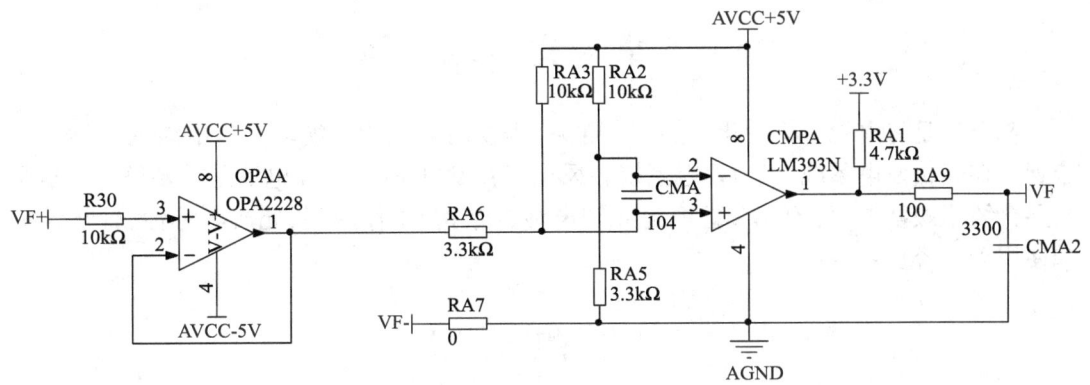

图 4-24 反馈信号比较电路

第5章 蓄 电 池

蓄电池是将电能转化为化学能储存起来,需要时再把化学能转变为电能的一种储能装置。在光伏发电系统、风力发电系统和风光互补发电系统中,蓄电池是重要部件。本章主要介绍铅酸蓄电池、VRLA 蓄电池和锂电池的结构、工作原理、充放电特性、日常维护和使用等内容。

5.1 蓄电池概述

蓄电池是太阳能光伏发电系统中的重要组成部分,它是一种能够将电能和化学能相互转换的储能装置。太阳辐射存在昼夜、季节性和天气变化,因而光伏发电的输出功率和能量随时都在变动,用户无法获得连续而稳定的电能供应。在未与公共电网连接的光伏系统,即光伏离网系统中,需要储能装置对太阳能电池发出的电能进行储存和调节。太阳能光伏发电系统配套使用的蓄电池功能是储存太阳能电池方阵受光照时所发出电能,并可随时向负载供电。蓄电池作为太阳能光伏发电系统中的储能装置,可以从以下三个方面提高系统供电质量。

(1) 剩余能量的存储及备用。当日照充足时,储能装置将系统发出的多余电能存储,在夜间或阴雨天将能量输出,解决了发电与用电不一致的问题。

(2) 保证系统稳定功率输出。各种用电设备的工作时段和功率大小都有各自的变化规律,欲使太阳能与用电负载自然配合是不可能的。利用储能装置,如蓄电池的储能空间和良好的充电与放电性能,可以起到光伏发电系统功率和能量的调节作用。

(3) 提高电能质量和可靠性。光伏发电系统中的一些负载(如水泵、割草机和制冷机等),虽然容量不大,但在启动和运行过程中会产生浪涌电流和冲击电流。在光伏组件无法提供较大电流时,利用蓄电池储能装置的低电阻及良好的动态特性,可适应上述感性负载对电源的要求。

目前,太阳能光伏离网系统使用的蓄电池主要有铅蓄电池、镍镉蓄电池、镍氢蓄电池、锂电池等。铅酸蓄电池可靠性好,可提供高脉冲电流,价格便宜。镍镉电池自放电损失小、耐过充放电能力强,但价格较贵。考虑到蓄电池的使用条件和价格,大部分太阳能离网光伏系统选择铅蓄电池。近年来,推出的阀控式密封铅蓄电池(VRLA)、胶体铅酸蓄电池和免维护蓄电池已被广泛采用。蓄电池是光伏系统中最薄弱的环节,使用寿命较短,蓄电池的损坏往往导致光伏发电系统不能运行。因此,如何选择和使用维护好蓄电池是光伏发电系统设计和运行管理中至关重要的问题。

5.2 蓄电池的基本概念

5.2.1 蓄电池的分类

蓄电池的种类,按照电解液的类型分为两类,即酸性蓄电池和碱性蓄电池。以酸性水溶液为电解质的电池称为酸性蓄电池,由于酸性蓄电池的电极主要是以铅和铅的氧化物为材料,故也称为铅酸蓄电池。另一类以碱性水溶液为电解质的蓄电池称为碱性蓄电池。

蓄电池按照其用途可分为循环使用电池和浮充使用电池。循环使用的电池有太阳能蓄电池、铁路电池、汽车电池、电动车电池等类型。浮充使用电池主要是作为后备电源。

按照蓄电池的使用环境可分为固定型电池和移动型电池。固定型电池主要用于后备电源,广泛用于邮电、电站和医院等,因其固定在一个地方,故重量不是关键问题,最大要求是安全可靠。目前,用于固定型电池主要有密封型电池和传统的富液电池。移动型电池主要有内燃机用电池、铁路客车用电池、摩托车用电池、电动汽车用电池等。

5.2.2 蓄电池的电压

蓄电池每单格的标称电压为2V,实际电压随充放电的情况而变化。充电结束时,电压为2.5~2.7V,以后慢慢地降至2.05V左右的稳定状态。

如用蓄电池做电源,开始放电时电压很快降至2V左右,以后缓慢下降,保持在1.9~2.0V。当放电接近结束时,电压很快降到1.7V;当电压低于1.7V时,便不应再放电,否则要损坏极板。停止使用后,蓄电池电压自己能回升到1.98V。

5.2.3 蓄电池的容量

1. 蓄电池容量的定义

电池在一定放电条件下所能给出的电量称为电池的容量,以符号C表示。在放电电流为定值时,电池的容量用放电电流和时间的乘积来表示,单位是安培小时,简称安时($A \cdot h$)或毫安时($mA \cdot h$)。蓄电池的放电电流常用放电时间的长短来表示(即放电速度),称为"放电率",如30、20、10小时率等,其中以20小时率为正常放电率。所谓20小时放电率,表示用一定的电流放电,20h可以放出的额定容量。通常额定容量用字母"C"表示。因而C_{20}表示20小时放电率,C_{30}表示30小时放电率。铅酸蓄电池的容量是指电池蓄电的能力,通常以充足电后的蓄电池放电至端电压到达规定放电终了电压时电池所放出的总电量来表示。

电池的容量可分为理论容量、额定容量、设计容量和标称容量。

理论容量是活性物质的质量按法拉第定律计算而得的最高理论值。为了比较不同系列的电池,常用比容量的概念,即单位体积或单位质量电池所能给出的理论电量,单位为$A \cdot h/kg$或$A \cdot h/L$。

实际容量是指电池在一定条件下所能输出的电量。它等于放电电流与放电时间的成绩,单位为 A·h,其值小于理论容量。因为组成设计电池时,除活性物质外还包括非反应成分如外壳、导电零件等,同时还与活性物质被有效利用的程度有关。

额定容量是按国家或有关部门颁布的标准,保证电池在一定的放电条件下应该放出的最低限度的容量。

标称容量是在蓄电池出厂时规定的该蓄电池在一定的放电电流及一定的电解液温度下,单格电池的电压降到规定值时所能提供的电量,是用来鉴别电池安时值。只标明电池的容量范围而没有确切值,因为在没有指定放电条件下,电池的容量是无法确定的。

2. 影响实际容量的因素

电池的实际容量主要与电池正、负极活性物质的数量及利用的程度(利用率)有关,而活性物质利用率主要受放电制度、电极的结构、制造工艺等方面的影响。使用过程中影响实际容量的是放电率、放电制度、终止电压和温度。

放电制度指放电速率、放电形式、终止电压和温度。高速率即大电流。低温条件下放电时,将减少电池输出的容量。放电速率简称放电率,常用倍率和时率表示。

时率是以放电时间表示的放电速率,即以某电流放电至规定终止电压所经历的时间。例如,某电池额定容量是 10 小时率时为 500A·h,即以 C_{10} 为 500A·h 表示,则电池应以 500/10＝50A(即 I_{10}＝50A)的电流放电,连续放电 10h 为合格。

倍率是指电池放电电流的数值为额定容量数值的倍数。电池放电倍率越高,放电电流越大,放电时间就越短,放出的相应容量越少。如放电电流表示为 $0.1C_{10}$,对于一个 500A·h(C_{10})的电池,即以 0.1×500＝50A 的电流放电;$1C_{10}$ 意指 500A 的电流放电,C 的下脚标表示放电时率。

终止电压指电池放电时电压下降到不宜再继续放电时的最低工作电压。一般在高倍率、低温条件下放电时,终止电压规定得低一些。阀控电池 10 小时率的终止电压为 1.8V/单体。由于铅酸蓄电池本身的特性,即使放电的终止电压继续降低,电池也不会放出太多的容量,但终止电压过低对电池的损伤极大,尤其当放电到较低电压而又不能及时充电时,将大大缩短电池的寿命。

3. 蓄电池的型号

根据 JB2599-85 标准的有关规定,铅酸蓄电池的名称由单体蓄电池的格数、型号、额定容量、电池功能和形状等组成。表 5-1 为蓄电池型号中常用字母的含义。第一段为数字,表示单体串联数。每一个单体蓄电池的标称电压为 2V,当单体蓄电池串联数格式为 1 时,第一段可以省略,6V、12V 蓄电池分别用 3 和 6 表示。第二段为 2～4 个汉语拼音字母,表示蓄电池的类型、功能和用途等。第三段表示蓄电池的额定容量。

例如:GFM-500 表示额定电压为 2V,其中 G 为固定型,F 为阀控式,M 为密封,额定容量为 500A·h。6-GFMJ-100 中 6 为有 6 个单体,额定电压为 12V,其中 G 为固定型;F 为阀控式;M 为密封;J 为胶体;额定容量为 100A·h。

表 5-1 蓄电池型号中常用字母的含义

第1个字母	含义	第2、3、4个字母	含义
Q	启动用	A	干荷电
G	固定用	F	防酸式
D	电瓶车	FM	阀控式密闭
N	内燃机车	W	无需维护
T	铁路客车	J	胶体
M	摩托车用	D	带液式
KS	矿灯酸性	J	激活式
JS	船舰用	Q	气密式
B	航标灯	H	湿荷式
TK	坦克用	B	半密闭式
S	闪光灯	Y	液密式

5.3 铅酸蓄电池

铅酸蓄电池是目前世界上广泛使用的一种化学"电源",自从 1859 年法国科学家 Plante 发明了铅酸蓄电池以来,至今已历经近一个半世纪。铅酸蓄电池在电气化工业时代中一直担任二次电池的主角,被誉为一匹重载的马。近几十年尽管有更多品种的二次电池出现,但铅蓄电池所具备的一系列优点,例如,工作电压高、安全可靠、可大电流脉冲放电、寿命长、价廉特别是取材方便、原材料容易回收利用等,是其他电池无法综合替代的,是世界上各类电池中产量最大、用途最广的一种电池。但是传统的铅酸蓄电池采用硫酸液为电解质,在生产、使用和废弃过程中,对自然环境造成毁坏性的污染,这也是需要进行技术改造的问题。

5.3.1 铅酸蓄电池的结构

铅酸蓄电池由正、负极板、隔板、容器和电解液等几部分组成,其中正极板的活性物质是二氧化铅(PbO_2),负极板的活性物质是灰色海绵状铅(Pb),电解液是稀硫酸(H_2SO_4)。铅酸蓄电池的基本结构如图 5-1 所示。

1. 极板

极板由板栅和活性物质组成。板栅是极板的骨架,用于支撑活性物质和传导电流。正极板一般有涂膏式(平板式)和管式,负极板都采用涂膏式。同极性的极板片用金属条连接起来组成"极板组"或"极板群"。蓄电池充放电时,两极活性物质随着体积的变化而反复膨胀与收缩。两极活性物质中,阴极板的海绵状铅结合力较强,而阳极板的过氧化铅的结合力弱,因而在充放电之际,会徐徐脱落,此即为铅蓄电池寿命受到限制的原因。欲使蓄电池使用期限延长,能耐震并耐冲击,应改良阳极板。

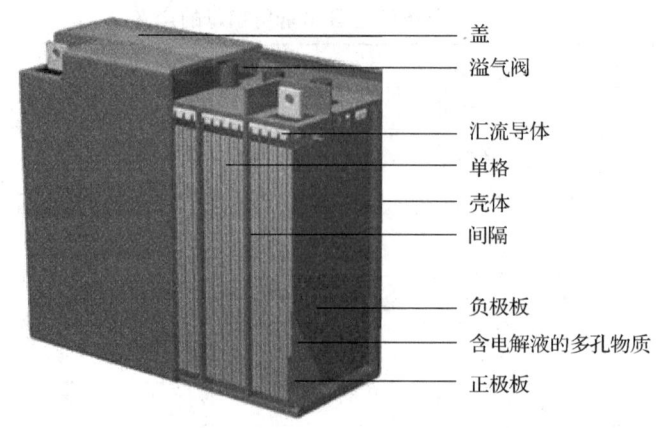

图 5-1 铅酸蓄电池的基本结构图

2. 隔离板

为防止阴、阳极板相互接触而发生短路,在两极板之间需插入隔离物。隔离物有木质、橡胶、微孔橡胶、微孔塑料、玻璃等材料,能防止阴、阳极板间产生短路,但不会妨碍两极间离子的流通,而且经长时间使用,也不会劣化,或释放杂质。铅蓄电池一般都使用胶质隔离板。

3. 容器

容器是用来盛装电解液和支撑极板的,通常有玻璃容器、硬橡胶容器和塑料容器等。

4. 电解液

蓄电池的电解液是用蒸馏水稀释高纯度浓硫酸而成。通常用电解液与水的密度(1.0g/mL)的比值即相对密度来检验电解液的强度。大部分铅酸电池在15℃,相对密度为1.2～1.3g/mL。蓄电池用的电解液必须保持纯净,不能含有害于铅酸蓄电池的任何杂质。

5.3.2 铅酸蓄电池的工作原理

铅酸蓄电池由两组极板插入稀硫酸溶液中构成。电极在完成充电后,正极板为二氧化铅,负极板为海绵状铅。放电后,在两极板上都产生细小而松软的硫酸铅,充电后又恢复为原来物质。

铅酸蓄电池在充电和放电过程中的可逆反应理论比较复杂,目前公认的是"双硫酸化理论"。该理论的含义为铅酸蓄电池在放电后,两电极的有效物质和硫酸发生作用,均转变为硫酸化合物,即硫酸铅;当充电后,又恢复为原来的铅和二氧化铅。其充放电化学反应式表示为

$$PbO_2 + 2H_2SO_4 + Pb \underset{充电}{\overset{放电}{\rightleftharpoons}} PbSO_4 + 2H_2O + PbSO_4$$

正极活性物质　电解液　负极活性物质　　　　正极生成物　电解液生成物　负极生成物

1. 铅酸蓄电池电动势的产生

（1）铅酸蓄电池充电后，正极板是二氧化铅（PbO_2），在硫酸溶液中水分子的作用下，少量二氧化铅与水生成可离解的不稳定物质氢氧化铅（$Pb(OH)_2$），氢氧根离子在溶液中，铅离子（Pb^{+2}）留在正极板上，故正极板上缺少电子。

（2）铅酸蓄电池充电后，负极板的铅（Pb）与电解液中的硫酸（H_2SO_2）发生反应，变成铅离子（Pb^{+2}），铅离子转移到电解液中，负极板上留下多余的两个电子（2e）。可见，在未接通外电路时（电池开路），由于化学作用，正极板上缺少电子，负极板上多余电子，两极板间就产生了一定的电位差，这就是电池的电动势。

2. 铅酸蓄电池放电过程的电化学反应

（1）铅酸蓄电池放电时，在蓄电池的电位差作用下，负极板上的电子经负载进入正极板形成电流 I，同时在电池内部进行化学反应。

（2）负极板上每个铅原子放出两个电子后，生成的铅离子（Pb^{+2}）与电解液中的硫酸根离子（SO_4^{-2}）反应，在极板上生成难溶的硫酸铅（$PbSO_4$）。

（3）正极板的铅离子（Pb^{+4}）得到来自负极的两个电子（2e）后，变成二价铅离子（Pb^{+2}）与电解液中的硫酸根离子（SO_4^{-2}）反应，在极板上生成难溶的硫酸铅（$PbSO_4$）。正极板水解出的氧离子（O_2）与电解液中的氢离子（H^+）反应，生成稳定物质水．

（4）电解液中存在的硫酸根离子和氢离子在电力场的作用下分别移向电池的正负极，在电池内部形成电流，整个回路形成，蓄电池向外持续放电。

（5）放电时 H_2SO_4 浓度不断下降，正负极上的硫酸铅（$PbSO_2$）增加，电池内阻增大（硫酸铅不导电），电解液浓度下降，电池电动势降低。

（6）化学反应式为

$$PbO_2 + 2H_2SO_4 + Pb \longrightarrow PbSO_4 + 2H_2O + PbSO_4$$

3. 铅酸蓄电池充电过程的电化反应

（1）充电时，应在外接一个直流电源（充电极或整流器），使正、负极板在放电后生成的物质恢复成原来的活性物质，并把外界的电能转变为化学能储存起来。

（2）在正极板上，在外界电流的作用下，硫酸铅被离解为二价铅离子和硫酸根负离子。由于外电源不断从正极吸取电子，则正极板附近游离的二价铅离子不断放出两个电子来补充，变成四价铅离子，并与水继续反应，最终在正极极板上生成二氧化铅。

（3）在负极板上，在外界电流的作用下，硫酸铅被离解为二价铅离子和硫酸根负离子。由于负极不断从外电源获得电子，则负极板附近游离的二价铅离子被中和为铅，并以绒状铅附在负极板上。

（4）电解液中，正极不断产生游离的氢离子和硫酸根离子，负极不断产生硫酸根离子，在电场的作用下，氢离子向负极移动，硫酸根离子向正极移动，形成电流。

（5）充电后期，在外电流的作用下，溶液中还会发生水的电解反应。

（6）化学反应式为

$$PbSO_4 + 2H_2O + PbSO_4 \longrightarrow PbO_2 + 2H_2SO_4 + Pb$$

5.3.3 铅酸蓄电池的充放电特性

蓄电池在太阳能电池系统中的充电方式主要采用"半浮充方式"进行。这种充电方法是指太阳能电池方阵全部时间都同蓄电池组并联浮充供电，白天浮充电运行，晚上只放电不充电。白天，当太阳能电池方阵的电势高于蓄电池的电势时，负载由太阳能电池方阵供电，多余的电能充入蓄电池，蓄电池处于浮充电状态。

当太阳能电池方阵不发电或电动势小于蓄电池电势时，全部输出功率都由蓄电池组供电，由于阻断二极管的作用，蓄电池不会通过太阳能电池方阵放电。当发现蓄电池处于亏电状态时，应立即采取措施对蓄电池进行补充充电。有条件的地方，补充充电可用充电机充电，不能用充电机充电时，也可用太阳能电池方阵进行补充充电。

使用太阳能电池方阵进行补充充电的具体做法是：在有太阳的情况下关闭所有有用电器，用太阳能电池方阵对蓄电池充电。根据功率的大小，一般连续充电 3~7 天基本可将电池充满。蓄电池充满电的标志，是电解液的比重和电池电压均恢复正常；电池注液口有剧烈气泡产生。待电池恢复正常后，方可启用用电设备。

铅酸蓄电池的充电特性如图 5-2 所示。从铅酸蓄电池的充电特性曲线中，可以看出铅酸蓄电池充电过程大致可以分为三部分：第一部分为曲线 AB 段，蓄电池从很低的电压开始充电，在这一阶段，随着充电的进行，蓄电池两端电压随着电量的增加而不断升高；第二部分为 BC 段，在这一充电阶段，蓄电池两端的电压随着电量的增加而缓慢变化，平稳而缓慢地升高；第三部分为 CD 段，在这一阶段，铅酸蓄电池的电压随着蓄电池电量的增加而急剧升高，此时继续大电流充电就会对铅酸蓄电池造成不可逆的损坏，应该以小电流进行充电，保护蓄电池不受损坏同时又可以保证铅酸蓄电池电量达到额定容量。

铅酸蓄电池的放电特性如图 5-3 所示。从放电特性曲线中可以看出，放电过程和充电过程基本上是一个相反的过程，放电过程同样可以分为三部分：第一部分 DC 段，在此过程中，蓄电池两端电压随着蓄电池的放电而快速下降，当到达 C 处时第一阶段基本结束；第二部分为 CB 阶段，在此过程中，随着铅酸蓄电池容量的不断下降，蓄电池两端的电压平稳而缓慢的降低，蓄电池放电过程中主要工作在这一阶段；第三部分为 BA 阶段，此

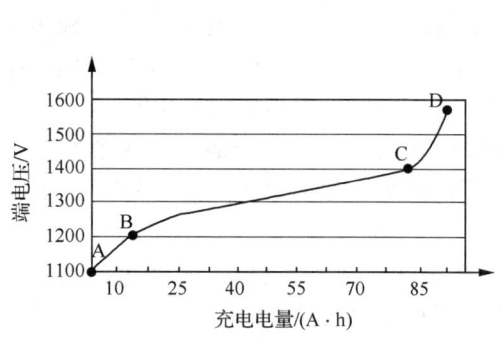

图 5-2 铅酸蓄电池的充电特性曲线

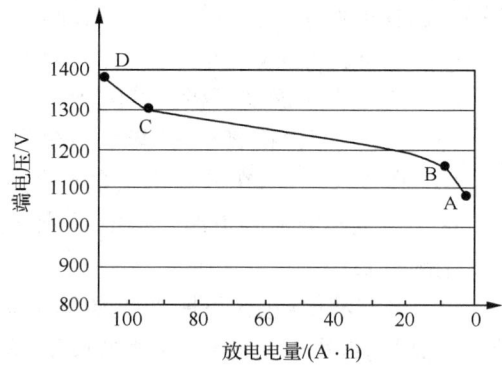

图 5-3 铅酸蓄电池的放电特性曲线

时铅酸蓄电池两端的电压随着蓄电池容量的降低而急剧减小,此时不加以控制会对蓄电池产生放电过程中的不可逆损坏,需要进行低压保护。综合以上铅酸蓄电池的充放电特性曲线,可以将铅酸蓄电池的保护重点归结为两部分,即充电过程中的 CD 阶段的防过充保护和放电过程中 BA 段防过放保护。

5.4 VRLA 蓄电池

VRLA 即阀控式密封铅酸蓄电池,其英文全称为 valve-regulated lead acid battery,诞生于 20 世纪 70 年代。由于 VRLA 是全密封的,不会漏酸,而且在充放电时不会像老式铅酸蓄电池那样会有酸雾放出来而腐蚀设备,污染环境,所以备受欢迎,在世界上广泛使用。

5.4.1 VRLA 电池的结构

VRLA 一般由板栅、极板、隔板、槽盖、极柱、安全阀等组成,其结构如图 5-4 所示。

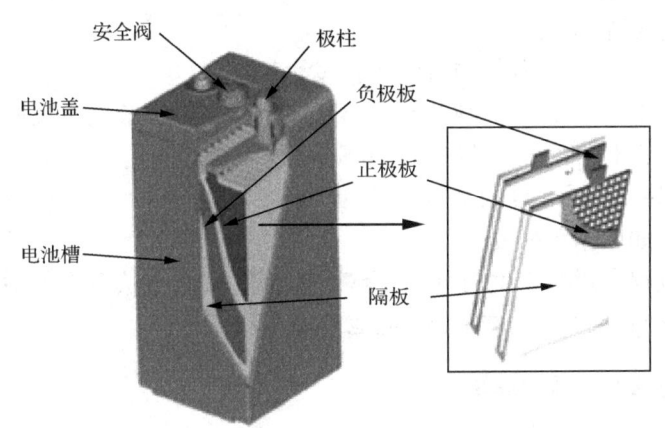

图 5-4 VRLA 电池的结构示意图

VRLA 各组件的作用分别说明如下。

板栅:由铅合金经过模具铸造形成栅格状的物体,用以支撑活性物质和传导电流。

极板:板栅上涂膏后称为极板,它提供电化学反应的活性物质,是电化学反应的场所,电池容量的主要制约者。根据所涂铅膏性质的不同分为正极板和负极板。

隔板:储存电解液;作为氧气复合的气体通道;防止活性物质脱落;防止正负极之间短路。

槽盖:盛装极群。

极柱:直接焊接在汇流排上,用以连接连接条和传导电流。

安全阀:安全阀安装在电池盖上,由阀体和安全阀共同组成,使电池保持一定内压,提高密封反应效率;过充电或高电流充电时,安全阀打开排出气体,防止电池变形甚至发生爆炸;防止外界空气进入电池;防止电解液挥发。

5.4.2 VRLA 蓄电池的工作原理

阀控式密封铅酸蓄电池在充放电过程中的化学反应如下：

$$PbO_2 + 2H_2SO_4 + Pb \underset{充电}{\overset{放电}{\rightleftharpoons}} PbSO_4 + 2H_2O + PbSO_4$$

（二氧化铅）（硫酸）（海绵状铅）（硫酸铅）（水）（硫酸铅）
正极活物质　电解液　　负极活物质

在电池充电后期，正极活性物质完全转变为二氧化铅，负极还未达到完全充电状态，活物质转变为海绵状铅的过程还未结束，正极产生的氧气，通过隔板孔隙，到达负极，在负极表面与负极活物质发生化学反应，使负极处于去极化状态，抑制了氢气的产生。

电池实现密封的电化学反应机理如下：

① 正极反应（产生氧气）

$2H_2O \longrightarrow O_2 + 4H^+ + 4e$

　　↳通过隔板移向负极板表面

② 负极反应（吸收氧气）

$2Pb + O_2 \longrightarrow 2PbO$　（氧气与海绵状铅发生反应）

③ $2PbO + 2H_2SO_4 \longrightarrow 2PbSO_4 + 2H_2O$　（PbO 与电解液发生反应）

④ $2PbSO_4 + 4H^+ + 4e \longrightarrow 2Pb + 2H_2SO_4$　（$PbSO_4$ 的还原）

负极总反应为②+③+④，即 $O_2 + 4H^+ + 4e = 2H_2O$

又返回至①，如此循环往复。

总之，充电过程中正极产生的氧气能够迅速与负极充电状态下的活物质发生反应生成水，没有气体逸出，没有水分的损失，电池可以实现密封。

5.4.3 VRLA 蓄电池的密封原理

1. 电池内部气体产生的原因

电池在过充电时电池分解水，正极产生 O_2，负极产生 H_2。
正极板栅腐蚀的同时产生 H_2。
电池自放电时正极产生 O_2，负极产生 H_2。

2. 氧复合原理（氧循环原理）

电池在充电过程中，正极除了有 $PbSO_4$ 转变为 PbO_2 以外，还有氧析出反应，特别是电池的充电后期，当电池容量达到 80% 时，氧的析出反应更为剧烈，两极的气体析出反应如下：

$$(+) 2H_2O \longrightarrow O_2 + 4H^+ + 4e$$
$$(-) 2H^+ + 2e \longrightarrow H_2$$

对于浮充使用的 VRLA 电池，即使是浮充电流很小，但在长期浮充状态下，除浮充电流一部分用于电池自放电生成的 $PbSO_4$ 转为正负极活性物资以外，浮充电流另一部分则用于水的电解,使正极析出氧气,负极析出氢气。氧和氢气的产生使电池内部失水,电解液密度发生变化,也使电池难以密封。

从铅酸蓄电池诞生以来,人们都一直在寻求电池的密封,以此减少对电池的维护。VRLA 电池的出现实现了电池的密封,电池密封的关键技术是氧在电池内部的再复合实现氧的循环,以及采用 AGM 隔板吸收电解液,使电池内部没有流动的电解液。正极充电过程中因电解水析出的氧气,通过 AGM 隔板的孔隙,迅速扩散到负极,与负极活性物质海绵状铅发生反应生成氧化铅(PbO),负极表面的 PbO 遇到电解液 H_2SO_4 发生化学反应生成 $PbSO_4$ 和 H_2O,其中 $PbSO_4$ 再充电而转变为海绵状 Pb,生成的 H_2O 又回到电解液,因为氧气的再复合,避免了水的损失,从而实现了电池的密封。

铅酸蓄电池实现密封的措施有以下几个:

(1) 选择高孔隙率 AGM 隔板,孔隙率在 93% 以上,为氧的复合提供通道。

(2) 采取定量灌酸,使玻璃棉隔板在吸收电解液以后,仍有 5%~10% 的孔隙率未被电解液充满,因此 VRLA 电池又称为贫液式电池。

(3) 过量的负极活性物质,正、负极板的容量比一般为 1∶1.1~1∶1.2,这样在正极充足电以后,负极仍未充足电,以防止氢在负极析出,若氢气大量析出是无法复合的。

(4) 电池集群的紧装配,采取集群预压缩技术,将装配压在 40~60kPa,以保证 AGM 隔板与正负极板表面能够良好接触,因为 VRLA 电池的电解液主要靠 AGM 隔板提供。

(5) 采用高纯度 Pb-Ca-Sn-Al 无锑板栅合金,因为 Pb-Ca 合金比 Pb-Sb 合金有更高的析氢过电位,从而能够降低因板栅腐蚀而析出氢气的可能性。

(6) 使用开闭阀压力稳定可靠的安全阀,通信用 VRLA 电池的标准要求开阀压 10~35kPa,闭阀压 3~15kPa,开闭阀压力较接近,可减少气体排放和水的损失。

(7) 采用恒压限流的充电方式,VRLA 电池对过充电较为敏感,过充电会加速电流的损坏,恒压限流充电可防止过充电和热失控。

电池自放电有如下几个原因:

(1) 正极活性物质与电解液的反应。

(2) 正极活性物质与板栅合金之间的反应。

(3) 正极活性物质与负极析出氢气的反应。

5.4.4 VRLA 电池的两大类技术——AGM 电池和胶体电池

应用同样的氧复合原理,采用不同的固定电解液技术和不同的氧复合通道技术,VRLA 电池可以分为两大类型,即 AGM 技术和 GEL 技术(胶体技术),故又称为 AGM 电池和胶体电池。这两类电池各有优劣,目前在电信、电力等市场上应用的仍以 AGM 电池为主。

1. AGM 技术

采用 AGM 技术的 VRLA 电池,AGM 隔板采用 U 形包覆法(也可采用 S 形包覆法)。采用 AGM 技术的 VRLA 电池的特点是内阻小,以超细玻璃棉隔板吸取电解液,使电池内没有电解液,AGM 隔板具有 93% 以上的孔隙率,而其中 10% 左右的孔隙作为由

正极析出的 O_2 到负极再复合的通道,以实现氧的循环,达到电池密封的目的。

2. GEL 技术(胶体技术)

胶体电池以德国阳光公司采用 GEL 技术生产的 OPZV 胶体电池为典型代表。胶体电池的特点是内阻较大,采用触变性 SiO_2 胶体吸收电解液,使电解液不流动,以胶体的微裂纹 O_2 的复合通道。胶体电池使用初期由于胶体未能形成大量微裂纹,氧的复合效率较低。

5.4.5 VRLA 蓄电池的技术特性

1. 电池的放电特性

蓄电池的放电容量与放电电流、终止电压及放电时的温度直接相关。总的来说,放电电流越小、终止电压越低、温度越高,电池放出的电量越大。电池的放电性能见图 5-5、图 5-6、图 5-7 以及表 5-2。

2. 电池的充电特性

VRLA 电池推荐使用温度为 25℃。在 25℃时,电池的实际放电容量可达额定容量的 100%~105%。

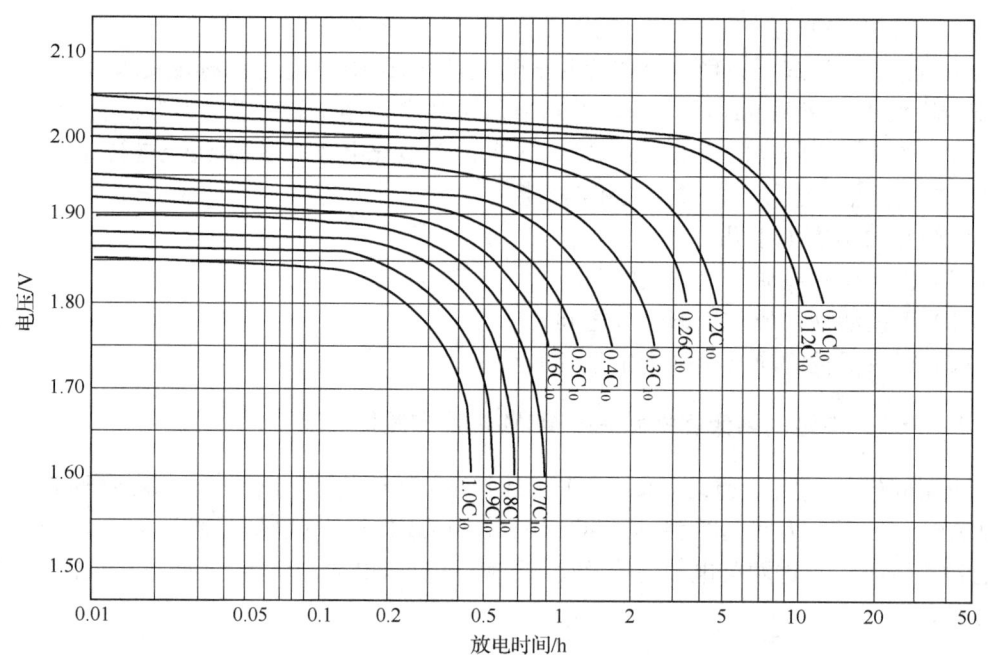

图 5-5　VRLA 蓄电池不同放电率下的典型放电特性曲线(25℃)

选择合适的浮充电压主要目的是为了使电池达到理想的使用寿命和额定容量,如果浮充电压过高,电池的浮充电流随之增大,引起板栅腐蚀速度加快,电池的使用寿命缩短;

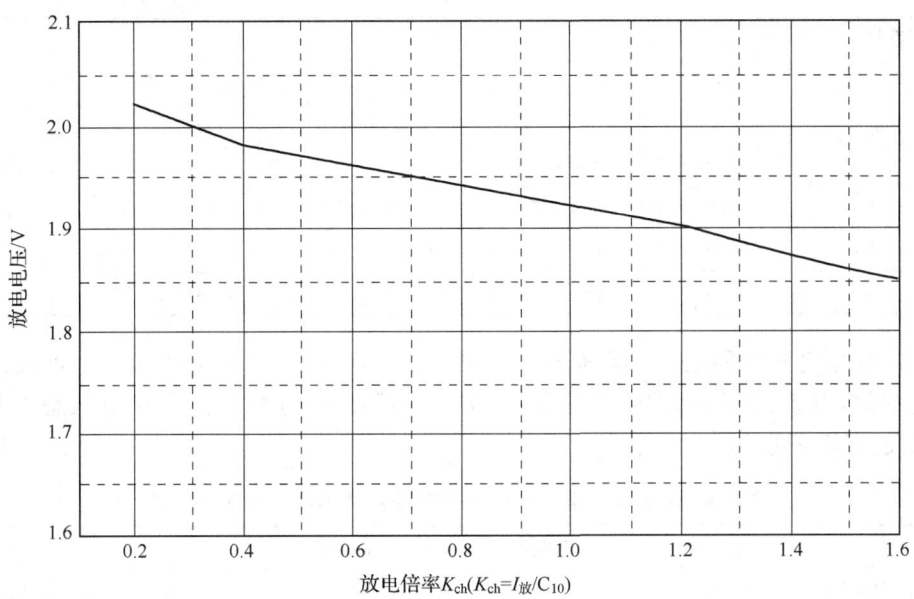

图 5-6　VRLA 蓄电池不同放电率下,放电 1min 时刻的电压特性曲线(25℃)

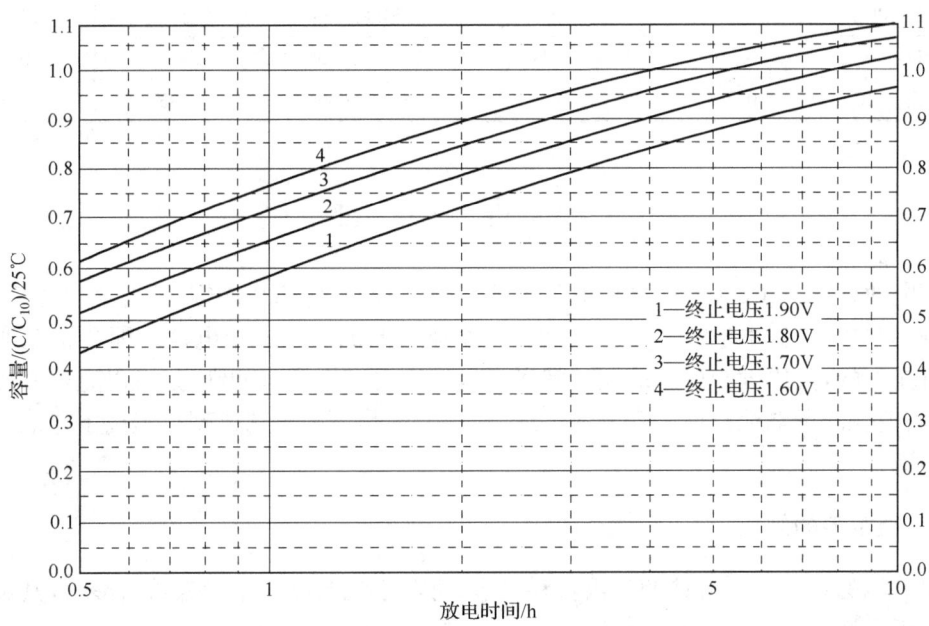

图 5-7　GFMD-C 系列 VRLA 蓄电池放电容量与时间的关系曲线(25℃)

浮充电压过低,电池不能维持在完全荷电状态,易导致不可逆硫酸盐化,容量降低,也会缩短电池的使用寿命。

表 5-2　GFMD-C 电池不同放电时率不同放电终止电压下，电池的容量换算表（25℃）

容量换算系数 $K_{ch}=I_{放}/C_{10}$ 终止电压/V	放电时间/min 5s	1	30	60	90	120	150	180	240	300	360	420	480
1.75	1.520	1.500	0.980	0.600	0.380	0.335	0.283	0.230	0.193	0.167	0.146	0.130	0.130
1.80	1.420	1.400	0.900	0.580	0.365	0.321	0.278	0.221	0.189	0.163	0.142	0.127	0.125
1.85	1.300	1.230	0.770	0.540	0.342	0.300	0.261	0.212	0.181	0.156	0.137	0.123	0.122
1.90	1.180	1.020	0.660	0.490	0.318	0.280	0.243	0.200	0.169	0.147	0.129	0.116	0.115

VRLA 电池的内阻是一个动态非线性参数，随电池温度、荷电状态和电池使用状态变化而变化，表 5-3 给出的内阻值是根据 DL/T637-1997 标准在完全充电状态下测得的数据以及计算得到的短路电流。

表 5-3　GFMD-C 系列 VRLA 蓄电池内阻和短路电流一览表

电池型号	内阻/mΩ	短路电流/A	电池型号	内阻/mΩ	短路电流/A
GFMD-100C	0.65	3050	GFMD-800C	0.223	11204
GFMD-200C	0.468	3900	GFMD-1000C	0.190	12305
GFMD-300C	0.387	5610	GFMD-1200C	0.155	14052
GFMD-400C	0.347	6406	GFMD-1500C	0.130	15788
GFMD-500C	0.303	8011	GFMD-2000C	0.102	19873
GFMD-600C	0.268	9657	GFMD-3000C	0.085	26653

5.5　锂 电 池

锂电池（lithium battery）是指电化学体系中含有锂（包括金属锂、锂合金和锂离子、锂聚合物）的电池。锂电池大致可分为两类：锂金属电池和锂离子电池。锂金属电池通常是不可充电的，且内含金属态的锂。锂离子电池不含有金属态的锂，是可以充电的。习惯上，人们把锂离子电池也称为锂电池，但这两种电池是不一样的。现在锂离子电池已经成为了主流。

5.5.1　锂电池的结构

锂电池的正极材料可选的正极材料很多，目前主流产品多采用锂铁磷酸盐，其负极材料多采用石墨。

锂电池负极材料大体分为以下六种。

第一种是碳负极材料，目前已经实际用于锂离子电池的负极材料基本上都是碳素材料，如人工石墨、天然石墨、中间相碳微球、石油焦、碳纤维、热解树脂碳等。

第二种是锡基负极材料，锡基负极材料可分为锡的氧化物和锡基复合氧化物两种。氧化物是指各种价态金属锡的氧化物，目前没有商业化产品。

第三种是含锂过渡金属氮化物负极材料,目前也没有商业化产品。

第四种是合金类负极材料,包括锡基合金、硅基合金、锗基合金、铝基合金、锑基合金、镁基合金和其他合金,目前也没有商业化产品。

第五种是纳米级负极材料,包括纳米碳管、纳米合金材料。

第六种纳米材料是纳米氧化物材料。诸多公司已经开始使用纳米氧化钛和纳米氧化硅添加在以前传统的石墨、锡氧化物、纳米碳管里面,极大提高锂电池的冲放电量和充放电次数。新的研究发现钛酸盐可能是更好的材料。

5.5.2 锂电池的工作原理

所谓锂离子电池是指分别用二个能可逆地嵌入与脱嵌锂离子的化合物作为正负极构成的二次电池。人们将这种靠锂离子在正负极之间的转移来完成电池充放电工作的独特机理的锂离子电池形象地称为"摇椅式电池",俗称"锂电"。

锂电池的工作过程如下:①电池充电时,锂离子从正极中脱嵌,在负极中嵌入,放电时反之。这需要一个电极在组装前处于嵌锂状态,一般选择相对锂而言电位大于 3V 且在空气中稳定的嵌锂过渡金属氧化物做正极,如 $LiCoO_2$、$LiNiO_2$、$LiMn_2O_4$、$LiFePO_4$;②为负极的材料选择电位尽可能接近锂电位的可嵌入锂化合物,如各种碳材料包括天然石墨、合成石墨、碳纤维、中间相小球碳素等和金属氧化物,包括 SnO、SnO_2、锡复合氧化物 $SnB_xP_yO_z$($x=0.4\sim0.6$,$y=0.6\sim0.4$,$z=(2+3x+5y)/2$)等。

以 $LiFePO_4$ 为例,正极反应时放电时锂离子嵌入,充电时锂离子脱嵌。充电时有 $LiFePO_4 \rightarrow Li^{1-x}FePO_4 + xLi^+ + xe^-$;放电时有 $Li^{1-x}FePO_4 + xLi^+ + xe^- \rightarrow LiFePO_4$。

负极反应时放电时锂离子脱插,充电时锂离子插入。充电时有 $xLi^+ + xe^- + 6C \rightarrow Li_xC_6$;放电时有 $Li_xC_6 \rightarrow xLi^+ + xe^- + 6C$。

5.5.3 锂电池的特点

锂电池有以下几方面的突出特点。

(1) 高能量密度。锂离子电池的重量是相同容量的镍镉或镍氢电池的一半,体积是镍镉的 20%~30%,镍氢的 35%~50%。

(2) 高电压。一个锂离子电池单体的工作电压为 3.7V(平均值),相当于三个串联的镍镉或镍氢电池。

(3) 无污染。锂离子电池不含有诸如镉、铅、汞之类的有害金属物质。

(4) 不含金属锂。锂离子电池不含金属锂,因而不受飞机运输关于禁止在客机携带锂电池等规定的限制。

(5) 循环寿命高。在正常条件下,锂离子电池的充放电周期可超过 500 次,磷酸亚铁锂(以下称磷铁)则可以达到 2000 次。

(6) 无记忆效应。记忆效应是指镍镉电池在充放电循环过程中,电池的容量减少的现象。锂离子电池不存在这种效应。

(7) 快速充电。使用额定电压为 4.2V 的恒流恒压充电器,可以使锂离子电池在 1.5~2.5h 内就充满电;而新开发的磷铁锂电,已经可以在 35min 内充满电。

5.5.4 锂电池的使用注意事项

(1) 锂电池的充电。根据锂电池的结构特性,最高充电终止电压应为 4.2V,不能过充,否则会因为正极的锂离子拿走太多而使电池报废。其充放电要求较高,可采用专用的恒流、恒压充电器进行充电。通常恒流充电至 4.2V/节后转入恒压充电,当恒压充电电流降至 100mA 以内时,应停止充电。充电电流=0.1~1.5 倍电池容量(如 1350mA·h 的电池,其充电电流可控制在 135~2025mA 之间)。常规充电电流可选择在 0.5 倍电池容量左右,充电时间约为 2~3h。

(2) 锂电池的放电。由于锂电池的内部结构所致,放电时锂离子不能全部移向正极,必须保留一部分锂离子在负极,以保证在下次充电时锂离子能够畅通地嵌入通道,否则,电池寿命就相应缩短。为了保证石墨层中放电后留有部分锂离子,要严格限制放电终止最低电压,也就是说锂电池不能过放电。放电终止电压通常为 3.0V/节,最低不能低于 2.5V/节。电池放电时间长短与电池容量、放电电流大小有关。电池放电时间(小时)=电池容量/放电电流。锂电池放电电流不应超过电池容量的 3 倍,如 1000mA·h 电池,则放电电流应严格控制在 3A 以内,否则会使电池损坏。

5.6 蓄电池的使用和维护

5.6.1 蓄电池与控制器的连接与安装蓄电池的注意事项

连接蓄电池时一定要注意按照控制器的使用说明书的要求连接,而且电压一定要符合要求。若蓄电池的电压低于要求值时,应将多块蓄电池串联起来,使它们的电压达到要求。安装蓄电池时应注意以下几点:

(1) 加完电解液的蓄电池应将加液孔盖拧紧,防止有杂质掉入电池内部。胶塞上的通气孔必须保持畅通。

(2) 各接线夹头和蓄电池极柱必须保持紧密接触。连接导线接好后,需在各连接点涂上一层薄凡士林油膜,以防接点锈蚀。

(3) 蓄电池应放在室内通风良好、不受阳光直射的地方,距离热源不得少于 2m,室内温度应经常保持在 10~25℃。

(4) 蓄电池与地面之间应采取绝缘措施,例如垫置木板或其他绝缘物,以免因电池与地面短路而放电。

(5) 放置蓄电池的位置应选择在离太阳能电池方阵较近的地方,连接导线应尽量缩短;导线线径不可太细,这样可以减少不必要的线路损耗。

(6) 酸性蓄电池和碱性蓄电池不允许安置在同一房间内。

5.6.2 充电注意事项

蓄电池使用过程中常常由于以下原因而造成电池亏电:

(1) 在太阳能资源较差的地方,由于太阳能电池方阵不能保证设备供电的要求而使蓄电池充电不足。

(2) 每年的冬季或连续几天无日照的情况下,用电设备照常使用而造成蓄电池亏电。

(3) 用电器的耗能匹配超过太阳能电池方阵的有效输出能量。

(4) 几块电池串联使用时,其中一块电池由于过载而导致整个电池组亏电。

(5) 长时间使用一块电池中的几个单格而导致整块电池亏电。

对于蓄电池是否亏电,可用以下方法进行判断:

(1) 观察到照明灯泡发红、电视图像缩小、控制器上电压表指示低于额定电压。

(2) 用电液比重计量得电液比重减小。蓄电池每放电 25%,比重降低 0.04。

(3) 用放电叉测量电流放电时的电压值,在 5s 内保持的电压值即为该单格电池在大负荷放电时的端电压。

蓄电池的充电注意事项有以下几点:

(1) 干荷式蓄电池加电解液后静置 20~30min 即可使用。若有充电设备,应先进行 4~5h 的补充充电,这样可充分发挥出蓄电池的工作效率。

(2) 无充电设备时,在开始工作后,4~5 天不要启动用电设备,用太阳能电池方阵对蓄电池进行初充电,待蓄电池冒出剧烈气泡时方可起用用电设备。

(3) 充电时若误把蓄电池的正、负极接反,如蓄电池尚未受到严重损坏,应立即将电极调换,并采用小电流对蓄电池充电,直至测得电液比重和电压均恢复正常后方可启用。

5.6.3 日常的维护

蓄电池日常维护工作的主要项目有:①清扫灰尘,保持室内清洁;②及时检修不合格的落后电池;③清除漏出的电解液;④定期给连接端子涂凡士林;⑤定期进行充电放电;⑥调整电解液液面高度和比重。

习 题

(1) 试述蓄电池的类型以及其优缺点。

(2) 各种蓄电池的主要用途是什么?

(3) 试述各种蓄电池的工作原理。

(4) 试述蓄电池的日常维护注意事项。

验证性实验项目

实验十四 太阳能电池组件和蓄电池的选择

一、实验目的

(1) 了解和掌握太阳能电池组件的原理及应用。

(2) 了解并掌握太阳能电池组件和蓄电池的选择方法。

二、预习内容

(1) 阅读教材中的太阳能组件和蓄电池的结构与基本原理。
(2) 了解太阳能电池的基本特性和主要技术参数。

三、实验原理

太阳能电池电源系统的储能装置主要是蓄电池。与太阳能电池方阵配套的蓄电池通常工作在浮充状态下,其电压随方阵发电量和负载用电量的变化而变化,它的容量比负载所需的电量大得多,其提供的能量还受环境温度的影响。为了与太阳能电池匹配,要求蓄电池工作寿命长且维护简单。

能够和太阳能电池配套使用的蓄电池种类很多,目前广泛采用的有铅酸免维护蓄电池、普通铅酸蓄电池和碱性镍镉蓄电池三种。国内目前主要使用铅酸免维护蓄电池,因为其固有的"免"维护特性及对环境较少污染的特点,很适合用于性能可靠的太阳能电源系统,特别是无人值守的工作站。普通铅酸蓄电池由于需要经常维护及其环境污染较大,所以主要适于有维护能力或低档场合使用。碱性镍镉蓄电池虽然有较好的低温、过充、过放性能,但由于其价格较高,仅适用于较为特殊的场合。

蓄电池的容量对保证连续供电是很重要的。在一年内,太阳能电池方阵发电量不同月份有很大差别。方阵的发电量在不能满足用电需要的月份,要靠蓄电池的电能给以补足;在超过用电需要的月份,需要靠蓄电池将多余的电能储存起来。因此方阵发电量的不足和过剩值是确定蓄电池容量的依据之一。同样,连续阴雨天期间的负载用电也必须从蓄电池取得,所以,这期间的耗电量也是确定蓄电池容量的因素之一。

因此,蓄电池的容量 BC 计算公式为

$$BC = A \times Q_L \times N_L \times T_O / C_C \tag{5-1}$$

式中,A 为安全系数,取 1.1~1.4 之间;Q_L 为负载日平均耗电量,其数值大小为工作电流乘以日工作小时数;N_L 为最长连续阴雨天数;T_O 为温度修正系数,一般在 0℃以上取 1,−10℃以上取 1.1,−10℃以下取 1.2;C_C 为蓄电池放电深度,一般铅酸蓄电池取 0.75,碱性镍镉蓄电池取 0.85。

四、实验仪器与器件

太阳能光伏发电系统实验实训装置。

五、实验内容与步骤

(1) 查询本地的日照系数(比如太阳的日照系数是 4.83)或有效日照时间。
(2) 确认负载的功率、输入电压,如 2 个 50W 的负载,输入电压 24V。
(3) 确认负载工作时间,如果每天工作 8h。
(4) 确认该太阳能组件系统在连续阴雨天时的工作天数,比如 3 天。
(5) 根据理论计算,所需太阳能电池组件的功率为(耗电总量/系统利用系数/有效日照时间)或者(负载功率×工作时间/损耗 0.9/日照系数)。

(6) 根据理论计算,所需蓄电池的容量(总电流×自持时间/余量系数)。

六、实验报告要求

(1) 写出具体的系统负载需求。
(2) 根据本地的光照情况,选择满足要求的太阳能组件和蓄电池容量。

七、思考题

(1) 为什么要考虑有效日照时间?
(2) 为什么要考虑连续阴雨天工作天数?

实验十五 太阳能蓄电池性能测试实验

一、实验目的

(1) 熟悉蓄电池充电电路,能够定量测试蓄电池充电电压、充电电流、欠压电压和充满电压。
(2) 熟悉蓄电池放电电路,能够定量测试蓄电池放电电压、放电电流和过放电压。
(3) 学会蓄电池的电量估测方法。

二、预习内容

(1) 阅读教材中的蓄电池原理工作,了解与蓄电池有关的性能参数。
(2) 熟悉实验电路。

三、实验原理

目前,国内大部分充电电源仍采用主充、均充、浮充三阶段充电法实现对蓄电池的充电。从放电状态到充电状态的自动转换,充电程序判断及停充控制等方面,掌握正确的控制方法,有利于提高蓄电池充电效率和使用寿命。

1. 蓄电池主充、均充、浮充各阶段的自动转换

充电各阶段的自动转换方法有:
(1) 时间控制,即预先设定各阶段充电时间,由时间继电器或 CPU 控制转换时刻;
(2) 设定转换点的充电电流或蓄电池端电压值,当实际电流或电压值达到设定值时,即自动转换;
(3) 采用积分电路在线监测蓄电池的容量,当容量达到一定值时,则发信号改变充电电流的大小。

综合这几种方法,时间控制比较简单,但这种方法缺乏来自蓄电池的实时信息,控制比较粗略;容量监控方法控制电路比较复杂,但控制精度较高。

2. 充电程度判断

在对蓄电池进行充电时,必须随时判断蓄电池的充电程度,以便控制充电电流的大小。判断充电程度的主要方法有以下几种。

(1) 观察蓄电池去极化后的端电压变化。一般来说,在充电初始阶段,电池端电压的变化率很小;在充电的中间阶段,电池端电压的变化率很大;在充电末期,端电压的变化率极小。因此,通过观测单位时间内端电压的变化情况,就可判断蓄电池所处的充电阶段。

(2) 检测蓄电池的实际容量值,并与其额定容量值进行比较,即可判断其充电程度。

(3) 检测蓄电池端电压判断。当蓄电池端电压与其额定值相差较大时,说明处于充电初期;当两者差值很小时,说明已接近充满。

3. 停充控制

当蓄电池充足电后,必须适时地切断充电电流,否则蓄电池将出现大量出气、失水和温升等过充反应,直接危及蓄电池的使用寿命。因此,必须随时监测蓄电池的充电状况,保证电池充足电而又不过充电。主要的停充控制方法有:

(1) 定时控制采用恒流充电法时,电池所需充电时间可根据电池容量和充电电流的大小很容易地确定,因此只要预先设定好充电时间,一旦时间一到,定时器即可发出信号停充或降为涓流充电。定时器可由时间继电器充当,或者由单片机承担其功能。这种方法简单,但充电时间不能根据电池充电前状态而自动调整,因此实际充电时,可能会出现有时欠充、有时过充的现象;

(2) 电池温度控制对 Cd-Ni 电池而言,正常充电时,蓄电池的温度变化并不明显,但是,当电池过充时,其内部气体压力将迅速增大,负极板上氧化反应使内部发热,温度迅速上升(每分钟可升高几个摄氏度)。因此,观察电池温度的变化,即可判断电池是否已经充满。通常采用两只热敏电阻分别检测电池温度和环境温度,当两者温差达到一定值时,即发出停充信号。由于热敏电阻动态响应速度较慢,有时不能及时准确地检测到电池的满充状态;

(3) 电池端电压负增量控制一般而言,当电池充足电后,其端电压将呈现下降趋势,据此可将电池电压出现负增长的时刻作为停充时刻。与温度控制法相比,这种方法响应速度快,此外,电压的负增量与电压的绝对值无关,因此这种停充控制方法可适应具有不同单格电池数的蓄电池组充电。此方法的缺点是一般的检测器灵敏度和可靠性不高,同时,当环境温度较高时,电池充足电后电压的减小并不明显,因而难以控制。

四、实验仪器与器件

太阳能光伏发电系统实验实训装置、光伏电池板、光伏控制器、可调稳压电源、蓄电池、导线。

五、实验内容与步骤

1. 蓄电池充电电压、充电电流、欠压电压和充满电压的测量

(1) 实验前要清楚蓄电池充电电路各个接线端子的位置,切不可将蓄电池正负极性接反或短路。按照图 5-8 连接好蓄电池充电电路的实验导线。

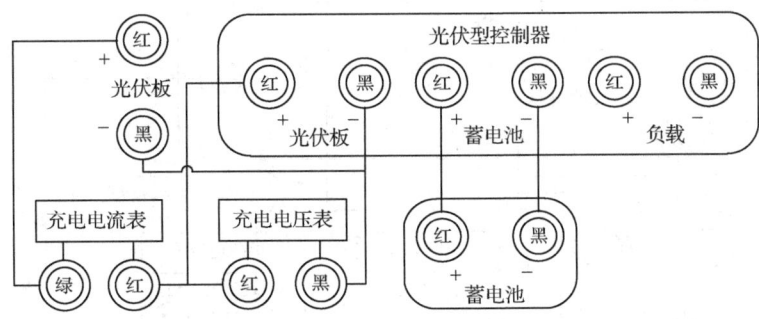

图 5-8 蓄电池充电接线图

(2) 先接光伏板 A，后并联上光伏板 B，再并联上光伏板 C，最后并联上光伏板 D。

(3) 将各次电池板的充电电流、充电电压等数据记录于表 5-4 中。

表 5-4 不同光伏板的充电电流和充电电压测量

光伏板	A	AB 并联	ABC 并联	ABCD 并联
充电电流/mA				
充电电压/V				

(4) 因蓄电池充电时间较长，考虑到实验时间，用可调稳压电源代替蓄电池来测量欠压电压和充满电压，其接线方式如图 5-9 所示，数据记录于表 5-5 中。

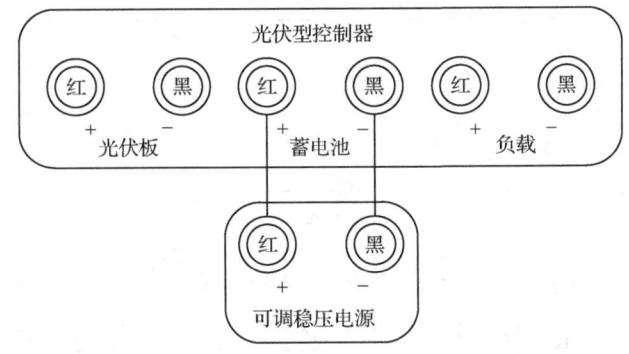

图 5-9 蓄电池充电接线图

表 5-5 欠压电流和充满电压测量

测量次数	1	2	3	4	5	6	7	8	充满电压的临界点
电压/V	1	3	5	7	9	11	13	15	
指示灯颜色									

2. 蓄电池放电电压、放电电流和过放电压的测量

(1) 按照图 5-10 蓄电池放电接线图按顺序连接好线路，其中蓄电池可用可调稳压电源代替。

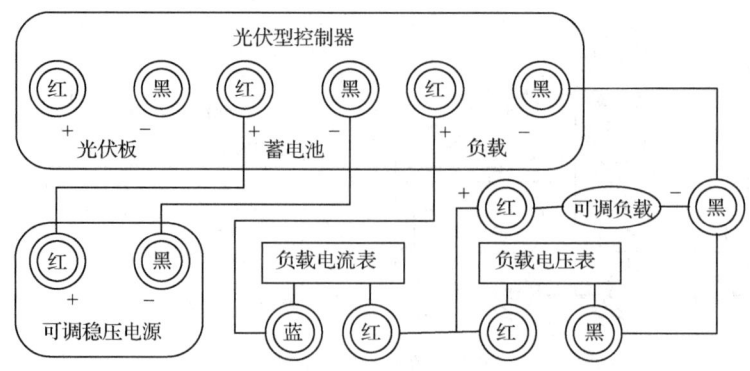

图 5-10 蓄电池放电接线图

(2) 改变直流负载电位器的大小,将各次蓄电池的放电电流表、放电电压表等数据记录于表 5-6 中。

表 5-6 蓄电池放电电流和放电电压测量

可调负载/Ω	100	200	300	400	500	600	700	800	900	1000	调节可调稳压电源至过放状态
电压/V											
电流/mA											
指示灯颜色											红色

3. 蓄电池电量估测

(1) 按照图 5-11 连接好实验导线。

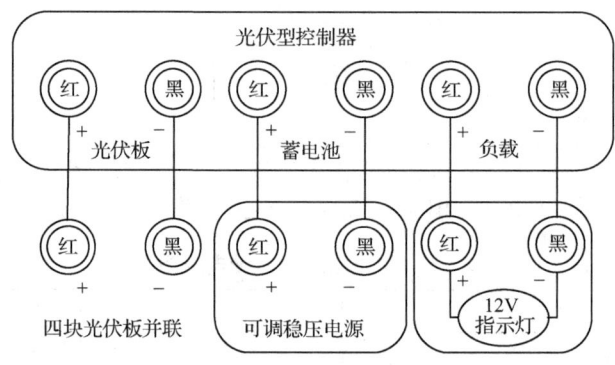

图 5-11 蓄电池电量估测接线图

(2) 缓慢调节稳压电源的电压调节旋钮,仔细观察控制器上蓄电池指示灯的颜色变化。

(3) 记录各种情况的电压范围并填入表 5-7 中,并分析太阳能过放保护电压范围。

表 5-7 蓄电池电量估计

指示灯颜色	红色(0~25%)	橙黄色(25%~50%)	绿色常亮(50%~75%)	绿色慢亮(75%~100%)
电压范围/V				

六、实验报告要求

（1）画出实验接线图。
（2）列表整理实验数据并进行数据分析。
（3）将实测数据与理论值进行比较，分析误差产生的原因。

七、思考题

（1）锂电池和铅酸蓄电充电和放电特性有何不同？
（2）蓄电池主充、均充、浮充各阶段电压和电流的异同？

第6章 控 制 器

一个完备的独立光伏发电应用系统,除了光伏电池、蓄电池、负载之外,光伏充放电控制器是不可缺少的。蓄电池尤其是铅酸蓄电池,在使用时频繁地过充电和过放电,都会影响蓄电池的使用寿命,而蓄电池组的使用寿命长短对太阳能光伏发电系统的寿命影响很大,延长蓄电池组的使用寿命关键在于对其充放电条件加以控制。光伏发电系统用一套控制系统对蓄电池组的充放电进行控制,使蓄电池组使用达到最佳状态,以延长蓄电池的使用寿命,这套系统即称为充放电控制器。本章主要介绍控制器的工作原理、功能、分类及其选用等内容。

6.1 控制器的基本工作原理

光伏充放电控制器通过监测蓄电池的状态,对蓄电池的充电电压、电流加以规定和控制,并按照需求控制光伏电池和蓄电池对负载电能的输出,是整个光伏系统的核心部分,它的控制性能直接影响蓄电池使用寿命和系统效率。控制器的控制电路根据具体的光伏系统的不同其复杂程度有所差异,但其基本原理是一样的。图6-1是一个最基本的充放电控制器的工作原理图。该系统由太阳能电池、控制电路、蓄电池和负载组成。开关K_1、K_2分别为充电开关和放电开关,它们都属于控制器电路的一部分。K_1、K_2的开合由控制电路根据系统充放电状态来决定,当蓄电池充满时断开充电开关K_1,使光伏电池停止向蓄电池供电。当蓄电池过放时断开放电开关K_2,蓄电池停止向负载供电。开关K_1、K_2是广义上的开关,它包括各种开关元件,如各种电子开关、机械式开关等。

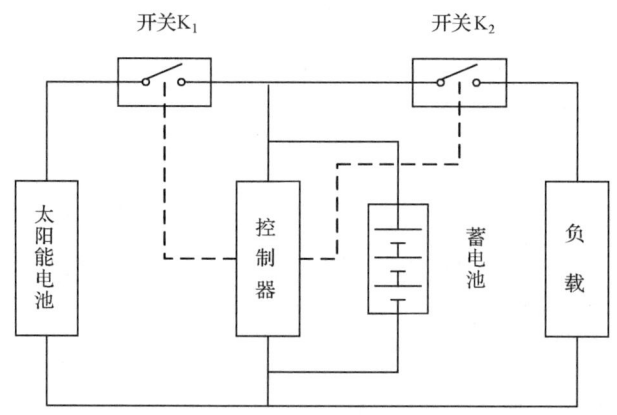

图6-1 充放电控制器的工作原理图

在独立光伏系统中,充放电控制器的基本作用是为蓄电池提供最合适的充电电压和电流,同时保护蓄电池,具有输入充满和容量不足时的断开及恢复充放电功能,以避免过充电和过放电现象的发生。

6.2 控制器的功能

光伏电池的功能除了提供给直流负载使用之外,还要通过控制器对蓄电池充电,即控制器一是要对蓄电池进行充放电保护;二是要提供稳定的直流电压给直流负载或逆变器使用。一般而言,控制器应具有以下六大功能。

(1) 断开和恢复功能:控制器应具有输入高压断开和恢复连接的功能。

(2) 欠压告警和恢复功能:当蓄电池电压降到欠压告警点时,控制器应能自动发出声光告警信号。

(3) 低压断开和恢复功能:这种功能可防止蓄电池过放电。通过一种继电器或电子开关连接负载,可在某给定低压点自动切断负载。当电压升到安全运行范围时,负载将自动重新接入或要求手动重新接入。有时采用低压报警代替自动切断。

(4) 保护功能:控制器具有负载短路保护电路、控制器内部短路保护电路等,还有夜间蓄电池通过太阳能电池组件反向放电保护电路,防止负载、太阳能电池组件或蓄电池极性反接的保护电路,以及在多雷区防止由于雷击引起的击穿保护电路。

(5) 温度补偿功能:当蓄电池温度低于25℃时,蓄电池应要求较高的充电电压,以便完成充电过程。相反,高于该温度蓄电池要求充电电压较低。通常铅酸蓄电池的温度补偿系数为$-(3\sim5)$mV/℃。

(6) 光伏发电系统的各种工作状态显示功能:该功能主要显示蓄电池电压、负载状态、电池方阵工作状态、辅助电源状态、环境温度状态、故障报警等。

6.3 控制器的分类

光伏发电系统充放电控制器一般来说可分为五种类型:并联型、串联型、脉宽调制型、多路控制型和最大功率跟踪型。其中按照开关器件在电路中的位置,可分为并联型控制器和串联型控制器;按照控制方式可分为普通开关控制型(含单路和多路开关控制)和PWM脉宽调制控制型(含最大功率跟踪控制器)。

6.3.1 并联型控制器

并联型控制器又称为旁路控制器,开关并联在太阳能光伏阵列和蓄电池之间。旁路控制器监控蓄电池电压,当蓄电池充满电时,把太阳能电池的输出分流到旁路电阻器或功率模块上,然后以热的形式消耗掉。当蓄电池电压回落到一定值时,再断开旁路恢复充电。因为这种方式消耗热能,所以一般用于小型的低功率系统,例如在12V、20A以内的系统。这类控制器很可靠,没有继电器之类的机械部件。旁路控制器设计简单,价格便宜,缺点是有限的负载操作能力和有通风要求。

并联型充放电控制器的电路原理图如图6-2所示,充电回路中的开关器件K_1并联在太阳能电池方阵的输出端,当蓄电池电压大于充满保护电压时,开关器件K_1导通,防反

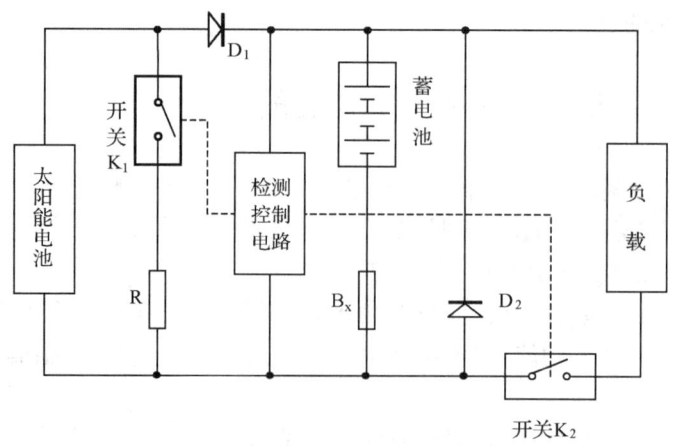

图 6-2　并联型充放电控制器的电路原理图

充二极管 D_1 截止,太阳能电池方阵的输出电流通过 K_1 泄放,不再对蓄电池进行充电,从而保证蓄电池不会出现过充电,起到过充电保护作用。

开关器件 K_2 为蓄电池放电开关,当负载电流大于额定电流出现过载或负载短路时,K_2 断开,起到输出过载保护和输出短路保护作用。当蓄电池电压低于过放电压时,K_2 也断开,进行过放电保护。

D_1 为防反充电二极管,只有当太阳能电池方阵输出电压大于蓄电池电压时,D_1 才能导通,反之 D_1 截止,从而保证夜晚或阴雨天气时不会出现蓄电池向太阳能电池方阵反向充电,起到防反向充电保护作用。

D_2 为防反接二极管,当蓄电池极性反接时,D_2 导通使蓄电池通过 D_2 短路放电,产生的大电流将熔断器 B_x 熔断,起到保护作用。

检测控制电路随时对蓄电池电压进行检测,当电压大于充满保护电压时,K_1 导通进行过充电保护;当电压小于过放电压时,K_2 关断进行过放电保护。

6.3.2　串联型控制器

串联型控制器开关串接在太阳能光伏阵列和蓄电池之间,利用机械继电器来控制充电过程。当蓄电池电压达到充电终止点电压时,串联控制器通过开关切断电流,防止蓄电池过充。当蓄电池达到充电恢复点低端电压时,控制器将太阳能光伏阵列和蓄电池接通,使充电过程近似恒压充电。串联控制器使用传感器来代替二极管通断电路,以防止夜间的"反向泄漏"。串联控制器体积小、价格便宜,较"并联控制器"具有更大的负载操作能力,一般用于较高功率系统,继电器的容量决定充电控制器的功率等级,通常也不要求特殊的通风,其缺点是由于功率晶体管存在着管压降,当充电电压较低时会带来较大的能量损失。

串联型充放电控制器的电路原理图如图 6-3 所示,串联型充放电控制器和并联型充放电控制器的区别在于开关器件 K_1 在电路中的位置不同。并联型 K_1 并联在太阳能电池方阵的输出端,串联型 K_1 串联在充电回路中。当蓄电池电压大于充满保护电压时,开

关器件 K_1 关断,使太阳能电池不再对蓄电池进行充电,起到过充电保护作用。

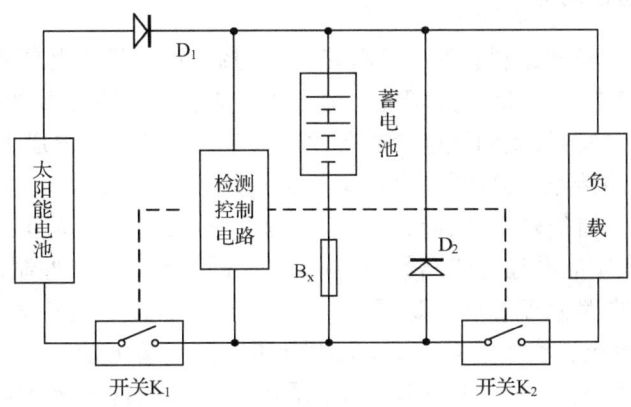

图 6-3　串联型充放电控制器的电路原理图

6.3.3　脉宽调制型控制器

脉宽调制型控制器以 PWM 脉冲方式开关光伏阵列的输入,其原理图如图 6-4 所示。当蓄电池趋向充满时,随着其端电压的升高,PWM 电路输出脉冲的频率和时间都发生变化,脉冲宽度变窄,充电电流减小。当蓄电池电压由充满点向下降时,脉冲宽度变宽,充电电流又会逐渐增大,符合蓄电池对于充放电的要求。脉宽调制型控制器的开关器件,可以串联在太阳能电池方阵和蓄电池之间,也可以与太阳能电池方阵并联,形成旁路控制。

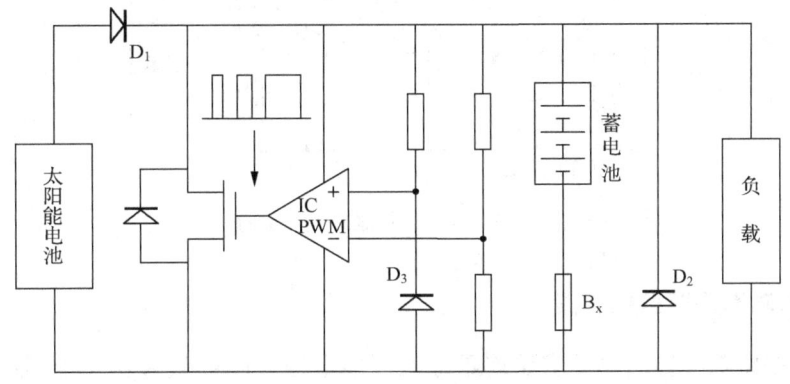

图 6-4　脉宽调制型控制器的电路原理图

与串、并联充放控制器相比,脉宽调制型充放电控制方式没有固定的过充和过放电压点,但是电路会控制当蓄电池端电压达到过充电控制点附近时,其充电电流趋近于零,其平均充电电流的瞬时变化更符合蓄电池当前的充电状况。按照美国桑地亚国家实验室的研究,这种充电过程形成较完整的充电状态,它能增加光伏系统中蓄电池的总循环寿命。脉宽调制型控制器还可以实现光伏系统的最大功率跟踪功能,因此可作为大功率控制器用于大型光伏发电系统中。脉宽调制控制电路的缺点是控制器自身工作有 4%~8% 的功率损耗。

6.3.4 多路控制型控制器

简单串联型和并联型控制器都属于单路开关控制,而对于千瓦级以上的大型光伏电站,普遍采用多路控制技术,即将太阳能电池方阵分成多个支路对蓄电池充电。当蓄电池接近充满时,通过控制器将太阳能电池方阵逐步断开。当蓄电池电压下降时,控制器又将太阳能电池方阵逐路接通,实现对蓄电池组充电电压和电流的调节。这种控制方式可以近似达到 PWM 控制器的效果,路数越多,增幅越小,越接近线性调节。但路数越多,成本也越高,因此确定太阳能电池方阵路数时,需综合考虑控制效果和控制器的成本。

多路控制器的电路原理如图 6-5 所示。$D_1 \sim D_n$ 至是各个支路的防反充二极管,A_1 和 A_2 分别是充电电流表和放电电流表,V 为电压表测量蓄电池电压。当蓄电池充满电时控制电路将控制机械或电子开关 $K_1 \sim K_n$ 顺序断开太阳能电池方阵各支路 $L_1 \sim L_n$。当第 1 路 L_1 断开后,如果蓄电池电压已经低于设定值,则控制电路等待;直到蓄电池电压再次上升到设定值,再断开第 2 路 L_2,然后再等待。如果蓄电池电压不再上升到设定值,则其他支路保持接通充电状态。当蓄电池电压低于恢复点电压时,被断开的太阳能电池方阵支路依次顺序接通,直到天黑之前全部接通。

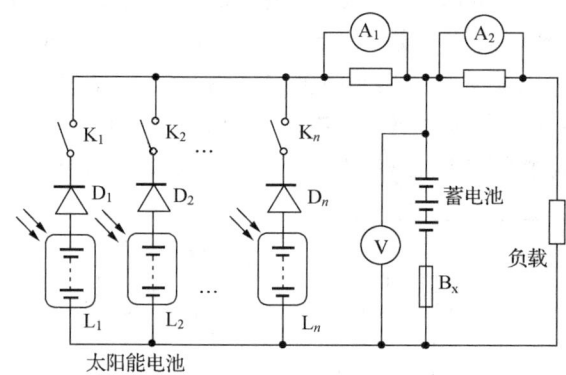

图 6-5 多路控制器的电路原理

6.3.5 最大功率跟踪型控制器

最大功率跟踪型控制器要求始终跟踪太阳能电池方阵的最大功率点,控制电路将太阳能电池的电压和电流检测后相乘得到功率,然后判断太阳能电池方阵此时的输出功率是否达到最大。若不在最大功率点运行,则调整脉宽,调制输出占空比,改变充电电流,再次进行实时采样,并作出是否改变占空比的判断。通过这样寻优过程可保证太阳能电池始终运行在最大功率点,以充分利用太阳能电池方阵的输出能量。最大功率跟踪型控制器的作用就是通过直流变换电路和寻优跟踪程序,不管太阳辐照度、温度和负载特性如何变化,始终使太阳能电池方阵工作在最大功率点附近,充分发挥太阳能电池方阵的效能,这种方法称为最大功率点跟踪(maximum power point tracking,MPPT)。同时采用 PWM 调制方式,使充电电流成为脉冲电流,以减少蓄电池的极化,提高充电效率。最大功率跟踪系统多用于没有蓄电池的光伏水泵系统和并网光伏发电系统。

从图 6-6 可以看出，太阳能电池组件的最大功率点随太阳辐照度的变化呈一条垂直线，即保持在同一电压水平上。因此提出采用恒压控制（constant voltage tracking，CVT）来代替 MPPT，这种方法只需要保持太阳能电池方阵的恒压输出即可，大大简化了控制系统。由于太阳能电池方阵工作在阳光下，太阳辐照度的变化远大于结温的变化，采用 CVT 代替 MPPT 在大多数情况下是适用的。而对于环境温度变化较大的场合，CVT 控制就很难保证太阳能电池方阵工作在最大功率点附近，会产生很大的误差。为了简化控制方案，又能兼顾温度对太阳能电池组件电压的影响，可以采用改进 CVT 法，即仍然采用恒压控制，但增加温度补偿，在恒压控制的同时监视太阳能电池组件的结温，对于不同的结温，调整到相应的恒压控制点即可。

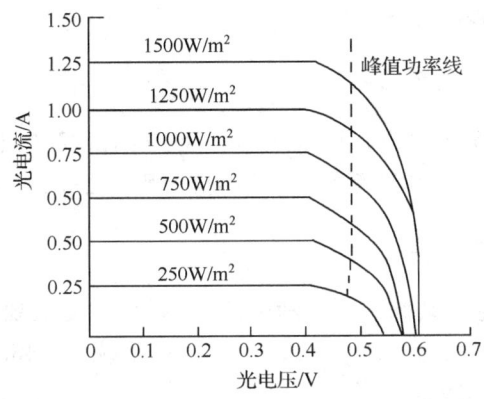

图 6-6　辐照度对光电流、光电压和组件峰值功率的影响

MPPT 控制器要求始终跟踪太阳能电池仿真的最大功率点，需要控制电路同时采样太阳能电池方阵的电压和电流，并通过乘法器计算功率，然后通过寻优和调整，使太阳能电池方阵工作在最大功率点附近。MPPT 的寻优办法很多，如扰动观察法、导纳增量法、间隙扫描法、模糊控制法等。

6.4　光伏控制器的选用

6.4.1　光伏控制器的主要技术参数

GB/T 19064-2003 对控制器的主要技术指标有具体要求：控制器的损耗要小，规定控制器最大自身耗电不应超过其额定充电电流的 1%；规定控制器充电或放电的电压降不应超过系统额定电压的 5%。光伏控制器的主要技术参数如下。

1. 额定电压

系统电压又称额定工作电压，指光伏系统的直流工作电压，电压一般为 12V、24V、48V、110V、220V 等。

2. 最大充电电流

最大充电电流是指太阳能电池组件或仿真输出的最大电流，根据功率大小可分为 5A、6A、8A、10A、12A、15A、20A、30A、40A……250A、300A 等多种规格。有些厂家用最大功率来表示，间接表明最大充电电流这一技术参数。

3. 蓄电池过充电保护电压

蓄电池过充保护电压也叫充满断开电压或过压关断电压，一般根据需要及蓄电池类型的不同来设定，14.1～14.5V(12V 系统)、28.2～29V(24V 系统)和 56.4～58V(48V 系统)。典型值分别为 14.4V、28.8V、57.6V。

4. 蓄电池充电保护恢复充电电压

蓄电池充电保护恢复充电电压一般设为 13.1～13.4V(12V 系统)、26.2～26.8V(24V 系统)和 52.4～53.6V(48V 系统)。典型值分别为 13.2V、26.4V 和 52.8V。

5. 蓄电池过放电保护电压

蓄电池过放电保护电压又称欠压关断电压，一般也根据需要及蓄电池类型的不同来设定，10.8～11.4V(12V 系统)、21.6～22.8V(24V 系统)和 43.2～45.6V(48V 系统)。典型值分别为 11.1V、22.2V、44.4V。

6. 蓄电池过放恢复放电电压

蓄电池过放恢复放电电压一般设为 12.1～12.6V(12V 系统)、24.2～25.2V(24V 系统)和 48.4～50.4V(48V 系统)。典型值分别为 12.4V、24.8V 和 49.6V。

7. 蓄电池充电浮充电压

蓄电池充电浮充电压一般为 13.7V(12V 系统)、27.4V(24V 系统)和 54.8V(48V 系统)。

8. 电路自身损耗

控制器电路自身损耗也叫空载损耗或最大自消耗电流。为了降低控制器的损耗，提高光伏电源的使用效率，控制器的电路自身损耗要尽可能低。控制器的最大自身损耗不得超过其额定充电电流的 1%，根据电路不同，自身损耗一般为 5～20mA。

9. 太阳能电池方阵输入路数

小功率光伏控制器一般都是单路输入，而大功率光伏控制器都是由太阳能电池方阵多路输入，一般可输入 6 路，最多可接入 12 路、18 路。

10. 工作环境温度

控制器的使用或工作环境温度一般在 $-20 \sim +50$℃。

11. 温度补偿

控制器一般都具有温度补偿功能，以适应不同的工作环境温度。控制器的温度补偿系数应满足蓄电池的技术要求，其温度补偿值一般为 $-2 \sim 4 \text{mV}/$℃。

12. 其他保护功能

控制器一般还具有防反充保护功能、极性反接保护功能、短路保护功能、防雷击保护和耐冲击电压和冲击电流保护功能等。

6.4.2 光伏控制器的主要性能特点

1. 小功率光伏控制器

小功率光伏控制器有以下几方面的特点。

(1) 目前小功率光伏控制器大部分都采用低损耗、长寿命的 MOSFET 场效应管等电子开关元件作为控制器的主要开关器件。

(2) 运用 PWM 控制技术对蓄电池进行快速充电和浮充充电，使太阳能发电能量得以充分利用。

(3) 具有单路、双路负载输出和多种工作模式。其主要工作模式有：普通开/关工作模式（即不受光控和时控的工作模式）、光控开/时控关工作模式。双路负载控制器关闭的时间长短可分别设置。

(4) 具有多种保护功能，包括蓄电池和太阳能电池接反、蓄电池开路、蓄电池过充电和过放电、负载过压、夜间防反充电、控制器温度过高等保护功能。

(5) 用 LED 指示灯对工作状态、充电状况、蓄电池电量等进行显示，并通过 LED 指示灯颜色的变化显示系统工作状况和蓄电池的剩余电量等的变化。

(6) 具有温度补偿功能。其作用是在不同的工作环境温度下，能够对蓄电池设置更为合理的充电电压，防止过充电和欠充电状态而造成电池充放电容量过早下降甚至过早报废。

2. 中功率光伏控制器

一般把额定负载电流大于 15A 的控制器划分为中功率控制器。其主要性能特点有以下几点。

(1) 采用 LCD 液晶屏显示工作状态和充放电等各种重要信息，如电池电压、充电电流和放电电流、工作模式、系统参数、系统状态等。

(2) 具有自动/手动/夜间功能，可以编制程序设定负载的控制方式为自动或手动方式。手动方式时,负载可手动开启或关闭。当选择夜间功能时,控制器在白天关闭负载;检测到夜晚时,延迟一段时间后自动开启负载,定时时间到,又自动地关闭负载,延迟时间和定时时间可编程设定。

(3) 具有蓄电池过充电、过放电、输出过载、过压、温度过高等多种保护功能。

(4) 具有浮充电压温度补偿功能。

(5) 具有快速充电功能,当电池电压达到理想值时,快速充电功能自动开始,控制器将提高电池的充电电压,当电池电压达到理想值时,开始快速充电倒计时程序,定时时间到后,进入快速充电状态,以达到充分利用太阳能的目的。

(6) 中功率光伏控制器同样具有普通充放电工作模式(即不受光控和时控的工作模式)、光控开/光控关工作模式、光控开/时近关工作模式等。

3. 大功率光伏控制器

大功率光伏控制器采用微电脑芯片控制系统,具有下列性能特点。

(1) 大功率光伏控制器具有 LCD 液晶点阵模块显示,可根据不同的场合通过编程任意设定、调整充放电参数及温度补偿系统,具有中文操作菜单,方便用户调整。

(2) 大功率光伏控制器可以适应不同场合的特殊要求,可以避免各路充电开关同时开启和判断时引起的振荡。

(3) 大功率光伏控制器可以通过 LED 指示灯显示各路光伏充电状况和负载通断状况。

(4) 大功率光伏控制器有 1~18 路太阳能电池输入控制电路,控制电路与主电路完全隔离,具有极高的抗干扰能力。

(5) 大功率光伏控制器具有电量累计功能,可实时显示蓄电池电压、负载电流、充电电流、光伏电流、蓄电池温度、累计光伏发电量($A \cdot h$ 或 $W \cdot h$)、累计负载用电量($W \cdot h$)等参数。

(6) 大功率光伏控制器具有历史数据统计显示功能,如过充电次数、过放电次数、短路次数等。

(7) 用户可以分别设置蓄电池过充电保护和过放电保护时负载的通断状态。

(8) 大功率光伏控制器各路充电电压检测具有"回差"控制功能,可以防止开关器件进入振荡状态。

(9) 大功率光伏控制器具有蓄电池过充电、过放电、输出过载、短路、浪涌、太阳能电池接反或短路、蓄电池接反、夜间防反充等一系列报警和保护功能。

(10) 大功率光伏控制器可以根据系统要求,提供发电机或备用电源启动电路所需的无源干节点。

(11) 大功率光伏控制器配接有 RS232/485 接口,便于远程遥控。PC 监控软件可以测实时数据、报警信息显示、修改控制参数,读取 30 天的每天蓄电池最高电压、蓄电池最低电压、每天光伏发电量累计和每天负载用电量累计等历史数据。

(12) 大功率光伏控制器参数设置具有密码保护功能且用户可以修改密码。

(13) 大功率光伏控制器工作模式可以分为普通充放电工作模式(阶梯型逐级限流模式)和一点式充放电模式(PWM 工作模式)选择设定。其中一点式充放电模式分 4 个充电阶段,控制更精确,更好地保护蓄电池不被过充电,对太阳能进行充分利用。

(14) 大功率光伏控制器具有不掉电实时时钟功能,可以显示和设置时钟。

(15) 大功率光伏控制器具有雷电防护功能和温度补偿功能。

6.4.3 光伏控制器的配置选型

光伏控制器的配置选型要根据整个系统的各项技术指标并参考厂家提供的产品样本手册来确定,一般要考虑下列几项技术指标。

1. 系统工作电压

系统工作电压指太阳能发电系统中蓄电池组的工作电压,这个电压要根据直流负载的工作电压或交流逆变器的配置选型确定,一般有 12V、24V、48V、110V 和 220V 等。

2. 光伏控制器的额定输入电流和输入路数

光伏控制器的额定输入电流取决于太阳能电池组件或方阵的输入电流,选型时光伏控制器的额定输入电流应等于或大于太阳能电池的输入电流。

光伏控制器的输入路数要多于或等于太阳能电池方阵的设计输入路数。小功率控制器一般只有一路太阳能电池方阵输入,大功率光伏控制器通常采用多路输入,每路输入的最大电流等于额定输入电流/输入路数,因此,各路电池方阵的输出电流应小于或等于光伏控制器每路允许输入的最大电流值。

3. 光伏控制器的额定负载电流

额定负载电流也就是光伏控制器输出到直流负载或逆变器的直流输出电流,该数据要满足负载或逆变器的输入要求。

除上述主要技术数据要满足设计要求以外,使用环境温度、海拔高度、防护等级和外形尺寸等参数以及生产厂家和品牌也是控制器配置选型时需考虑的因素。

习 题

(1) 简述光伏控制器的控制原理。
(2) 简要说明并联型充放电控制器的电路原理。
(3) 简要说明串联型充放电控制器的电路原理。
(4) 充放电控制器的主要技术参数有哪些?

验证性实验项目

实验十六 太阳能电池控制器工作原理实验

一、实验目的

（1）掌握太阳能控制器的工作原理。

（2）定量测试太阳能控制器充电控制电压与电流关系，了解太阳能控制器充电控制电压范围。

（3）熟悉太阳能控制器的四种输出模式（通用开关输出模式、光控开关输出模式、光控+时控输出模式、调试输出模式）。

二、预习内容

（1）阅读教材中的控制器的工作原理，了解太阳能控制器在太阳能系统中的作用。

（2）了解太阳能控制器的输出模式以及与蓄电池充电的关系。

三、实验原理

太阳能电池控制器为太阳能直流供电系统、太阳能直流路灯系统设计，并使用了专用电脑芯片的智能化控制器，采用一键式轻触开关，完成所有操作及设置，具有短路、过载、独特的防反接保护，充满、过放自动关断、恢复等全功能保护措施，还有详细的充电指示、蓄电池状态、负载及各种故障指示。通过电脑芯片对蓄电池的端电压、放电电流、环境温度等涉及蓄电池容量的参数进行采样，通过专用控制模型计算，实现符合蓄电池特性的放电率、温度补偿修正的高效、高准确率控制，并采用了高效 PWM 蓄电池的充电模式，保证蓄电池工作在最佳的状态，大大延长蓄电池的使用寿命。控制器具有多种工作模式、输出模式选择，太阳能电池控制器面板如图 6-7 所示。

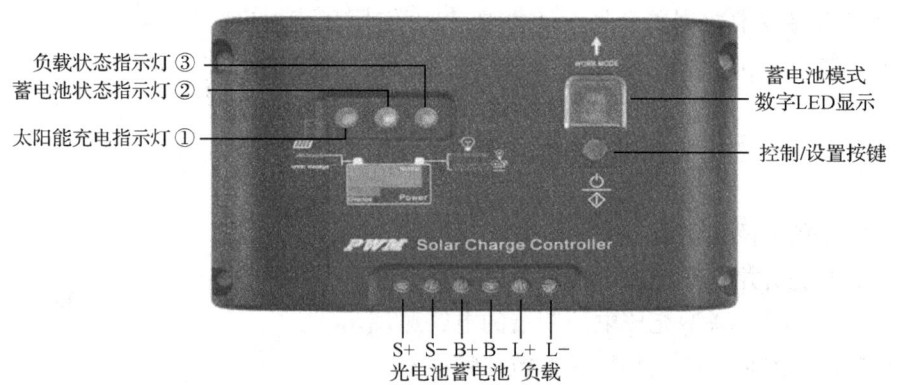

图 6-7 太阳能电池控制器面板

（1）充电及超压指示。当系统连接正常，且有阳光照射到光电池板时，充电指示灯①

为绿色常亮,表示系统充电电路正常;当充电指示灯①出现绿色快速闪烁时,说明系统过电压;充电过程使用了 PWM 方式,如果发生过放动作,充电先要达到提升充电电压,并保持 10min,而后降到直充电压,保持 10min,以激活蓄电池,避免硫化结晶,最后降到浮充电压,并保持浮充电压。如果没有发生过放,将不会有提升充电方式,以防蓄电池失水。这些自动控制过程将使蓄电池达到最佳充电效果并保证或延长其使用寿命。

(2) 蓄电池状态指示。蓄电池电压在正常范围时,状态指示灯②为绿色常亮;充满后状态指示灯为绿色慢闪;当电池电压降低到欠压时状态指示灯变成橙黄色;当蓄电池电压继续降低到过放电压时,状态指示灯②变为红色,此时控制器将自动关闭输出,提醒用户及时补充电能。当电池电压恢复到正常工作范围内时,将自动输出开通动作,状态指示灯②变为绿色;

(3) 负载指示。当负载开通时,负载指示灯③常亮。如果负载电流超过了控制器 1.25 倍的额定电流 60s 时,或负载电流超过了控制器 1.5 倍的额定电流 5s 时,指示灯③为红色慢闪,表示过载,控制器将关闭输出。当负载或负载侧出现短路故障时,控制器将立即关闭输出,指示灯③快闪。出现上述现象时,用户应当仔细检查负载连接情况,断开有故障的负载后,按一次按键,30s 后恢复正常工作,或等到第二天可以正常工作。

四、实验仪器与器件

太阳能光伏发电系统实验实训装置、光伏电池板、光伏控制器、可调稳压电源、蓄电池、导线。

五、实验内容与步骤

1. 太阳能蓄电池充电控制测试

(1) 实验前要清楚控制器电路各个接线端子的位置,切不可将控制器和蓄电池正负极性接反或短路。按照图 6-8 连接好蓄电池充电控制电路的实验导线。

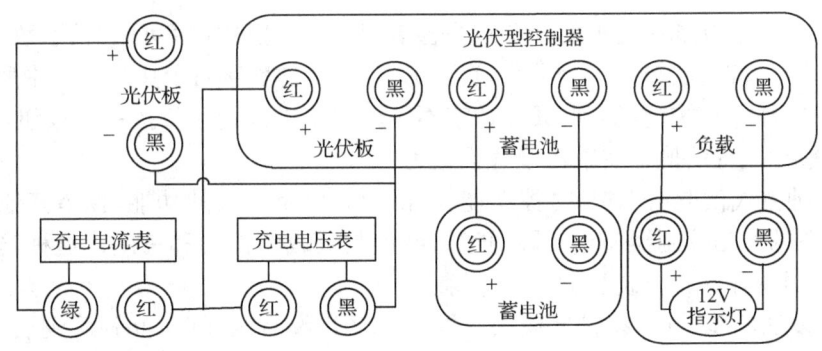

图 6-8 蓄电池充电控制接线图

(2) 先接光伏板 A,后并联上光伏板 B,在并连上光伏板 C,最后并联上光伏板 D。

(3) 光伏电池输出的电压经过电流、电压表送入控制器的输入端,给蓄电池进行涓流充电,等到蓄电池逐渐充满,充电电流缓慢减少。直到蓄电池完全充满,电流为 0。

(4) 间隔 5min 记录一次充电电流和充电电压的数值,将控制器的充电电流、充电电压等数据记录于表 6-1 中。

表 6-1　太阳能蓄电池充电控制测试

间隔时间/min	0	5	10	15	20	25	30	35
充电电流/mA								
充电电压/V								

(5) 根据表 6-1 数据,请进行充电分析。

(6) 减少光伏板的数量,重复实验步骤(3)和(4),分别测试此时的控制器的工作特性,分别将充电电流和充电电压记录表 6-1 中,并进行充电分析。

2. 太阳能控制器的四种输出模式测试

(1) 按照图 6-9 蓄电池放电接线图进行按顺序连接好线路,其中蓄电池可用可调稳压电源代替。

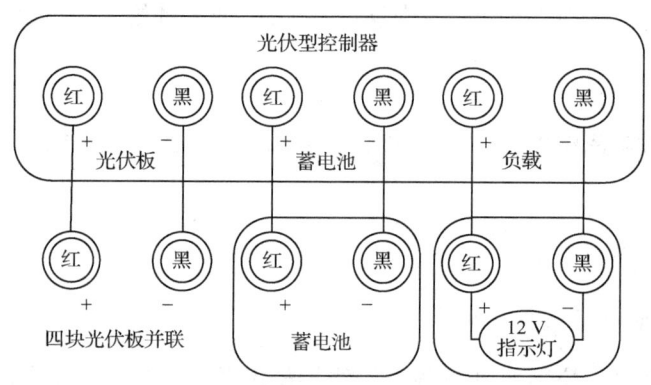

图 6-9　太阳能控制器的四种输出模式测试原理图

(2) 按一下控制器右上角的开关设置按钮持续 5s,模式(MODE)显示数字 LED 闪烁,松开按钮,每按一次转换一个数字,直到 LED 显示的数字对上用户从表中所选用的模式对应的数字即停止按键,等到 LED 数字不闪烁即完成设置。每按一次按钮,LED 数字点亮,可观察到设置的值。将输出模式设置为"6"。

(3) 此种方式仅取消光控、时控功能、输出延时以及相关的功能,保留其他的所有功能,作为一般的通用控制器使用。即通过按键控制负载的输出和关闭。这种输出方式即为控制器的通用开、关输出模式。

(4) 重复实验步骤(2)将输出模式设置为"0",当没有阳光时,光强降到启动点,控制器延时 10min 确认启动信号后,开通负载,负载开始工作;当有阳光时,光强升到启动点,控制器延时 10min 确认关闭输出信号后关闭输出,负载停止工作。这种输出方式即为控制器的光控开、关输出模式。

(5) 重复实验步骤(2),将输出模式设置为"1—9,0—5"中的任何一种,延时时间见表 6-2。当没有阳光时,光强降到启动点,控制器延时 10min 确认启动信号后,开通负载,负载开始工作；当负载工作到设定的时间后，控制器确认关闭输出信号后关闭输出，负载停止工作。这种输出方式即为控制器的光控＋时控输出模式。

表 6-2 工作模式设置表

LED 显示	工作模式	LED 显示	工作模式	LED 显示	工作模式
0	光控开＋光控关	6	光控开＋6h 延时关	2	光控开＋12h 延时关
1	光控开＋1h 延时关	7	光控开＋7h 延时关	3	光控开＋13h 延时关
2	光控开＋2h 延时关	8	光控开＋8h 延时关	4	光控开＋14h 延时关
3	光控开＋3h 延时关	9	光控开＋9h 延时关	5	光控开＋15h 延时关
4	光控开＋4h 延时关	0	光控开＋10h 延时关	6	通用控制方式
5	光控开＋5h 延时关	1	光控开＋11h 延时关	7	调试模式

注：当选择 LED 数码带小数点模式时，数码管的小数点长亮，对控制器的整体性能没有影响，只作区分用。

(6) 将输出模式设置为"7"。用于系统调试使用，与纯光控模式相同，只取消了判断光信号控制输出的 10min 延时，保留其他所有功能。无光信号即接通负载，有光信号即关断负载，方便安装调试时检查系统安装的正确性。这种输出方式即为控制器的调试输出模式。

六、实验报告要求

(1) 画出实验接线图。
(2) 在坐标纸上画出太阳能控制器充电电流和充电电压随时间变化的关系曲线，分析充电特性。
(3) 将实测数据与理论值进行比较，分析误差产生的原因。

七、思考题

(1) 影响控制器对蓄电池充电效果的因素有哪些？
(2) 太阳能控制器通用开关输出模式、光控开关输出模式、光控＋时控输出模式、调试输出模式分别在哪些场合使用？

实验十七 太阳能电池控制器充放电保护实验

一、实验目的

(1) 掌握太阳能控制器充电过压电压测试的方法。
(2) 了解太阳能控制器充电保护和放电保护功能。
(3) 了解太阳能控制器负载过载保护和负载短路保护功能。

二、预习内容

(1) 阅读教材中的蓄电池和控制器的工作原理。
(2) 调研蓄电池充电过压、充放电保护、负载过载保护和负载短路等知识。

三、实验原理

由于太阳能电池功率设计时,要考虑该地区的气候条件,在考虑全年光照的同时,又要顾及阴天,雨雪天时间等,不得不留有充分的余量,一般要设计成用电设备功耗的十倍左右。这样,太阳能电池运行过程中,如遇到连续晴天,光照较强,而用电设备功耗不变,太阳能电池向蓄电池的充电形成过充电,致使蓄电池电解液中的气体携带电解液溢出,时间一长,将损坏蓄电池或缩短其寿命。在连续的阴雨季节,太阳能电池则不能向蓄电池充电,设备功耗只靠蓄电池贮存电能供给,如果阴雨时间过长(这是在设计时很难预料的),蓄电池也会因过放电而损坏。为了解决太阳能电池过充电和蓄电池过放电的问题,必须为太阳能电池设计保护电路。

四、实验仪器与器件

太阳能光伏发电系统实验实训装置、光伏电池板、光伏控制器、可调稳压电源、蓄电池、导线、自备负载。

五、实验内容与步骤

1. 控制器充电过压电压测试

(1) 按照控制器充电过压电压测试原理图 6-10 连接好实验导线。

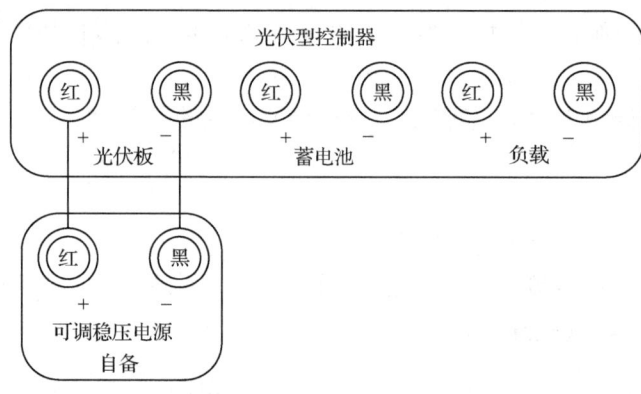

图 6-10 控制器充电过压电压测试

(2) 缓慢调节稳压电源上的电压调节旋钮,仔细观察控制器上最左边的电池板指示灯亮灭变化和点亮后的颜色变化。

(3) 记录各种情况的电压范围并填入表 6-3 中,分析控制器正常充电电压和过压保护电压范围。

表 6-3 控制器充电过压电压测试数据表

指示灯状态	不亮	绿色常亮	绿色快闪
电压范围/V			

2. 控制器充电保护

(1) 按照控制器充电保护原理图 6-11 连接好实验导线。

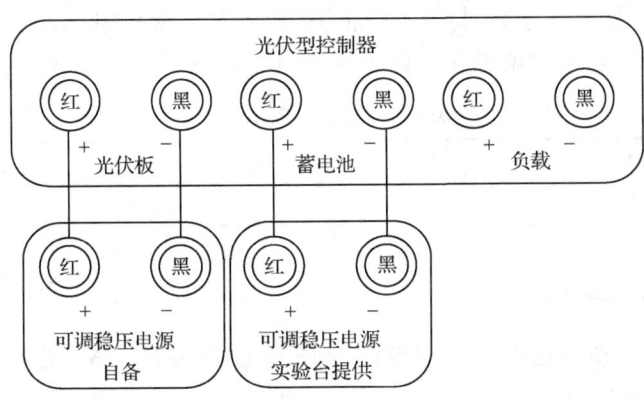

图 6-11　控制器充电保护原理图

(2) 先将"自备可调稳压电源"电压调节到 17V，将"实验台可调稳压电源"电压调节到 12V，仔细观察控制器上的充电指示灯和蓄电池指示灯应该都是绿色的。

(3) 缓慢顺扭"实验台可调稳压电源"的电压调节旋钮，模拟蓄电池充电电压逐渐升高。上升到蓄电池指示灯变为绿色慢闪时证明蓄电池已经充满。系统进入了充满保护状态。

(4) 将控制器的正常充电电压和充满保护电压记录于表 6-4 中。

表 6-4　控制器的正常充电电压和充满保护电压

蓄电池状态指示灯	绿色常亮	绿色慢闪
电压范围/V		

3. 控制器放电保护

(1) 按照控制器放电保护原理图 6-12 连接好实验导线。

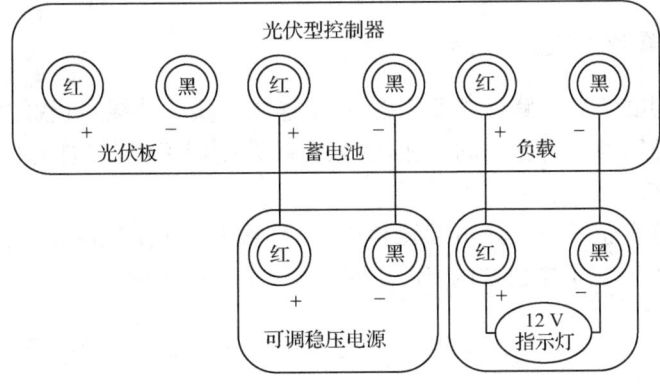

图 6-12　控制器放电保护原理图

(2) 先将"实验台可调稳压电源"电压调节到 12V,按一下控制器右上角的输出按钮,点亮 12V 指示灯。

(3) 缓慢反扭调节"实验台可调稳压电源"的电压调节旋钮,模拟蓄电池放电电压逐渐降低。降到 12V 指示灯不亮时的电压即为控制器放电保护电压。

(4) 将控制器的正常放电电压和保护放电电压记录于表 6-5 中。

表 6-5 控制器放电保护

12V 指示灯状态	常亮	熄灭
电压范围/V		

4. 控制器负载过载保护

(1) 按照控制器负载过载保护原理图 6-13 连接好实验导线,说明:负载暂时留一根线不接,红线或者黑线均可。

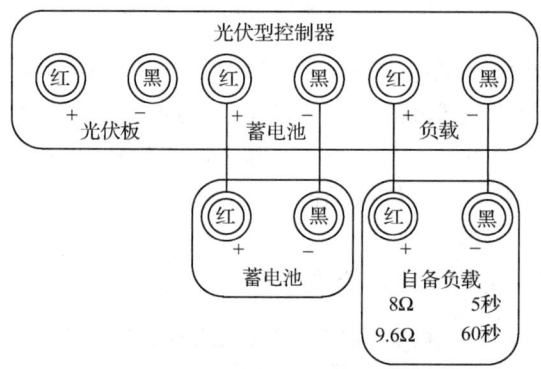

图 6-13 控制器负载过载保护原理图

(2) 按一下控制器的右上角的按钮,使太阳能控制器工作在"通用开"输出模式(负载指示灯橙色常亮)。

(3) 再连接负载上红线或者黑线,仔细观察负载指示灯的颜色变化。此时负载指示灯的颜色变成了红色慢闪,用来提醒用户负载已过载了。

5. 控制器负载短路保护

(1) 按照控制器负载短路保护原理图 6-14 连接好实验导线,负载红线暂时不接。

(2) 按一下控制器的右上角的按钮,使太阳能控制器工作在"通用开"输出模式(负载指示灯橙色常亮)。

(3) 再用红色实验导线短路负载正负端子,仔细观察负载指示灯的颜色变化。此时负载指示灯的颜色变成了橙色快闪,用来提醒用户负载已短路了。

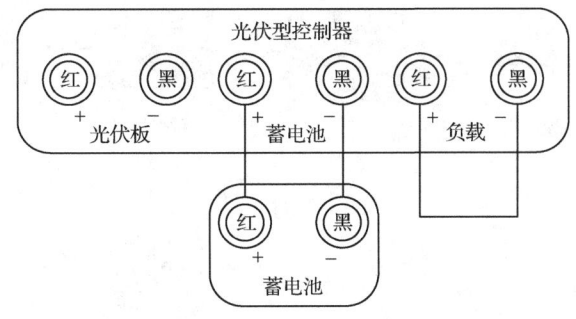

图 6-14　控制器负载短路保护

六、实验报告要求

(1) 画出实验接线图。
(2) 将观察到的实验现象和测试数据记录到表格中。
(3) 将实测数据与理论值进行比较,分析误差产生的原因。

七、思考题

如何用运算放大器设计太阳能控制器的保护电路?

综合性实验项目

实验十八　触摸屏技术在光伏发电监控中应用综合实验

一、实验目的

(1) 熟悉触摸屏等自动化仪表的原理和使用。
(2) 熟悉太阳能光伏发电系统组成、原理和使用。
(3) 学会在线测试光伏系统参数的方法。

二、预习内容

(1) 阅读教材中的太阳能光伏发电的原理与应用。
(2) 调研自动化仪表的原理与使用。

三、实验原理

太阳能光伏控制器、逆变器、蓄电池是整个光伏发电系统中最为关键的设备,运行过程中需要多个参数进行监测、计算、显示、记录、保存、报警等处理,需要和上位计算机进行通讯,实现数据交换。控制器、逆变器、蓄电池运行中要把测量的实时参数送给触摸屏,进行显示、记录等操作,也可和上位机通讯进行远程监控功能,系统结构图如图 6-15 所示。

触摸屏为高品质 10 寸宽屏设计,LED 背光模组;采用 400MHz RISC CPU,使运行速

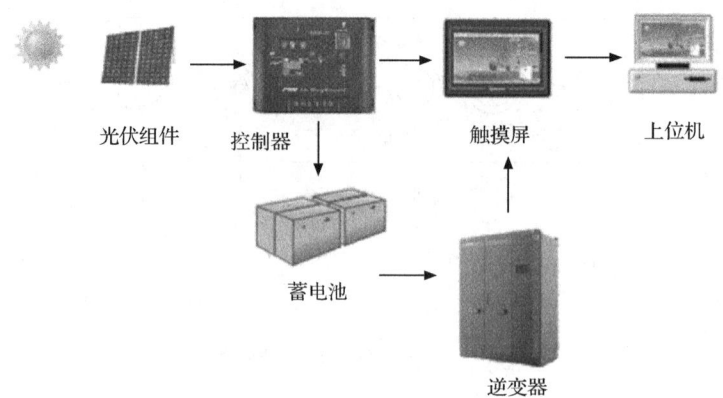

图 6-15　系统结构图

度更快；内置电源隔离保护器，提高了产品的抗干扰能力，适应复杂环境下运行；多种标准的通讯接口和网络协议，方便用户使用；大容量的数据存储功能，并且可以直接存储或备份到 U 盘、SD 卡或上位机上，满足控制器、逆变器和蓄电池运行过程中产生的海量数据信息。

四、实验仪器与器件

太阳能光伏发电系统实验实训装置、触摸屏、光伏电池板、光伏控制器、可调稳压电源、蓄电池、电脑、导线等。

五、实验内容与步骤

1. 登陆监控界面

（1）做实验之前，请连接好太阳能跟踪系统与实验台之间的四根电缆线。
（2）打开实验台左上侧的漏电开关，顺时针扭动急停开关。使各仪表都能正常通电。
（3）按一下开启"跟踪系统电源开关"和触摸屏的"电源开关"使其有正常供电。
（4）打开监控开关，进入如图 6-16 界面，轻点一下触摸屏上的"键盘"，输入密码后按确认键进入系统，如图 6-17 所示。

2. 系统状态监测

点击主菜单中"系统状态"，可以实时监测太阳能输入和输出参数，主要有太阳能控制器、单相逆变器、蓄电池、环境监测等监测项目，如图 6-18 所示。

3. 环境监测

若对太阳能光伏发电系统环境进行监测，点击主菜单中"环境监测单元信息"如图 6-19 所示。该界面中可记录光伏发电系统光照强度随时间变化的曲线，纵坐标表示光照强度（单位 lx），横坐标为时间，光照强度的单位长度和最大值均可以改变。

图 6-16　监控开机界面

图 6-17　监控密码输入界面

4. 太阳能控制单元监控

若对太阳能光伏发电系统控制单元进行监测,点击主菜单中"太阳能控制单元信息"如图 6-20 所示。该界面中可以点击左侧的按钮分别查看输入电压、输入电流、输入功率、输出电压、输出电流、输出功率,如图 6-20 和图 6-21 所示。

在太阳能控制单元信息中还可查看蓄电池电压工作状态,如图 6-22 所示,其中纵坐标为蓄电池实时电压 V,横坐标为时间 T。

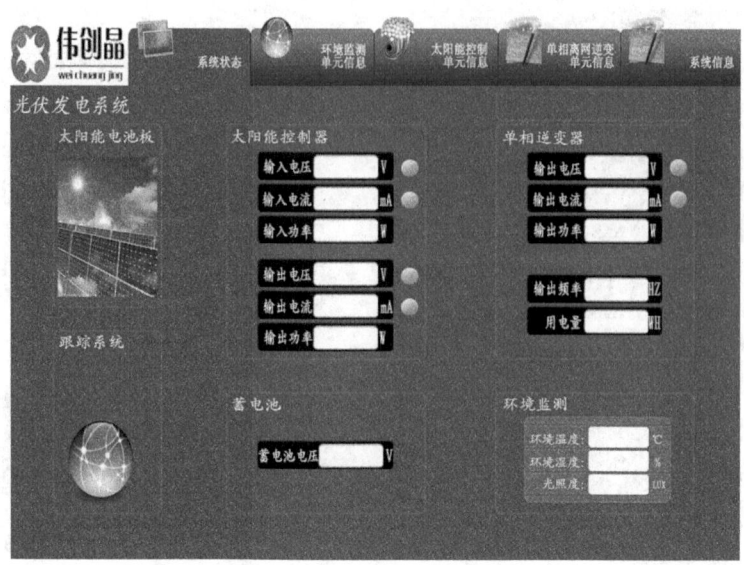

图 6-18 系统状态监测界面

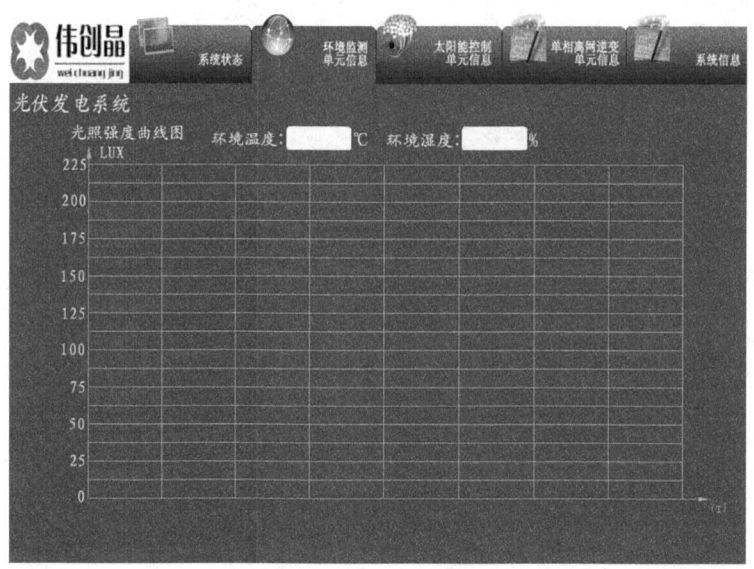

图 6-19 环境监测单元信息界面

5. 逆变单元监控

若对太阳能光伏发电系统逆变单元进行监测,点击主菜单中"单相离网逆变单元信息"如图 6-23 所示。该界面中可以点击左侧的按钮分别查看输出电压、输出电流、输出功率,用电量等实时变化曲线,如图 6-23 和图 6-24 所示。

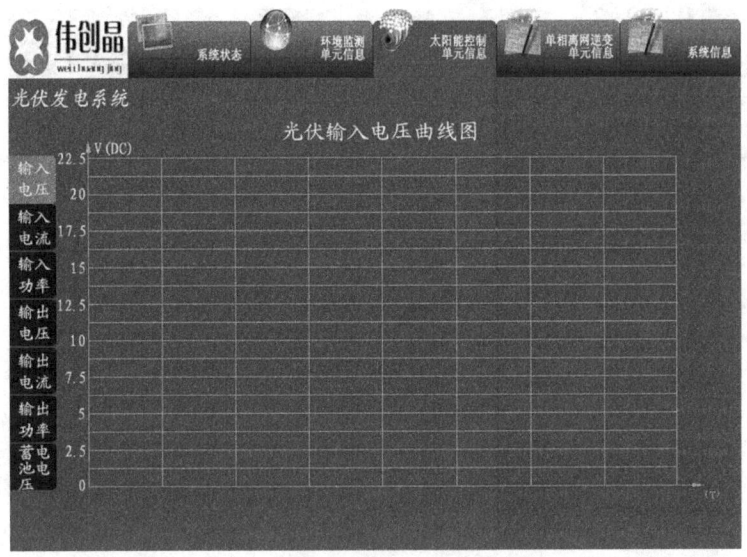

图 6-20　光伏输入电压监测界面

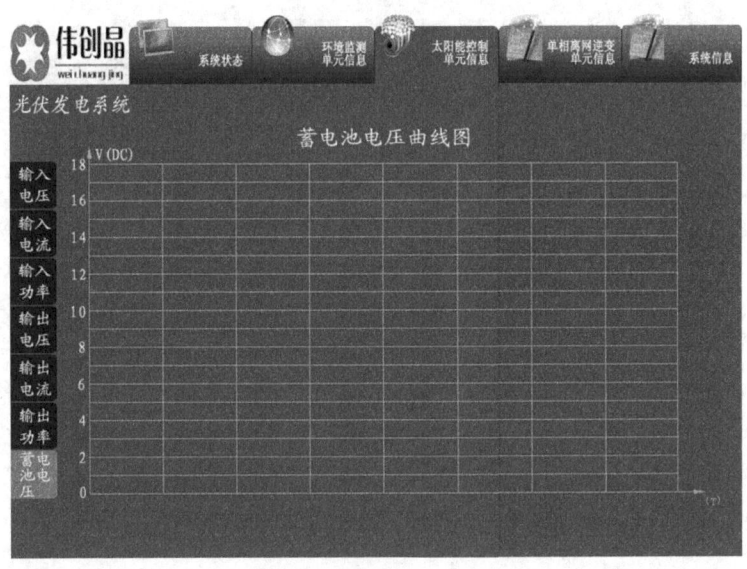

图 6-21　光伏输出电压监测界面

6．光伏发电系统实测

按照实验八或实验十搭建太阳能光伏发电实验电路，通过触摸屏进行实时监控控制器、逆变器、蓄电池的电压、电流、功率等参数，通过串口采集数据并分析处理数据。

六、实验报告要求

（1）写出自动化仪表的工作原理。

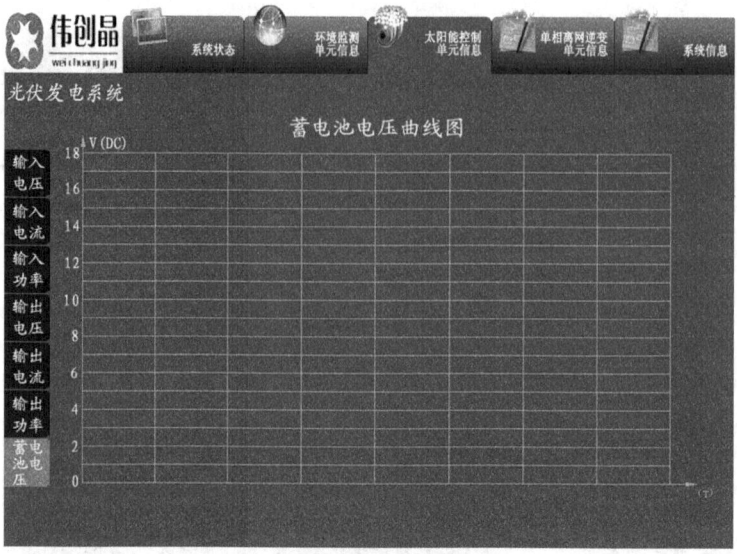

图 6-22 蓄电池电压监测界面

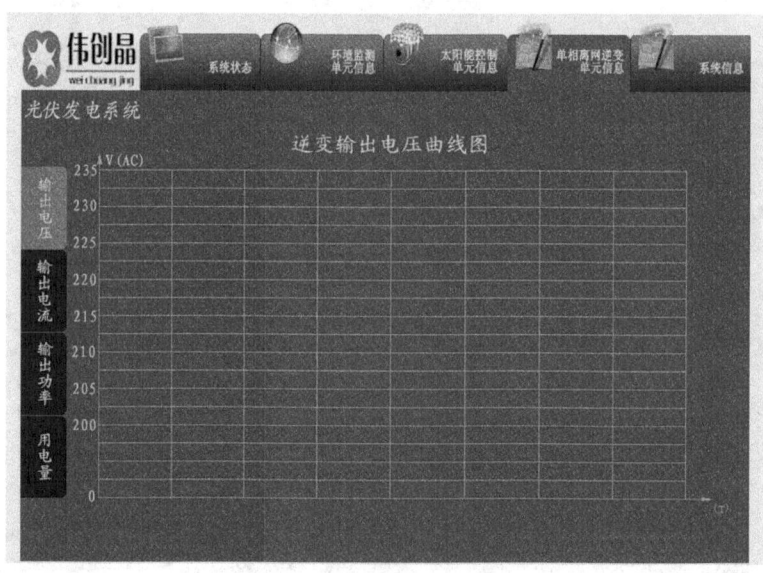

图 6-23 光伏输出电流监测界面

(2) 给出触摸屏程序操作步骤和注意事项。
(3) 列表整理实验数据并进行数据分析。

七、思考题

(1) 如何通过触摸屏和无纸记录仪来实现太阳能光伏发电系统参数的在线监控？
(2) 如果使用 Labview 软件来编写太阳能监控软件，请分别设计硬件和软件？

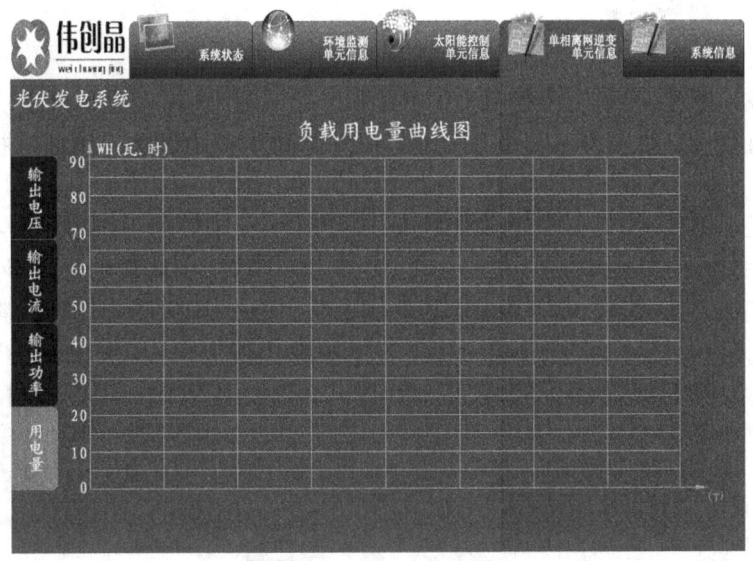

图 6-24 光伏输出功率监测界面

实训项目

实验十九 太阳能光伏控制器设计与制作

一、实训目的

（1）了解太阳能光伏控制器的原理。
（2）了解控制器的设计过程。
（3）了解控制器 PCB 板的制作过程。
（4）了解控制器的焊装及调试。

二、实训任务及具体要求

（1）设计一个实现太阳能对蓄电池的充电并保护光伏系统中的蓄电池的太阳能控制器电路。

（2）具体要求：

① 利用铅酸蓄电池充电 STC12C5410AD 单片机设计硬件电路。
② 利用 Protel99 设计印制电路板电气原理图和 PCB 板图。
③ 实现密封铅酸蓄电池最佳充电所需的全部控制和检测功能。

三、实训仪器及器件

太阳能光伏发电系统实验实训装置、光伏电池板、可调稳压电源、蓄电池、光伏控制器（自行设计）、导线、万用表等。

四、设计方案

太阳能控制器是太阳能光伏系统中重要的组成部分,它在很大程度上决定了太阳能光伏系统的可靠性。控制器的任务主要是实现太阳能对蓄电池的充电并保护光伏系统中的蓄电池。

本设计是以 STC12C5410AD 单片机为核心部件,它是单时钟/机器周期(IT)的兼容 8051 内核单片机,是高速/低功耗的新一代 8051 单片机,指令代码完全兼容传统 8051,但速度快 8~12 倍,内部集成 MAX810 专用复位电路。拥有 4 路 PWM、8 路高速 10 位 A/D 转换。工作电压:5.5~3.8V(5V 单片机),工作频率范围为 0~35MHz,用户应用程序空间 10K 字节,E^2PROM 功能。STC12C5410AD 单片机的引脚排列及基本外围电路如图 6-25 所示。

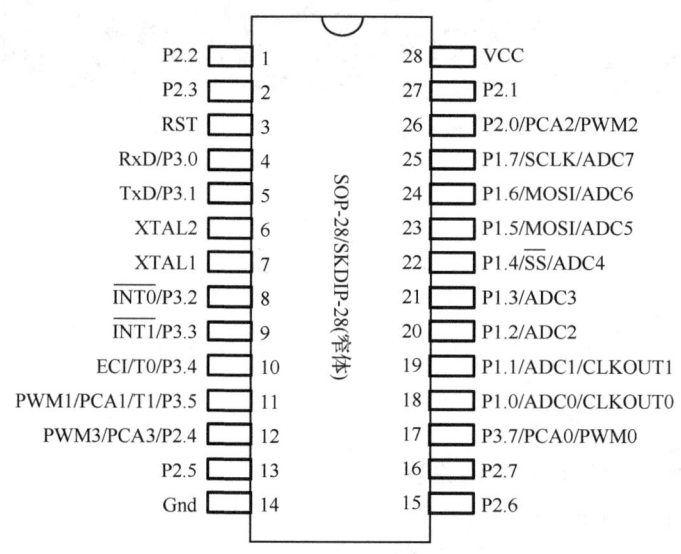

图 6-25　STC12C5410AD 引脚功能图

STC12C5410AD 单片机片内的时钟产生方式采用的是内部时钟方式,及在 XLAT1 和 XLAT2 两引脚间外接石英晶体和电容构成一个自激振荡器,从而内部时钟电路提供振荡时钟。振荡器的频率主要取决于晶体的振荡频率,一般晶体可在 1.2~12MHz 任选。通过改变电容 C5、C8 的值进行微调,通常取 30pF 左右。本设计中晶体的振荡频率取 11.0592MHz,电容取 30pF。

复位电路的基本功能是:系统上电时提供复位信号,直至系统电源稳定后,撤销复位信号。为可靠起见,电源稳定后还要经一定的延时才撤销复位信号,以防电源开关或电源插头分合过程中引起的抖动而影响复位。本设计的复位电路在上电瞬间,由于电容 C2 上的电压不能突变,电容处于充电状态,随着电容的充电,RST 脚上的电压才慢慢下降。选择合理的充电常数,就能使 STC12C5410AD 单片机内部复位。

基于 STC12C5410AD 单片机的太阳能控制电路的硬件原理图如图 6-26 所示,控制开关电路如图 6-27 所示。

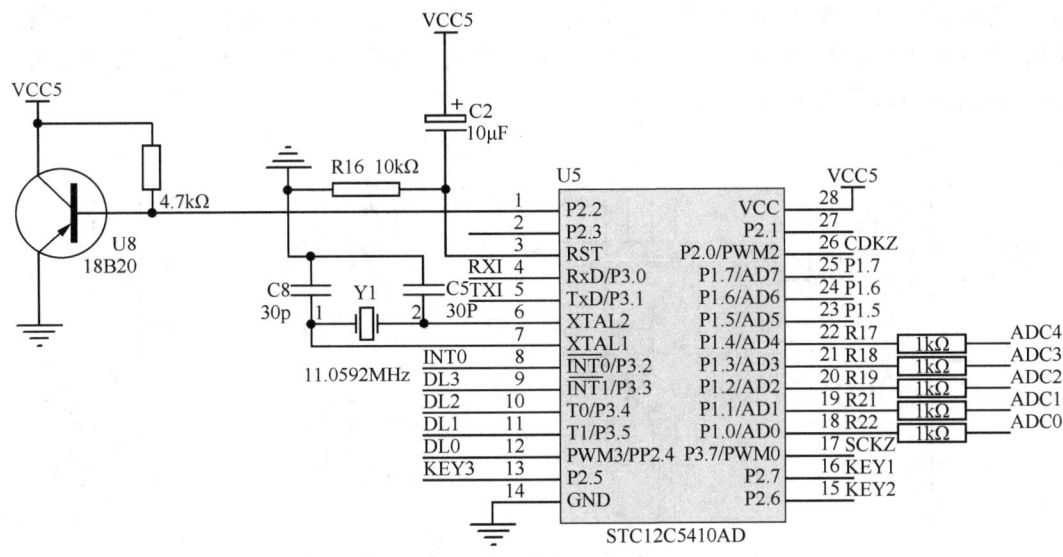

图 6-26 太阳能光伏控制器主电路原理图

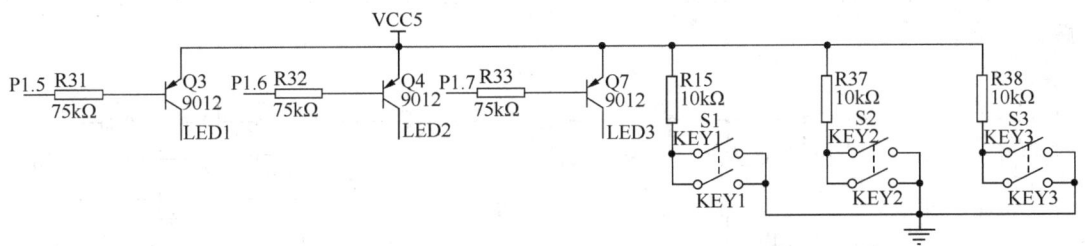

图 6-27 太阳能光伏控制器控制开关电路原理图

对于显示电路,用单片机驱动 LED 数码管有很多方法,按译码方式可分为硬件译码和软件译码。硬件译码(就是显示的段码)完全由硬件完成,CPU 只要送出标准 BCD 码即可,硬件接线有一定标准。软件译码是用软件来完成硬件的功能,硬件简单,接线灵活,显示段码完全由软件来处理,是目前常用的显示驱动方式。比较常用的显示驱动芯片有 74LS164、CD4094 + ULN2003(2803)、74HC595 + ULN2003(2803)、TPIC6B595、AMT9595 等。本设计中用 74LS164 来驱动 LED 显示,74LS164 是 8 位移位寄存器(串行输入,并行输出),其管脚排列如图 6-28 所示。

当清除端(CLK)为低电平时,输出(Q0~Q7)均为低电平。串行数据输入端(A,B)可控制数据。当 A、B 任意一个为低电平,则禁止新数据输入,在时钟端(CLK)脉冲上升沿作用下 Q0 为低电平。当 A、B 有一个为高电平,则另一个就允许输入数据,并在 CLOCK 上升沿作用下决定 Q0 的状态。74LS164 的 A、B 两输入端共同连接到 P3.0 口上,CLK 端连接到 P3.1 口上。

7 段 LED 数码管是本设计的显示设备,其工作原理是:分别引出 LED 的电极,当 LED 导通时,相应的一个点或一个笔画发光,这样就能显示各种字符。LED 数码管根据 LED 接法不同分为共阴和共阳两类,除了它们的硬件电路有差异外,编程方法也是不同的。将所有发光二极管的阳极连在一起,称为共阳接法,公共端接高电平,当某个字段的阴极接低电平时,对应的字段就点亮;而将所有发光二极管的阴极连在一起,称为共阴接法。本设计中采用共阳接法,如图 6-28 所示。

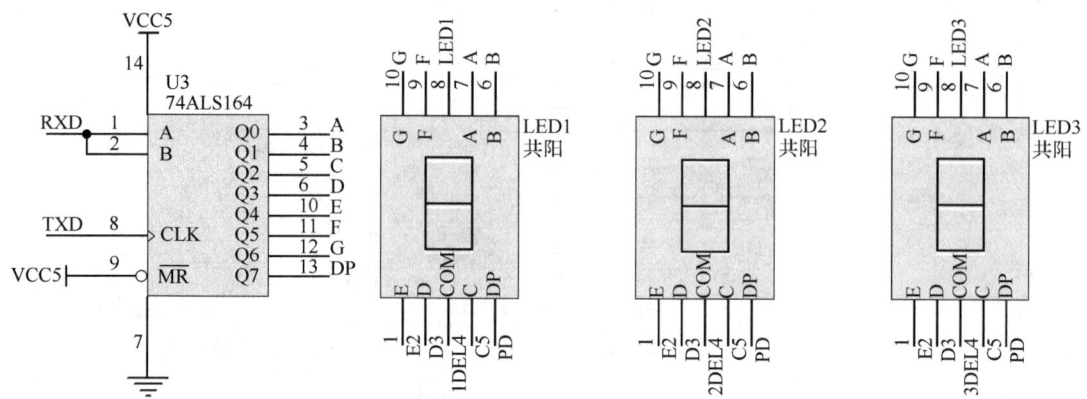

图 6-28　太阳能光伏控制器显示电路原理图

太阳能光伏控制器对太阳能电池板、蓄电池的控制电路如图 6-29,对负载的控制电路如图 6-30 所示。

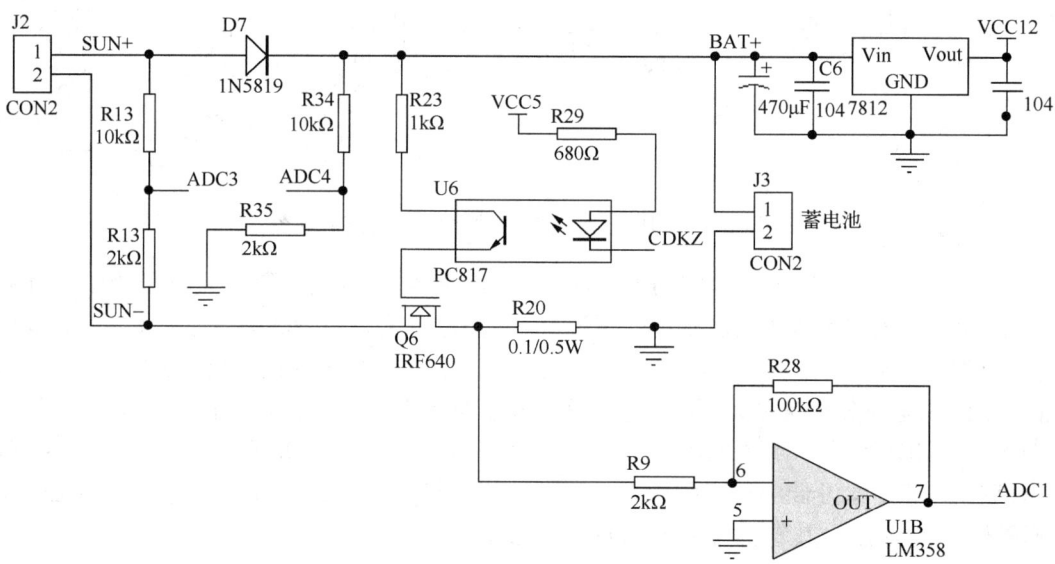

图 6-29　对蓄电池和太阳能电池板控制电路原理图

本设计中电源等其他辅助电路如图 6-31 所示。

五、线路板设计

按设计原理,用 Protel 99 SE 画出参考印刷电路板图如图 6-32 所示。

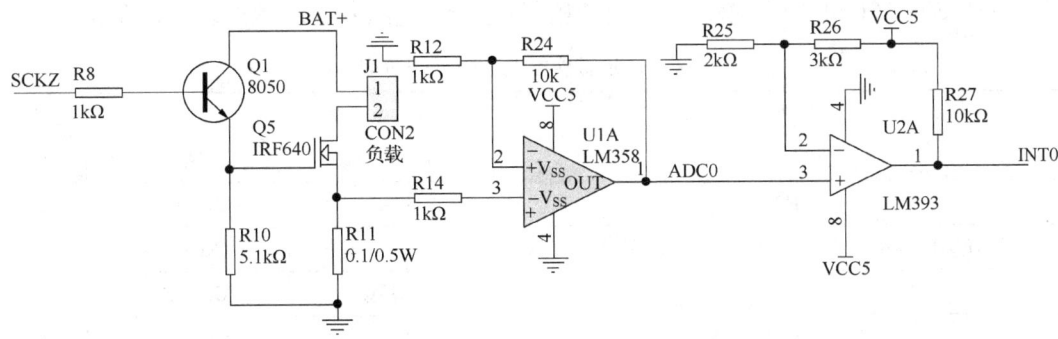

图 6-30　对负载控制电路原理图

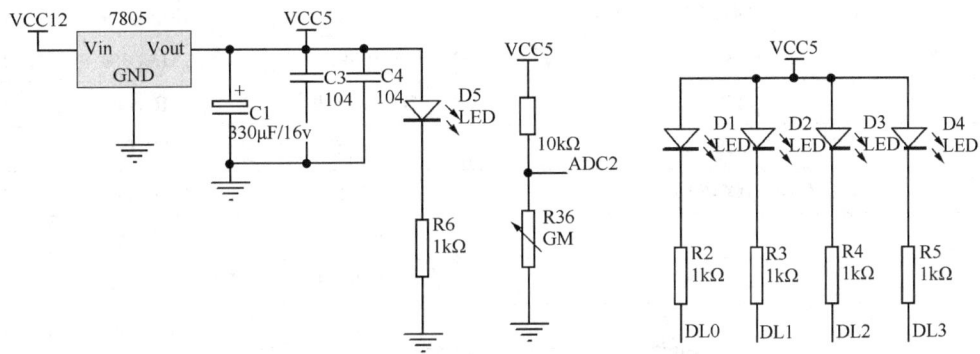

图 6-31　其他辅助电路原理图

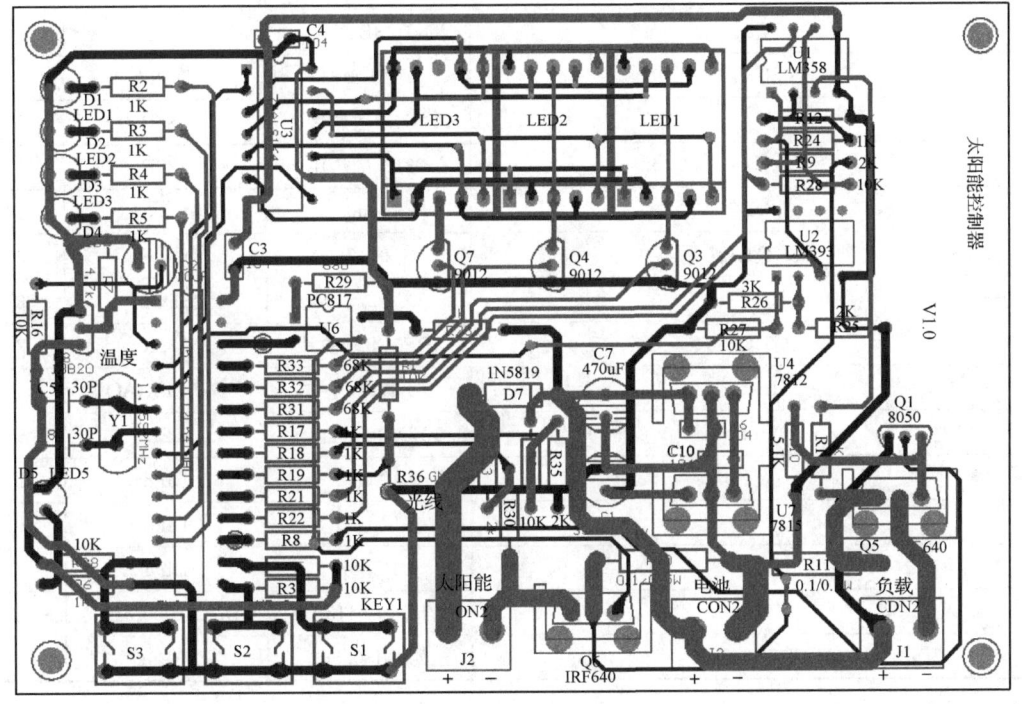

图 6-32　参考 PCB 板图

基于STC12C5410AD单片机太阳能控制器元器件参数、封装等如表6-6所示。

表6-6　元器件参数及封装一览表

元件号	参数	封装	数量
R11,R20	0.1/0.5W	AXIAL0.6	2
R29	680	AXIAL0.4	1
R2～R6,R8,R12,R14,R17～R19,R31,R21～R23,R32,R33	1kΩ	AXIAL0.4	17
R7	4.7kΩ	AXIAL0.4	1
R25,R35,R9,R30	2kΩ	AXIAL0.4	4
R10	5.1kΩ	AXIAL0.4	1
R1,R13,R15,R16,R24,R27,R34,R37,R38	10kΩ	AXIAL0.4	9
R28	100kΩ	AXIAL0.4	1
R36	GM/光敏电阻	R_S	1
C5,C8	30pF	CAP_DS	2
C3,C4,C6,C10	104	CAP_CP	4
C2	10μF/16V	RB2.54/6.3	1
C1	330μF/16V	RB2.54/6.3	1
C7	470μF/25V	RB2.54/6.3	1
Y1	11.0592MHz	JZ	1
D7	1N5819	DIODE	1
Q2	18B20		1
U3	74ALS164	DIP14	1
U7	7805/散热片	78SR	1
U4	7812/散热片	78SR	1
Q1	8050		1
Q3,Q4,Q7	9012		3
J1～J3	CON2/5.08	2EDG2P	3
Q5,Q6	IRF640/散热片	78SR	2
S1～S3	KEY1/小	SW-PBXIAO	3
D1～D5	LED/3mm 红色	LED	5
U1	LM358	DIP8	1
U2	LM393	DIP8	1
U6	PC817	DIP4	1
U5	STC12C5410AD	DIP28(300MIL)	1
LED1～LED3	共阳/0.56	LED8D	3

六、控制器的制作

（1）核对元器件的型号、参数，并进行检测。

（2）确定元器件在线路板上的位置。有极性不可接反，集成电路要注意引脚顺序，切不可接错。

（3）焊接前元件的引线要刮净、镀锡。

（4）焊接时，焊点要光滑、清洁。切记不可有虚焊。

（5）焊接顺序原则上是先焊耐热元件，再焊怕热元件。如应先焊电阻，后焊集成电路。

（6）引出导线的颜色要符合习惯用法：一般电源正极用红线，电源负极用蓝线，地线用黑线，输入用红线，输出用白线（或其他颜色）。

七、调试

（1）检查是否有虚焊或连在一起的焊点，若有要进行处理。

（2）加电调试。可根据电路原理进行检查，调试。调试时要看清输入、输出引线，不可接反。

（3）利用太阳能光伏发电系统实验实训装置、可调稳压电源、万用表等对所设计的控制器电路进行通电，测试充电电流和充电电压。

八、实训报告要求

（1）写出设计内容与要求。

（2）画出完整的测试装置图，说明电路的工作原理。

（3）写出在实训过程中出现的故障、原因及排除的方法。

（4）总结所设计电路的优缺点，并提出改进方案。

第 7 章　光伏逆变器

将直流电变换成交流电,即 DC/AC 变换称为逆变,相应的电能转换器被称为逆变器。逆变器应用非常广泛,当用直流电源(如蓄电池,太阳能光伏电池等)向交流负载供电时就必须先进行逆变。太阳能发电系统中产生的直流能量也需要采用逆变技术变换成交流电能予以利用。对于并网发电系统,逆变器更是系统关键部件。

7.1　逆变器电路拓扑结构

7.1.1　单相电压型逆变器

1. 半桥逆变电路

半桥逆变电路原理图如图 7-1(a)示,其工作原理为:开关器件 VT_1 和 VT_2 的触发脉冲在一个周期内各有半周正偏,半周反偏,且二者互补。当负载为感性时,其工作波形如图 7-1(b)所示。输出电压 u_o 为幅值 $U_m = U_d/2$ 的矩形波,输出电流 i_o 波形随负载不同而不同,波形如图 7-1(b)所示。在 $0 \sim t_4$ 一个周期内,VT_1 在 t_1 时刻导通,VT_2 在此刻关断,u_o 和 i_o 在 t_1 时刻以前反向,VD_1 导通,电感中储存的能量通过二极管反馈给电源。u_o 和 i_o 在 $t_1 \sim t_2$ 时间段内同向,VT_1 上流过电流,VD_1 关断,直流侧向负载提供能量。$t_3 \sim t_4$ 时间段工作原理与 $t_0 \sim t_2$ 时刻类似,这里不再赘述。

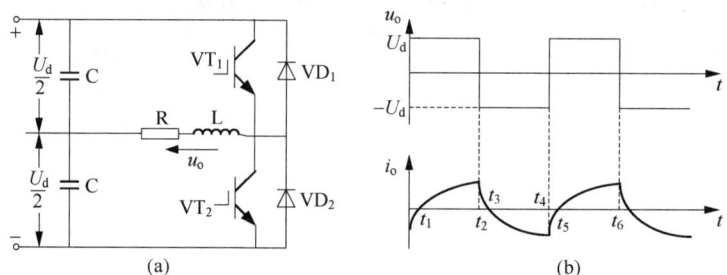

图 7-1　单相半桥电压型逆变电路及其工作波形

二极管 VD_1 和 VD_2 是负载向直流侧反馈能量的通道,故称为反馈二极管;VD_1 和 VD_2 也起着使负载电流连续的作用,因此又称为续流二极管。当可控器件是不具有门极可关断能力的晶闸管时,必须附加强迫换流电路才能正常工作。

半桥型逆变电路的优点是简单、使用器件少,其缺点是输出交流电压的幅值 U_m 仅为 $U_d/2$,并且直流侧需要两个电容器串联,工作时还要控制两个电容器电压的均衡。因此,半桥电路常用于几千瓦以下的小功率逆变电源。而单相全桥逆变电路、三相桥式逆变电路都可看成由若干个半桥逆变电路组合而成。

2. 全桥逆变电路

电压型全桥逆变电路的原理图如图 7-2(a)所示,可以看成由两个半桥电路组合而成,把桥臂 VT_1 和 VT_4 作为一对,桥臂 VT_2 和 VT_3 作为一对,成对的两个桥臂同时导通,两对交替各导通 $180°$。其输出电压 u_o 的波形与图 7-1(b)的半桥电路的波形 u_o 形状相同,也是矩形波,但其幅值高出一倍。在直流电压和负载都相同的情况下其输出电流 i_o 的波形也与图 7-1(b)中的 i_o 形状相同,仅幅值增加一倍。关于无功能量的交换,对于半桥逆变电路的分析也完全适用于全桥逆变电路。

全桥逆变电路是单相逆变电路中应用最多的。把幅值为 U_d 的矩形波 u_o 展开成傅里叶级数得

$$u_o = \frac{4U_d}{\pi}\left(\sin\omega t + \frac{1}{3}\sin3\omega t + \frac{1}{5}\sin5\omega t + \cdots\right) \tag{7-1}$$

其中,基波的幅值 U_{o1m} 和基波有效值 U_{o1} 分别为

$$U_{o1m} = \frac{4U_d}{\pi} = 1.27U_d \tag{7-2}$$

$$U_{o1} = \frac{2\sqrt{2}U_d}{\pi} = 0.9U_d \tag{7-3}$$

在这种 u_o 为正负电压各为 $180°$ 的脉冲时的情况下,要改变输出交流电压的有效值只能通过改变直流电压 U_d 来实现。

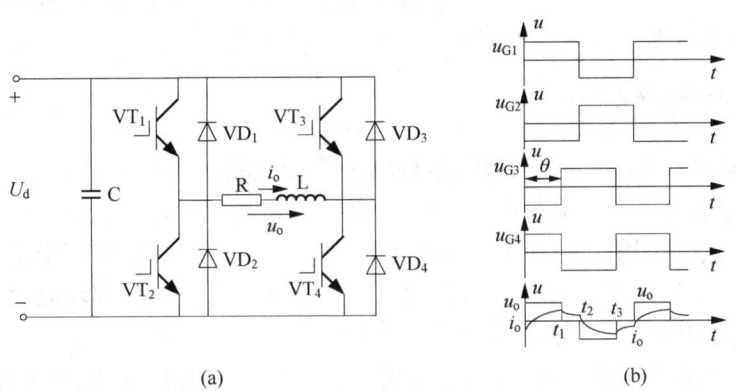

图 7-2 单相全桥移相调压逆变电路

输出交流电压的调节还可以采用移相调压的方法来控制,移相调压就是调节输出电压脉冲的宽度。在图 7-2(a)的单相全桥逆变电路中,各开关管的栅极信号仍为正反偏各 $180°$,并且 VT_1 和 VT_2 的栅极信号互补,VT_3 和 VT_4 的栅极信号互补,但 VT_3 的栅极信号不是比 VT_1 落后 $180°$,而是只落后 $\theta(0<\theta<180°)$。这样,输出电压 u_o 就不再是正负各位 $180°$ 的脉冲,而是正负各为 θ 的脉冲,各开关管的栅极信号 $u_{G1}\sim u_{G4}$ 及输出电压 u_o,输出电流 i_o 的波形如图 7-2(b)所示。

全桥逆变电路的工作原理:设在 t_1 时刻前 VT_1 和 VT_4 导通,输出电压 u_o 为 U_d,t_1 时刻 V_3 和 V_4 栅极信号反向,VT_4 门极承受反压立即关断,负载电感中的电流不能突变,

所以 VT_3 不能立刻导通,VD_3 导通续流。此时电流通道为 VT_1、负载、VD_3 组成的回路,并不经过电源,所以输出电压为零。到 t_2 时刻 VT_1 和 VT_2 栅极信号反向,VT_1 门极承受反压立即关断,由于此时负载电流并未反向,所以 VT_2 不能立刻导通,VD_2 导通续流,此时电流通道为 VD_2、负载、VD_3、直流电源组成的回路,所以输出电压为 $-U_d$。到负载电流过零并开始反向时,VD_2 和 VD_3 截止,VT_2 和 VT_3 开始导通,此时电流通道为 VT_2、负载、VT_3、直流电源组成的回路,u_o 仍为 $-U_d$。t_3 时刻 VT_3 和 VT_4 栅极信号再次反向,VT_3 承受反压立即关断,而 VT_4 不能立刻导通,VD_4 导通续流,u_o 再次为零。以后的过程和前面类似。这样,输出电压 u_o 的正负脉冲宽度就各为 θ,改变 θ,就可以调节输出电压。

3. 带中心抽头变压器的逆变电路

带中心抽头变压器逆变电路的原理如图 7-3 所示,交替地向两个开关管门级加触发脉冲,通过变压器的耦合向负载输出矩形波交流电压。两个二极管的作用也是给负载电感中储存的无功能量提供反馈通道。在 U_d 和负载参数相同的情况下,该电路的输出电压 u_o 和输出电流的波形及幅值与全桥逆变电路完全相同。带中心抽头变压器的逆变电路虽然比全桥电路少用了一半开关器件,但器件承受的电压却为 $2U_d$,比全桥电路高一倍,且必须有一个中心抽头变压器。

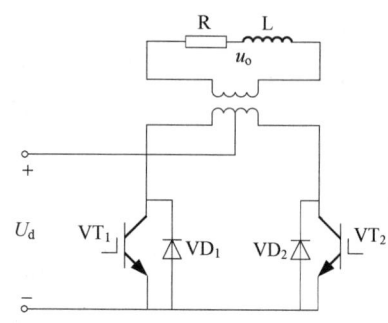

图 7-3 带中心抽头变压器的逆变电路

7.1.2 电压型三相逆变电路

如果负载为中、大功率的三相负载,则需要采用三相逆变电路来供电。在三相逆变器中,三相桥式逆变电路应用最为广泛。三相桥式逆变电路可以用三个单相半桥逆变电路组合而成,三相电压型桥式逆变电路原理如图 7-4(a)所示。三个单相半桥逆变器的触发脉冲相位互差 120°,输出变压器副边绕组可以接成三角型或者星型,但为了消除输出电压中 3 的整数倍次谐波,通常副边绕组接成星型。

图 7-4(a)所示三相逆变电路,在直流侧通常会接一个电容器,但为了分析方便,在原理图上画两个电容器串联,并标出假想中点 N'。它的基本工作方式也是 180°导电方式,即每个桥臂的导电角度为 180°,同一相(即同一半桥)上下两个臂交替导电,各相开始导电的角度依次相差 120°。因为每次换流都是在同一相上下两个桥臂之间进行,所以也被称为纵向换流。在任一瞬间,将会有三个桥臂同时导通,可能是上面一个臂下面两个臂,也有可能是上面两个臂下面一个臂同时导通。

在分析三相逆变电路的工作波形时,对输出的三相分别用 U 相、V 相、W 相来表示。对于 U 相输出来说,当桥臂 1 导通时,相对于电源中点 N' 的电压 $u_{UN'}=U_d/2$,当桥臂 4 导通时,$u_{UN'}=-U_d/2$。因此,$u_{UN'}$ 的波形是 180°方波,幅值为 $U_d/2$。V、W 两相的情况和 U 相类似,$u_{VN'}$、$u_{WN'}$ 的波形形状和 $u_{UN'}$ 相同,但是相位依次相差 120°。$u_{UN'}$、$u_{VN'}$、$u_{WN'}$ 的波形如图 7-4(b)所示。

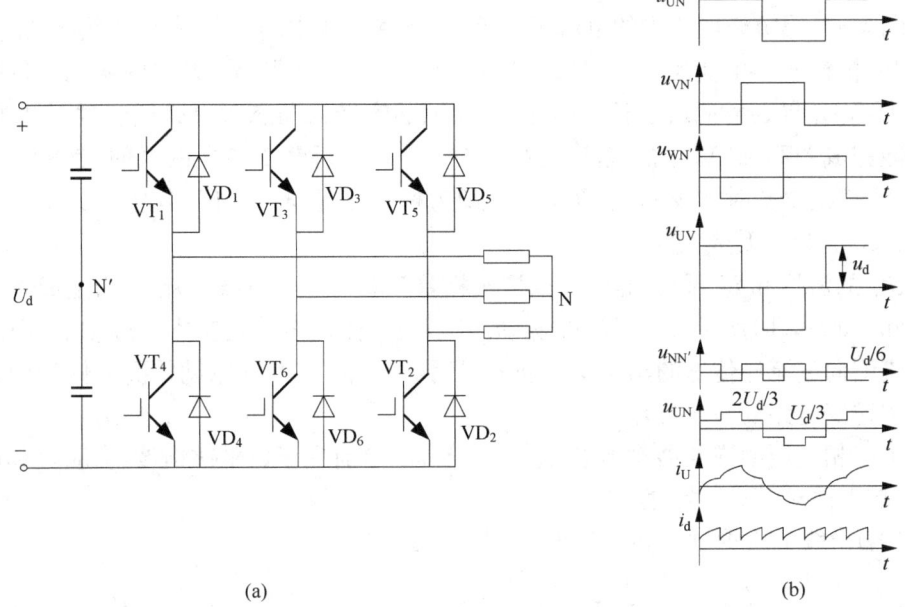

图 7-4　三相电压型桥式逆变电路的工作波形

负载线电压可由式(7-4)求出：

$$\begin{cases} u_{UV} = u_{UN'} - u_{VN'} \\ u_{VW} = u_{VN'} - u_{WN'} \\ u_{WU} = u_{WN'} - u_{UN'} \end{cases} \quad (7\text{-}4)$$

根据式(7-4)得出线电压波形，图中只画出 u_{UV} 的波形。

设负载中点 N 与直流电源假想中点 N′ 之间的电压为 $u_{NN'}$，则负载各相的相电压分别为

$$\begin{cases} u_{UN} = u_{UN'} - u_{NN'} \\ u_{VN} = u_{VN'} - u_{NN'} \\ u_{WN} = u_{WN'} - u_{NN'} \end{cases} \quad (7\text{-}5)$$

把方程组中各式相加得

$$U_{NN'} = \frac{1}{3}[(u_{UN'} + u_{VN'} + u_{WN'}) - (u_{UN} + u_{VN} + u_{WN})] \quad (7\text{-}6)$$

若所带负载为三相对称负载，则有 $u_{UN} + u_{VN} + u_{WN} = 0$，所以式(7-6)可化为

$$u_{NN'} = \frac{1}{3}(u_{UN'} + u_{VN'} + u_{WN'}) \quad (7\text{-}7)$$

由此可得，$u_{NN'}$ 的波形是一个 3 倍输出频率、幅值为 $U_d/6$ 的交变方波。利用式(7-5)和式(7-6)可求得三相负载相电压波形，图 7-4(b)画出 U 相相电压波形，可以看出，这是一个典型的六阶梯波，幅值为 $2U_d/3$，V、W 相相电压波形与 U 相相同，仅相位依次相差 120°。

负载电流波形与负载阻抗角 φ 有关，图 7-4(b)给出阻感性负载 $\varphi < \pi/3$ 时的 i_U 波形。

在波形分析中必须注意同相上、下桥臂开关管的换流过程,即上臂桥1中的VT_1从通态转换到断态时,因负载电感中的电流不能突变,下臂桥4中的VD_4先导通续流,待负载电流降到零,桥臂4中电流反向时,VT_4才开始导通,实现VT_1到VT_4的换流。负载阻抗角φ越大,VD_4导通时间就越长。同样,VT_4从通态转入断态时也必须经过VD_1的续流过程才能完成VT_4到VT_1的换流。这样,$i_U>0$即为桥臂1导电的区间,其中$i_U<0$时为VD_1导通,$i_U>0$时为VT_1导通;$i_U<0$即为桥臂4导电的区间,其中$i_U>0$时为VD_4导通,$i_U<0$时为VT_4导通。

i_V、i_W的波形和i_U形状相同,相位依次相差120°。直流母线电流i_d为上或者下桥臂电流之和,如7-4(b)所示,i_d每隔60°脉动一次,而直流侧电压是基本无脉动的,因此逆变器从交流测向直流侧传送的功率是脉动的,且脉动的情况和i_d脉动情况大体相同。这也是电压型逆变电路的一个特点。

由于三相电压型逆变器输出电压为六阶梯波,含有大量的低次谐波,会对负载造成很大影响,故下面对其进行定量分析。

(1) 输出线电压瞬时值u_{UV}的傅里叶级数展开为

$$u_{UV} = \frac{2\sqrt{3}U_d}{\pi}\left(\sin\omega t - \frac{1}{5}\sin5\omega t - \frac{1}{7}\sin7\omega t + \frac{1}{11}\sin11\omega t + \frac{1}{13}\sin13\omega t - \cdots\right)$$

$$= \frac{2\sqrt{3}U_d}{\pi}\left[\sin\omega t + \sum_n \frac{1}{n}(-1)^k \sin\omega t\right] \tag{7-8}$$

式中,$n = 6k \pm 1$,k为自然数。

输出线电压有效值U_{UV}为

$$U_{UV} = \sqrt{\frac{1}{2\pi}\int_0^{2\pi} u_{UV}^2 \mathrm{d}\omega t} = 0.816U_d \tag{7-9}$$

基波幅值U_{UV1m}和基波有效值U_{UV1}分别为

$$U_{UV1m} = \frac{2\sqrt{3}U_d}{\pi} = 1.1U_d \tag{7-10}$$

$$U_{UV1} = \frac{U_{UV1m}}{\sqrt{2}} = \frac{\sqrt{6}}{\pi}U_d = 0.78U_d \tag{7-11}$$

(2) 输出相电压瞬时值u_{UN}的傅里叶级数展开为

$$u_{UN} = \frac{2U_d}{\pi}\left(\sin\omega t + \frac{1}{5}\sin5\omega t + \frac{1}{7}\sin7\omega t + \frac{1}{11}\sin11\omega t + \frac{1}{13}\sin13\omega t + \cdots\right)$$

$$= \frac{2U_d}{\pi}\left(\sin\omega t + \sum_n \frac{1}{n}\sin n\omega t\right)$$

$$\tag{7-12}$$

式中,$n = 6k \pm 1$,k为自然数。

输出相电压有效值U_{UV}为

$$U_{UN} = \sqrt{\frac{1}{2\pi}\int_0^{2\pi} u_{UN}^2 \mathrm{d}\omega t} = 0.471U_d \tag{7-13}$$

基波幅值U_{UN1m}和基波有效值U_{UN1}分别为

$$U_{UN1m} = \frac{2U_d}{\pi} = 0.637U_d \tag{7-14}$$

$$U_{UN1} = \frac{U_{UN1m}}{\sqrt{2}} = 0.45U_d \tag{7-15}$$

电压型逆变器功率开关器件采用180°导电方式,为了防止同一相上下两桥臂的开关器件同时导通而引起直流侧电源的短路,要采取"先断后通"的方法,即先给应关断的器件关断信号,待其关断后留一定的时间裕量,然后再给相应导通的器件发出开通信号,在两者之间留一个短暂的死区时间。死区时间的长短要视器件的开关速度而定,器件的开关速度越快,所留的死区时间可以越短。死区时间设置虽然可以避免桥臂的直通,但会使实际输出电压波形偏离理想波形,带来附加的谐波增加和电压损失,在某些情况下需要加以校正。

除了180°导电型控制方式外,还有120°导电型的控制方式,即每个桥臂导电120°,同一相上下两个桥臂的导通有60°的间隔,各相的导通仍依次相差120°。这样,每次换相都是在上面三个或者下面三个桥臂内依次进行,称为横向换流。在任一个时刻,上下桥臂各有一个开关器件导通,120°导电型控制方式不存在同一相上下直通短路的问题,但输出交流线电压有效值$U_{UV}=0.707U_d$,比180°导电型的U_{UV}低很多,直流电源电压利用率较低,所以,一般情况下电压型逆变电路多采用180°导电型控制方式。

7.2 逆变器的PWM控制

在工业应用中,很多电力电子负载都要求逆变电路的输出电压、电流、功率以及频率能够得到有效和灵活的控制,以满足它们的工作要求。而一般的电压型或电流型逆变电路输出的电压或电流为矩形波,谐波分量很大,造成功率因数降低,使电机损耗和转矩脉动增加,特别是频率很低时,转矩脉动严重,甚至不能工作。采用脉宽调制逆变电路,可同时解决调压和改善波形的双重任务。这种电路通常称为PWM(pulse width modulation)型逆变电路。PWM控制方式就是对逆变电路开关器件的通断进行控制,使输出端得到一系列幅值相等而宽度不相等的脉冲,用这些脉冲代替正弦波或需要的波形。按一定的规则对各脉冲进行调制,既可改变逆变电路输出电压的大小,也可以改变输出频率。

7.2.1 PWM控制的基本原理

面积等效原理在采样控制理论中是一个重要的结论,即冲量相等而形状不同的窄脉冲加在具有惯性环节上时,其效果基本相同。其中冲量就是窄脉冲的面积,效果基本相同是指输出响应波形基本相同。面积等效原理是PWM控制技术的重要理论基础。

PWM的控制思想是利用逆变器的开关元件,由控制线路按一定的规律控制开关元件的通断,从而在逆变器的输出端获得一组等幅等距而不等宽的脉冲序列。其脉冲宽度按正弦分布,以此脉冲序列来等效正弦电压波。图7-5(a)示出正弦波的正半周波形,并将其划分为N等份,这样就可把正弦半波看成由N个彼此相连的脉冲所组成的波形。这些脉冲的宽度相等,都等于 π/N,但幅值不等,且脉冲顶部是曲线,各脉冲的幅值按正弦规律变化。如果将每一等份的正弦曲线与横轴所包围的面积用一个与此面积相等的等高矩形脉冲代替,就得到图 7-5(b)所示的脉冲序列。根据面积等效原理,由 N 个等幅而不等宽的矩形脉冲所组成的波形与正弦波的正半周等效,正弦波的负半周也可用相同的方法来等效。像这种脉冲宽度按正弦规律变化而和正弦波等效的 PWM 波形也称为 SPWM 波。

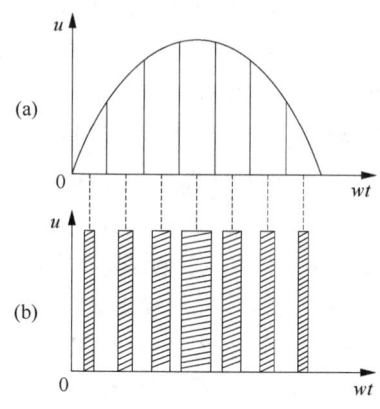

图 7-5 PWM 控制基本原理示意图

7.2.2 PWM 逆变电路的控制方式

在 PWM 逆变电路中,载波频率 f_c 与调制信号频率 f_r 之比 $m = f_c/f_r$ 称为载波比。根据载波和信号是否同步及载波比的变化情况,PWM 调制方式可以有异步调制和同步调制两种控制方式。

1. 异步调制

载波信号和调制信号不保持同步关系的调制方式称为异步调制。在异步调制方式中,调制信号频率 f_r 变化时,通常保持载波频率 f_c 固定不变,因而载波比 m 是变化的。这样,在调制信号的半个周期内,输出脉冲的个数不固定,脉冲相位也不固定,正负半周器的脉冲不对称,同时,半周期内前后 1/4 周期的脉冲也不对称。

当调制信号频率过低时,载波比 m 较大,半周期内的脉冲数较多,正负半周期脉冲不对称和半周期内前后 1/4 周期脉冲不对称的影响都较小,输出波形接近正弦波。当调制信号频率增高时,载波比 m 就减小,半周期内的脉冲数减少,输出脉冲的不对称性影响就过大,还会出现脉冲的跳动。同时,输出波形和正弦波之间的差异也变大,电路输出特性变坏。对于三相 PWM 型逆变电路来说,三相输出的对称性也变差。因此,在采用异步调制方式时,希望尽量提高载波频率,以使在调制信号频率较高时仍能保持较大的载波比,改善输出特性。

2. 同步调制

载波比 m 等于常数,在变频时使载波信号和调制信号保持同步的调制方式称为同步调制。在基本同步调制方式中,调制信号频率变化时载波比 m 不变。调制信号的输出的脉冲数是固定的,脉冲相位也是固定的。在三相 PWM 逆变电路中,通常共用一个三角波载波信号,且取载波比 m 为 3 的整数倍,以使三相输出波形严格对称。同时,为了使一相的波形正、负 PWM 半周镜对称,m 应取奇数。图 7-6 的例子是 $m=9$ 时的同步调制三相 PWM 波形。

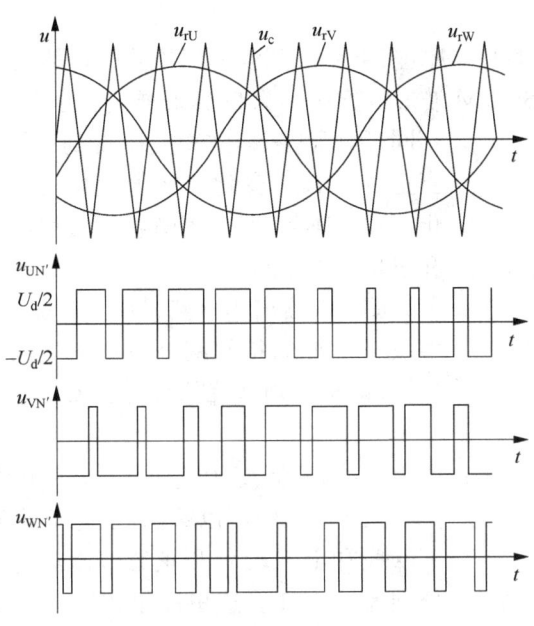

图 7-6 同步调制三相 PWM 波形

当逆变电路输出频率很低时,因为在半周期内输出脉冲的数目是固定的,所以由 PWM 调制而产生的 f_c 附近的谐波频率也相应降低。这种频率较低的谐波通常不易滤除,如果负载为电动机,就会产生较大的转矩脉动和噪声,给电动机的正常工作带来不利影响。

为了克服上述缺点,通常都采用分段同步调制的方法,即把逆变电路的输出频率范围划成若干频段,每个频段内都保持载波比 m 为恒定,不同频段的载波比不同。在输出频率的高频段采用较低的载波比,以使载波频率不致过低而对负载产生不利影响。各频段的载波比应该都取 3 的整数倍且为奇数。

分段同步调制时,在不同的频率段内,载波频率的变化范围应该保持一致,f_c 在 $1.4\sim2$kHz。提高载波频率可以使输出波形更接近正弦波,但载波频率的提高受到功率开关器件允许最高频率的限制。

7.2.3 PWM 产生方法

当 PWM 中的调制信号为正弦波时,所得到的是 SPWM 波形。这里主要介绍 SPWM 的生成方法,因为这种情况使用最为普遍。

根据 PWM 逆变电路基本原理和控制方法,可以用模拟电路构成三角波载波和正弦调制波发生电路,用比较器来确定它们的交点。在交点时刻对功率开关器件的通断进行控制,这样就可得到 SPWM 波形。但这种模拟电路的缺点是结构复杂,难以实现精确的控制。目前 SPWM 的产生和控制可以用微机来完成,这里主要介绍几种软件产生 SPWM 波形的基本方法。

1. 自然采样法

按照 SPWM 控制的基本原理,可在正弦波和三角波的自然交点时刻控制功率开关器件的通断。这种生成 SPWM 波形的方法称为自然采样法。正弦波在不同相位角时的值不同,因而与三角波相交所得到的脉冲宽度也不同。另外,当正弦波频率变化或幅值变化时,各脉冲的宽度也相应变化。要准确生成 SPWM 波形,就应该准确地计算出正弦波和三角波的交点。

图 7-7 给出用自然采样法生成 SPWM 波形的方法。图中取三角波的相邻两个正峰值之间为一个周期,为了简化计算,可设三角波峰值为标么值 1,正弦调制波为

$$u_r = \alpha \sin w_r t \tag{7-16}$$

式中,α 为调制度,$0 \leqslant \alpha < 1$;w_r 为正弦调制信号的角频率。

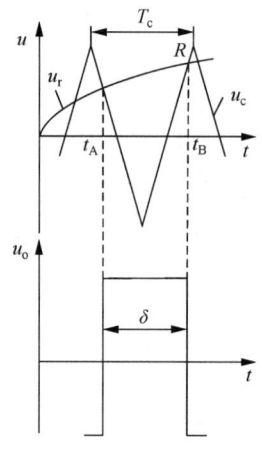

图 7-7 自然采样法生成 SPWM 波

从图 7-7 中可以看出,在三角波载波的一个周期 T_c 内,下降段和上升段各和正弦调制波有一个交点,图中的交点分别为 A 和 B。这里以正弦波上升段的过零点为时间的起始点,并设 A 和 B 对应的时刻分别为 t_A 和 t_B。

脉冲宽度 $\delta = t_B - t_A$,t_A 和 t_B 的求解过程如下。

第 n 个三角波方程可表示成

$$u_c = \begin{cases} 1 - \dfrac{4}{T_c}\left[t - \left(n - \dfrac{5}{4}\right)T_c\right] & \left(n - \dfrac{5}{4}\right)T_c \leqslant t < \left(n - \dfrac{3}{4}\right)T_c \\ -1 + \dfrac{4}{T_c}\left[t - \left(n - \dfrac{3}{4}\right)T_c\right] & \left(n - \dfrac{3}{4}\right)T_c \leqslant t < \left(n - \dfrac{1}{4}\right)T_c \end{cases} \tag{7-17}$$

则正弦调制波和第 n 个周期三角波的交点时刻 t_A 和 t_B 可由下列方程求得:

$$\begin{aligned} 1 - \dfrac{4}{T_c}\left[t - \left(n - \dfrac{5}{4}\right)T_c\right] &= \alpha \sin w_r t_A \\ -1 + \dfrac{4}{T_c}\left[t - \left(n - \dfrac{3}{4}\right)T_c\right] &= \alpha \sin w_r t_B \end{aligned} \tag{7-18}$$

如果给定 T_c 和 α,可通过式(7-18)求出 t_A 和 t_B,从而求出脉冲宽度。但式(7-18)都是超越方程,求解困难,所以难以在实时控制中在线计算,在工程上应用不多。

2. 规则采样法

规则采样法是一种应用较为广泛的适用方法,它的效果接近自然采样法,但计算量却比自然采样法小得多。在自然采样法中,每个脉冲的中点并不和三角波中点(负峰点)重合。规则采样法则使两者重合,即使每个脉冲的中点都以相应的三角波中点为对称,这样

就使计算大为简化。如图 7-8 所示,在三角波的负峰时刻 t_D 对正弦调制波采样而得到 D 点,过 D 点作一水平直线和三角波分别交于 A 点和 B 点,在 A 点时刻 t_A 和 B 点的时刻 t_B 控制功率开关器件的通断。可以看出,用这种规则采样法所得到的脉冲宽度 δ 和用自然采样法所得到的脉冲宽度非常接近。

从图 7-8 可得到如下关系式:

$$\frac{1+\alpha\sin w_r t_D}{\frac{\delta}{2}} = \frac{2}{\frac{T_c}{2}} \quad (7-19)$$

可求得脉冲宽度为

$$\delta = \frac{T_c}{2}(1+\alpha\sin w_r t_D) \quad (7-20)$$

在三角波一周期内,脉冲两边的间隙宽度 δ' 为

$$\delta' = \frac{1}{2}(T_c - \delta) = \frac{T_c}{4}(1-\alpha\sin w_r t_D) \quad (7-21)$$

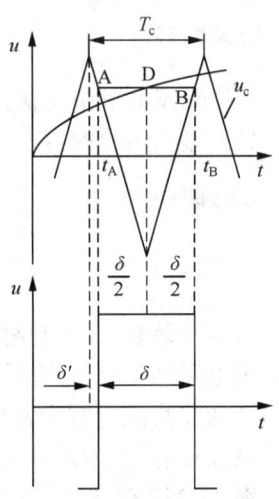

图 7-8 规则采样法

由此可以简化生成 SPWM 波形时的计算。

习 题

(1) 无源逆变电路和有源逆变电路有何不同?
(2) 电压型逆变电路中反馈二极管的作用是什么?
(3) 三相桥式电压型逆变电路,180°导电方式,$U_d=100\text{V}$。试求输出相电压的基波幅值 U_{UN1m} 和有效值 U_{UN1}、输出线电压的基波幅值 U_{UV1m} 和有效值 U_{UV1}、输出线电压中 5 次谐波的有效值 U_{UV5}。
(4) 试说明 PWM 控制的基本原理。
(5) 什么是异步调制?什么是同步调制?两者各有何特点?
(6) 什么是 SPWM 波形的规则化采样法?和自然采样法比规则采样法有什么优点?

验证性实验项目

实验二十 太阳能光伏逆变器工作原理分析实验

一、实验目的

(1) 掌握单相半桥型逆变电路和全桥型逆变电路工作原理。
(2) 掌握功率 MOSFET 驱动方法。
(3) 掌握逆变器过载测试方法。

二、预习内容

(1) 阅读本书中光伏逆变器一章,掌握单相半桥和全桥逆变电路的工作原理。
(2) 熟悉实验内容。

三、实验原理

1. 实验装置

本实验装置逆变电路原理如图 7-9 所示。逆变器主要分为两部分:主电路和控制电路。主电路功率管选用 MOSFET,控制电路 PWM 芯片选用 TL494。

逆变器直流电源由蓄电池提供 12V 直流电,通过半桥型逆变电路得到 50kHz 高频交流电,然后用高频变压器升压再通过由二极管组成的桥式整流电路得到直流电,然后通过由功率 MOSFET 组成的全桥逆变电路逆变成 220V/50Hz 的交流电。

2. 逆变电路工作原理分析

图 7-9 中,IC1 的 15 脚外围电路的 R_1 和 C_1 组成上电软启动电路,上电时电容 C_1 两端的电压由 0 逐渐升高,只有当 C_1 两端电压达到 5V 以上时,才允许 IC_1 内部的脉宽调制电路开始工作。当电源断电后,C_1 通过 R_2 放电,保证下次上电时软启动电路正常工作。R_1、R_t 和 R_2 组成过热保护电路,热敏电阻 R_t 安装时要紧贴 MOSFET 管 VT_2 或 VT_4 的金属散热片上,这样才能保证电路的过热保护功能有效。

逆变频率由 IC_1 的 5 号脚外接电容 C_4(472)和 6 号脚外接电阻 R_7(4K3)决定,其 PWM 波频率为

$$f_{\text{osc}} = \frac{1.1}{0.0047 \times 4.3} \text{kHz} \approx 50\text{kHz} \tag{7-22}$$

即图中半桥型逆变电路工作频率为 50kHz,变压器 T1 的工作频率也是 50kHz,因此变压器铁芯选用高频铁氧体,变压器 T1 的作用是将 12V 的脉冲电压升压为 220V 的脉冲电压,其初级匝数为 20×2 圈,次级匝数为 380 圈。

全桥型逆变电路工作频率由 IC2 的 5 脚外接电容 C_8(104)和 6 脚外接电阻 R_{14}(220k)决定,其工作频率为

$$f_{\text{osc}} = \frac{1.1}{0.1 \times 220} \text{kHz} \approx 50\text{Hz} \tag{7-23}$$

四、实验仪器及器件

太阳能光伏发电系统实验实训装置、示波器、蓄电池、逆变器、导线、交流电压表和电流表等。

五、实验内容

1. 测量逆变器的输出电压、电流。

(1) 在实验台上按照图 7-10 连接好实验导线。

第 7 章 光伏逆变器

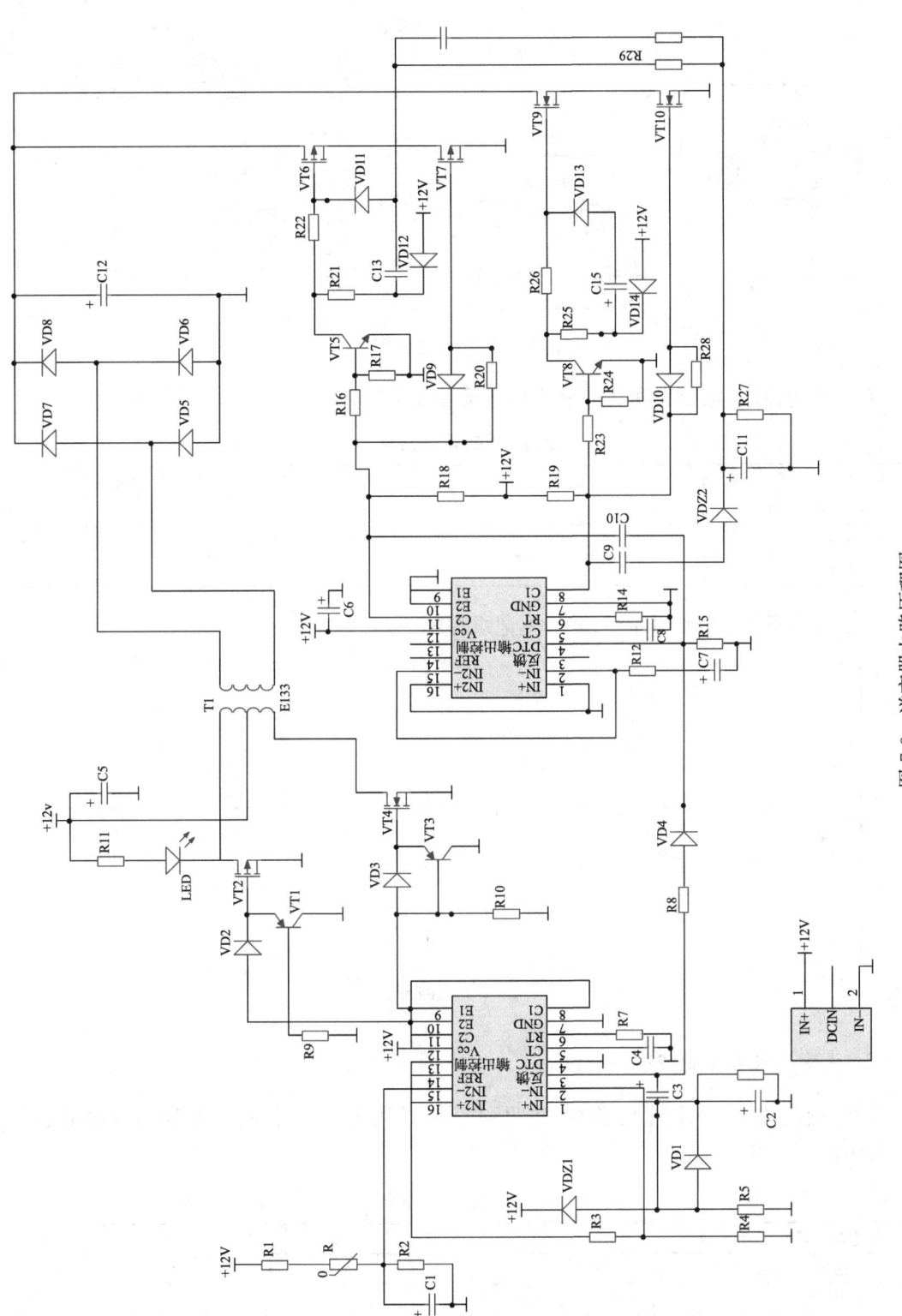

图 7-9 逆变器电路原理图

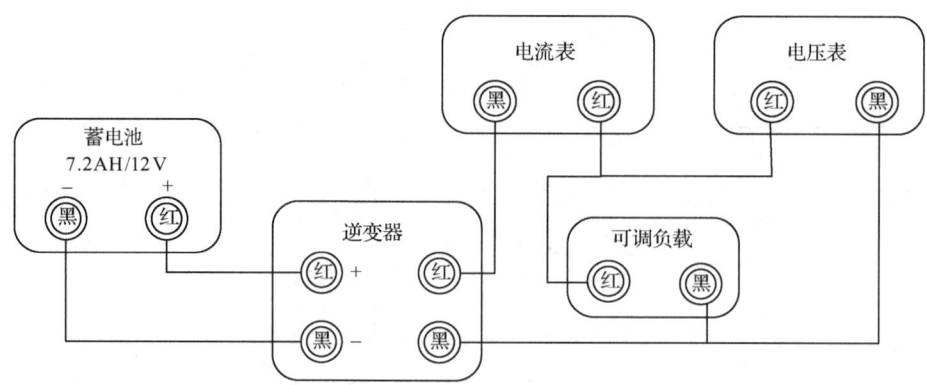

图 7-10 实验接线图

(2) 将电流表、电压表和功率表读数记录在表 7-1 中。

表 7-1 数据记录表

电阻值/Ω	1k	2k	3k	4k	5k	6k	7k	8k	9k	10k
电流/mA										
电压/V										
功率/W										

(3) 将负载为 1k 和 5k 时的波形图记录在图 7-11 中。

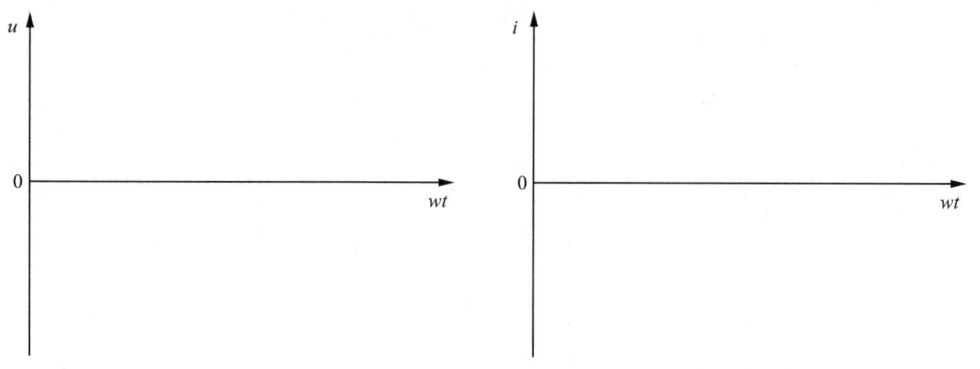

图 7-11 负载波形图

2. 逆变器过载保护实验

用灯泡负载代替可调电阻负载,按照图 7-10 接线方式接线,将观察到的数据记录在表 7-2 中。

表 7-2 数据记录表

灯泡功率/W	15	30	45	60	90	100	135	150
电流/mA								
电压/V								
灯泡亮度								

六、实验报告要求

（1）画出实验接线图。
（2）整理实验数据并分析。
（3）给出 Matlab 仿真图并与实验结果进行比较。

七、思考题

（1）采用何种控制方法才能使逆变电路输出为正弦波。
（2）尝试用软件的方法产生 SPWM 波。

实验二十一　太阳能光伏逆变器性能测试实验

一、实验目的

（1）掌握单相逆变器的工作原理。
（2）掌握影响光伏发电系统稳定性的因素。
（3）掌握逆变器效率测量、计算及提高效率方法。

二、预习内容

（1）阅读教材中光伏逆变器一章，掌握单相逆变器的工作原理。
（2）熟悉实验内容。

三、实验原理

光伏发电系统中逆变器的输出交流电接入电网，对电网而言，广义负载功率为光伏电源功率与负载功率之和，由于光伏发电功率的快速波动性，使广义负载功率波动加大，从而引起负载端电压波动和闪变。电压稳定性测试可以评估光伏发电系统的稳定性，以及为制定提高电压稳定性的方案提供支持。

光伏发电输出受天气影响较大，在多云天气，发电功率会出现快速剧烈的变化，最大变化率超过额定值的 10%，变化频度每小时超过 10 次。光伏发电功率输出最大在中午，夜间为零，光伏电源最大功率输出与最低功率输出引起的电压偏差不能超过国家规定的 0.4kV 时的 ±7%。

四、实验仪器及器件

太阳能光伏发电系统实验实训装置、太阳能光伏电池阵列、示波器、逆变器、导线、交流电压表和电流表等。

五、实验内容

1. 电压稳定性测试

（1）在同等光照强度下不同时间段观察电压波形并记录在表 7-3 中。

表 7-3 电压波形记录表

时间	开始时	5min 后	10min 后	15min 后
电压/V				
波形				

(2) 观察不同光照强度下电压波形并记录在表 7-4 中。

表 7-4 电压波形记录表

光源数	1 盏灯	2 盏灯	3 盏灯	4 盏灯
电压/V				
波形				

2. 逆变器输入电压范围测试

(1) 在实验台上按照图 7-12 连接好实验导线。

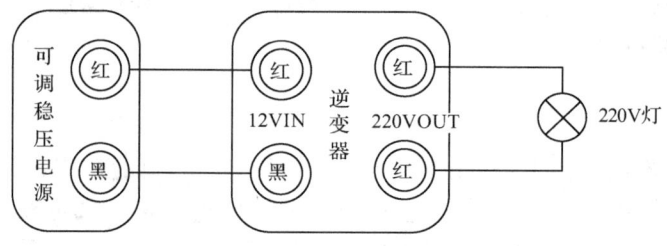

图 7-12 实验接线图

(2) 缓慢调节"可调稳压电源"的"电压"调节旋钮,仔细观察"可调电源"的"电压表"数值,并记录指示灯点亮时的电压范围。此电压范围即是逆变器的电压输入范围。

(3) 将各电压范围记录于表 7-5 中。

表 7-5 电压范围记录表

指示灯状态	不亮(电压偏低)	点亮	不亮(电压偏高)
电压值/V			

3. 逆变器转换效率计算实验

(1) 在实验台上按照图 7-13 连接好实验导线。

(2) 将"可调恒压、恒流稳压电源"的电压、电流数值和逆变负载的电压、电流数值记录在表 7-6 中。

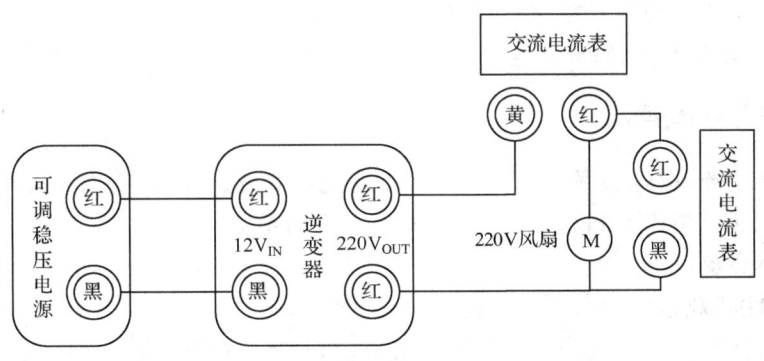

图 7-13 实验接线图

表 7-6 数据记录表

输入		输出	
直流电压/V		逆变交流电压/V	
直流电流/mA		逆变交流电流/mA	
直流输入功率/W		交流输出功率/W	

(3) 根据式(7-24)计算逆变器的转换效率。

$$\eta = \frac{P_{in}}{P_{out}} = \frac{U_{in} \times I_{in}}{U_{out} \times I_{out}} \times 100\% \tag{7-24}$$

式中，U_{in}是输入直流电压；I_{in}是输入直流电流；U_{out}是逆变输出交流电压；I_{out}是逆变输出交流电流。

六、实验报告要求

(1) 画出实验接线图。
(2) 整理实验数据并分析。
(3) 整理波形图并分析。

七、思考题

(1) 如何更大程度的提高逆变器的效率。
(2) 如何保持逆变器输出稳定。

设计性实验项目

实验二十二 单相并网型光伏逆变器的设计

一、实验目的

(1) 掌握单相并网逆变器相关理论和设计方法。

(2) 掌握单相并网逆变器的控制方法。

(3) 掌握 MPPT 控制算法。

二、设计任务与具体要求

(1) 设计任务：设计功率为 100W 的太阳能光伏并网逆变器，将太阳能电池产生的直流电直接转换为 220V/50Hz 的工频正弦交流电输出至电网。

(2) 具体要求：

① 可靠性和效率比较高，要求效率不小于 90％。

② 输入直流电压范围较大，电压范围要求达到 5～100V。输出交流电压 220V，幅值误差小于 10％，频率为 50Hz±0.5Hz。

三、方案提示

由于 AC/DC、DC/AC 主电路都较简单，这里主要提示逆变器的控制电路的设计思路。

1. 逆变器控制电路原理

太阳能电池发出的电能通过逆变器为负载供电，主要是控制输出功率，因此一般把逆变器的主电路和控制电路组合部分称为功率控制器。现在的太阳能光伏发电系统逆变器的控制电路除了功率控制外，还包括追踪太阳能电池最佳工作点的控制、功率因数补偿和升压控制。其控制电路框图如图 7-14 所示。

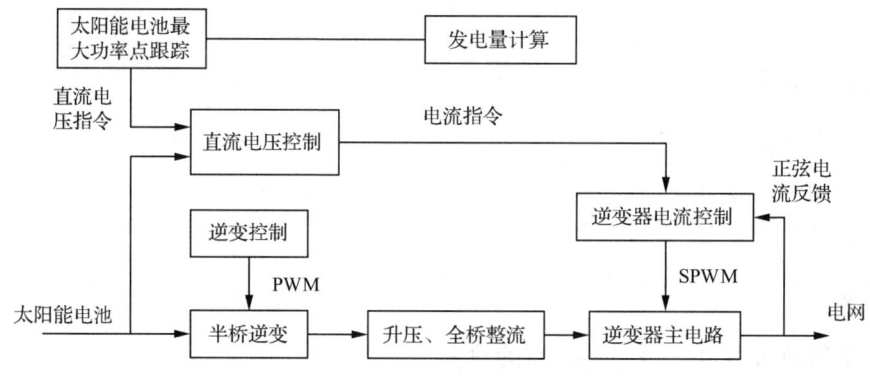

图 7-14 单相并网型逆变器控制电路框图

2. 控制电路的数字化实现

在并网型逆变系统中，对逆变器的控制要求很高，可以采用数字信号处理器（digital singal processor,DSP）作为控制电路的核心。在控制电路中，采用输出电压瞬时值反馈，进行波形控制，整个系统工作流程的设计如下：

(1) 采用电压霍尔传感器对输出电压进行采样，电压霍尔传感器的输出信号经信号调理电路后接 DSP 的 A/D，经过数据处理可以得到输出电压的反馈信号；

(2) 采用 PID 控制方法,保证输出波形的稳态性能和动态性能;

(3) 由脉宽控制量可以计算出当前时刻 SPWM 波的占空比,以使输出波形的占空比按正弦规律变化,这样就得到了高频 SPWM 波。由驱动电路产生的驱动脉冲控制功率开关管的通断,从而产生按正弦规律变化的 SPWM 波,然后再经 LC 滤波,去除高频分量从而得到正弦波输出电压。

四、工作原理

太阳能光伏并网逆变器的主电路原理框图如图 7-15 所示。在该系统中,太阳能电池输出的额定电压为 12V 的直流电,通过半桥型逆变电路逆变成高频交流电,经过高频变压器升压整流成直流电,再经过 DC/AC 逆变为 220V/50Hz 的交流电。要求系统保证并网逆变器输出的 220V/50Hz 正弦电流与电网的相电压同步。

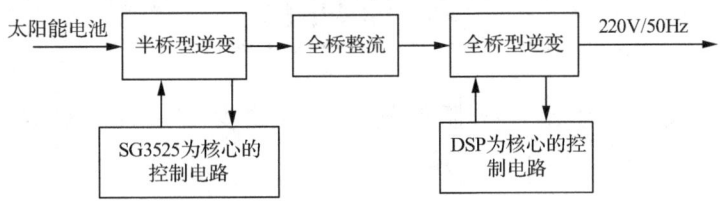

图 7-15　太阳能光伏并网逆变器结构框图

五、实验仪器

蓄电池,功率 MOSFET 管,SG3525,DSP 开发套件,整流二极管,示波器等。

六、设计内容与步骤

(1) 半桥型逆变电路和驱动电路的设计。
(2) 全桥型逆变电路和驱动电路设计。
(3) DSP 软件设计。

七、设计报告要求

给出设计电路原理图和 PCB 图,系统控制软件部分给出主要程序的流程图,系统测试方法和结果以及结果分析。

八、参考电路

偏磁检测电路如图 7-16 所示。图中只画出了变压器的副边,原边两个线圈接在主电路的变压器原边的两个绕组上。当变压器发生偏磁时,某一方向的电流异常大,通过电流互感器检测,可在互感器的输出电阻 R1 上产生一个电压,如果该电压足够大,可以使稳压二极管 D5 导通,在电位器上产生压降,将电位器调到合适的阻值,使电位器上的压降大于三极管的门限电压,使三极管导通,接在 SG3525 的 8 号脚与地之间的电容放电,然后 SG3525 中的恒流源再对它充电,SG3525 重新启动,从而使变压器磁芯复位。

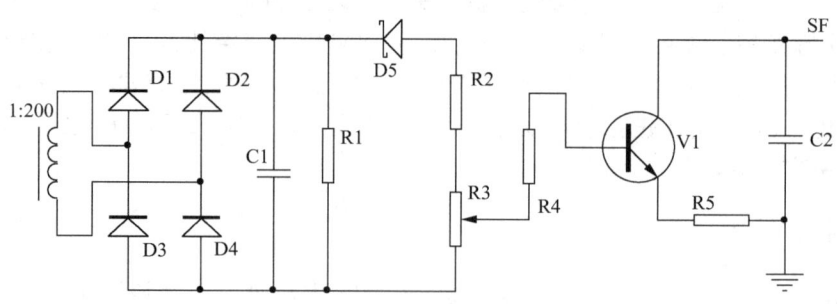

图 7-16 偏磁检测电路

实训项目

实验二十三　太阳能发电系统逆变器设计及制作

一、实验目的

（1）掌握单相并网逆变器相关理论和设计方法。
（2）掌握单相并网逆变器的控制方法。

二、实验任务与具体要求

（1）设计任务：设计功率为 100W 的太阳能光伏并网逆变器，将太阳能电池产生的直流电直接转换为 220V/50Hz 的工频正弦交流电输出至电网。
（2）具体要求：
① 可靠性和效率比较高，要求效率不小于 90%。
② 输入直流电压范围较大，电压范围要求达到 10~14V。输出交流电压 220V，幅值误差小于 10%，频率为 (50±0.5)Hz。

三、设计方案

1. 推挽型 DC/DC 电路及其驱动电路

蓄电池电压为 12V，所以需要升压至 400V 左右，然后再逆变得到 220V 的交流电。DC/DC 升压电路采用推挽型电路，开关管可选用 IRF1404。推挽型电路变压器双向励磁，变压器一次电流回路中只有一个开关，通态损耗较小，驱动简单。

驱动保护电路采用 TL494 为核心设计，TL494 是一种固定频率的脉冲宽度控制器，通过电压反馈控制脉冲宽度，从而将输出电压稳定在 400V。同时，通过误差输入和死区时间控制实现欠压、过流和过热保护。

2. H 桥逆变主电路及驱动控制电路

根据逆变电路电压电流等级，H 桥开关管可选择 IRF840。在并网型逆变系统中，对逆变器的控制要求很高。单相纯正弦波逆变器 SPWM 专用芯片 EG8010 具有丰富的功能和稳定的性能，能够轻松实现高精度、低失真、低谐波的 50Hz/60Hz 纯正弦波逆变器控制，所以可以采用 EG8010 来设计 H 桥的驱动电路。

四、电路板设计

DC/DC 电路参考电路如图 7-17 所示（图中元器件均采用行业标识，说明略，下同）。这是一个推挽型的 DC/DC 电路，两个开关管 V1 和 V2 交替导通，在变压器绕组两端分别形成相位相反的交流电压。通过驱动保护电路控制，在变压器二次侧的 8 和 9 号端形成高频方波交流电，再通过由整流二极管 D3～D6 组成的全桥整流电路得到 400V 的直流电接入 H 桥的输入端。

为了保持 400V 直流输出电压稳定，采用了 TL431 可编程稳压二极管设计了电压反馈，当电压变化时，电阻 R9 上的电压会发生变化，将此电压和给点电压比较得出误差从而调节脉冲宽度。电路中还设计了辅助电源电路，将高频方波经过半波整流和三端稳压得到 12V 和 5V 电源。

DC/DC 驱动保护参考电路如图 7-18 所示。该电路主要产生 DC/DC 推挽电路中 V1 和 V2 管的 PWM 驱动信号，实现开关管的过热保护、电路的欠压保护和过流保护，以及实现直流输出电压的稳定。

为了保证 DC/DC 电路的可靠工作，防止开关管因过流而烧毁，所以必须设计有过流保护环节。通过采样电阻 RS1 和 RS3 上的电压反映通过 V1 和 V2 的电流，将此电压和给点电压进行比较得到一个信号控制 TL494，若过流则封锁 PWM 脉冲输出。开关管的温度信号通过热敏电阻阻值的变化反映温度的变化，将电压信号的变化和给定值比较，控制 TL494 的输出。

五、电路板制作

（1）核对元器件的型号、参数，并进行检测。

（2）确定元器件在线路板上的位置。有极性不可接反，集成电路要注意引脚顺序，切不可接错。

（3）焊接前元件的引线要刮净、镀锡。

（4）焊接时，焊点要光滑、清洁。切记不可有虚焊。

（5）焊接顺序原则上是先焊耐热元件，再焊怕热元件；先焊电阻，后焊集成电路。

（6）引出导线的颜色要符合习惯用法：一般电源正极用红线，电源负极用蓝线，地线用黑线，输入用红线，输出用白线（或其他颜色）。

六、电路调试

（1）检查是否有虚焊或连在一起的焊点，若有要进行处理。

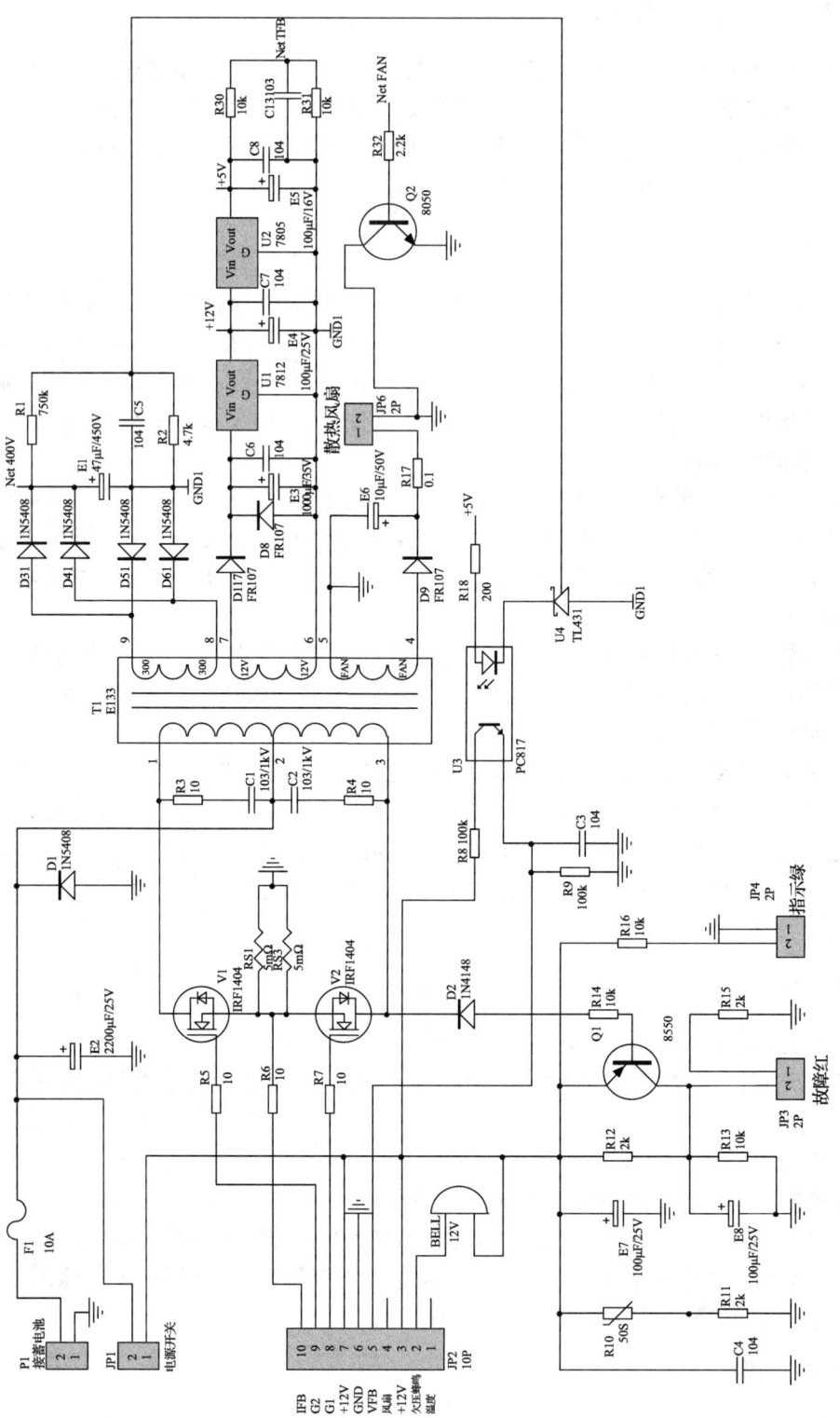

图 7-17 DC/DC 电源主电路

第 7 章 光伏逆变器

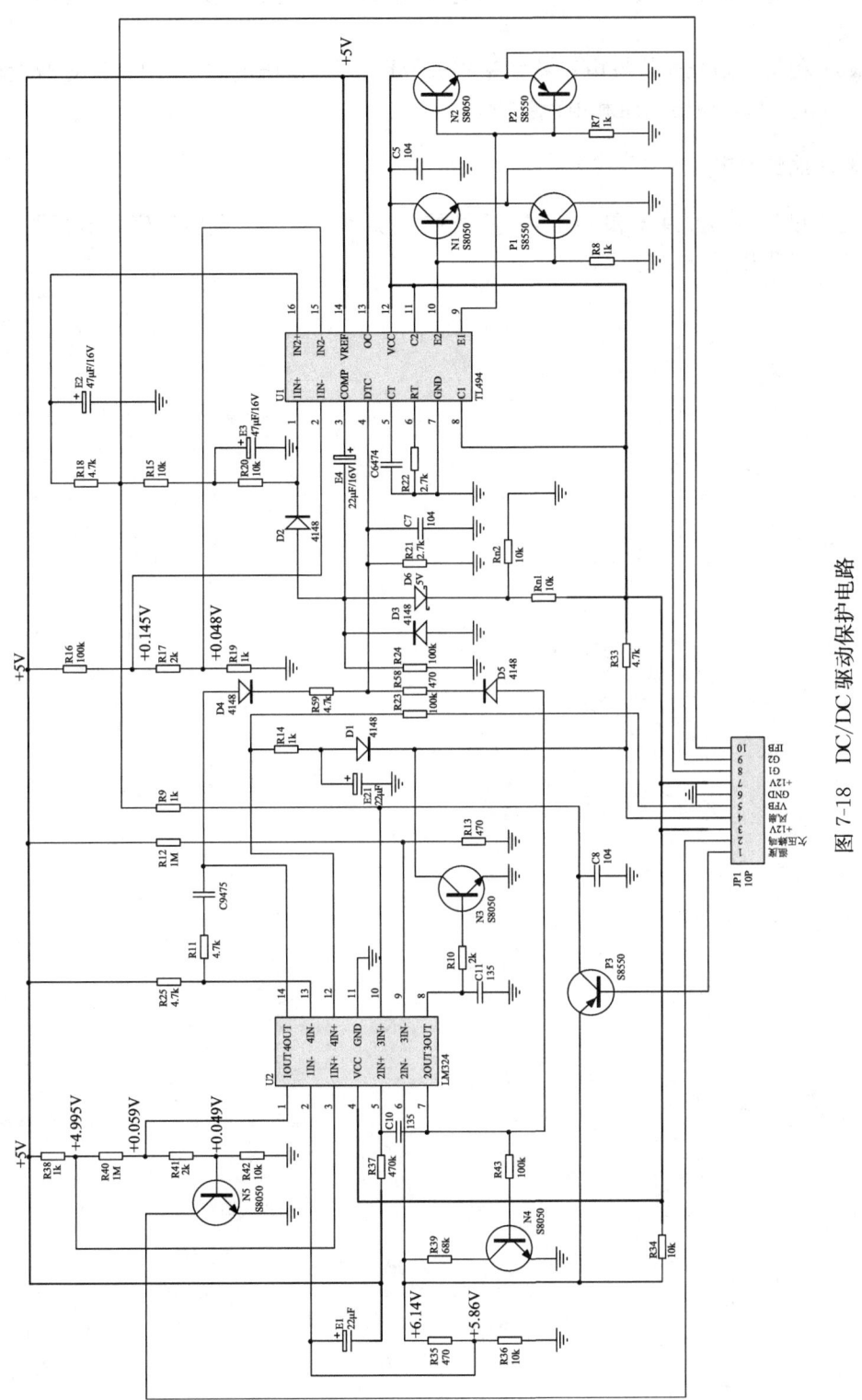

图 7-18 DC/DC 驱动保护电路

（2）加电调试。可根据电路原理进行检查，调试。调试时要看清输入、输出引线，不可接反。

（3）利用太阳能光伏发电系统实验实训装置、可调稳压电源、万用表等对所设计的电路进行通电，测试输出电压和电流波形。

七、设计报告要求

给出设计电路原理图和 PCB 图，系统控制软件部分给出主要程序的流程图，系统测试方法和结果以及结果分析。

第 8 章　太阳能光伏发电应用及工程实例

当前,随着煤、石油等石化燃料的日益消耗,环境污染日益严重,人们急需找到传统石化燃料的替代品。太阳能作为一种巨大、清洁、普遍的可再生能源,将有望在能源方面成为 21 世纪人类构建和谐社会的可靠保障。太阳能的各种应用基于太阳能的光热、光电、光化学三种转换效应。本章将重点讨论太阳能光伏系统在照明、通信、发电、交通、建筑、太空等各种特殊领域中的应用。

8.1　太阳能光伏技术在照明领域的应用

太阳能光伏照明包括太阳能路灯(如图 8-1)、庭院灯(如图 8-2)、草坪灯、太阳能景观照明、手提灯、野营灯、登山灯、垂钓灯、黑光灯、割胶灯、节能灯、太阳能路灯标牌、广告灯箱照明、交通警示灯、标志灯、信号灯、高空障碍灯、航标灯塔等。

图 8-1　太阳能路灯

图 8-2　太阳能庭院灯

8.1.1　太阳能路灯结构组成

太阳能路灯主要是由太阳能电池板组件、太阳能蓄电池组、路灯控制器、光源以及灯房灯杆等构成。当输出电源为交流 220V 或 110V,还要配置逆变器,其结构系统图如图 8-3 所示。

太阳能电池板是太阳能路灯中的核心部分,有单晶硅太阳能电池、多晶硅太阳能电池及非晶硅太阳能电池等。在太阳光充足的东西部地区,采用多晶硅太阳能电池为好,因为多晶硅太阳能电池生产工艺相对简单,价格较低。在阴雨天比较多、阳光相对不足的南方

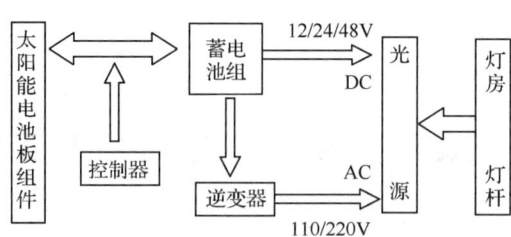

图 8-3 太阳能路灯结构系统图

地区,采用单晶硅太阳能电池为好,因为单晶硅太阳能电池性能参数比较稳定。而非晶硅太阳能电池一般应用在室外阳光不足的条件下,原因是非晶硅太阳能电池对太阳光照条件要求比较低。蓄电池适用于独立光伏系统,包括铅酸、镍镉、镍氢、充电式碱性、锂离子、锂高分子和氧化还原蓄电池。被应用于太阳能路灯的蓄电池则主要有铅酸蓄电池、镍镉蓄电池以及大型电容器。蓄电池应与太阳能电池、用电负荷(路灯)相匹配。可用一种简单方法确定它们之间的关系:太阳能电池功率必须比负载功率高出 4 倍以上,系统才能正常工作,而太阳能电池的电压要超过蓄电池的工作电压 20%~30%,才能保证给蓄电池正常充电,这样蓄电池容量必须比负载日耗量高 6 倍以上为宜。大型电容器是一种新型的储能元件,这种元件能够拥有数千法的电容量,性能好,充电时间短,由于超级电容对环境污染少,内阻低,可长期循环使用,所以是目前国内外最被看好的蓄电设备。

光源控制器有多种,包括声控、光控、定时控制等。太阳能路灯的控制形式主要有光控开/光控关、光控开/时控关、时控开/时控关。为了延长蓄电池的使用寿命,必须对它的充电放电条件加以限制,防止蓄电池过充电及深度充电。在温差较大的地方,合格的控制器还应具备温度补偿功能。此外,可以考虑使太阳能电池板对太阳光进行追踪,根据季节、地理位置、一天中太阳强度的变化等来整合控制器,提高太阳能电池板的接收效率。

目前,市场上路灯的主要光源有白炽灯、卤钨灯、荧光灯、紧凑型荧光灯、高压汞灯、高压钠灯、金属卤化物灯、陶瓷金属卤化物灯、霓虹灯、LED 灯、无极灯等。

路灯灯房的设计除了要考虑此灯房的大小是否能放下相关的器件外,还要考虑灯房是否够结实;灯房是否能够及时驱散光源和各电气部件散发出来的热量;灯房是否达到密封等级,能够防止外界环境的破坏等。灯杆设计时一般考虑材料、灯杆的高度(应根据道路的宽度、灯具的间距、道路的照度标准确定)、支架中心、可调节性等因素。

8.1.2 太阳能路灯工作原理

白天,在光照条件下,太阳能电池组件产生一定的电动势,通过组件的串并联形成太阳能电池方阵,使得方阵电压达到系统输入电压的要求,经过太阳能路灯专用控制器对蓄电池充电,并将电能储存在蓄电池中。蓄电池充电到一定程度时,控制器内的自保系统动作,切断充电电源。晚上,光照度逐渐降低至一定值后,太阳能电池板的开路电压降低,当控制器检测到这一电压值后,通过逆变器的作用把直流电转换为交流电,使得蓄电池对发光体放电。当蓄电池的电能消耗到一定值后,控制器再次工作控制蓄电池不被过放电,使得蓄电池的放电结束,构成一个循环系统来为路灯供电。

太阳能照明灯是以白天太阳光作为能源,利用太阳能电池给蓄电池充电,把太阳能转换化学能储存在蓄电池中,晚间使用时以蓄电池作为电源给节能灯提供能量,把蓄电池中的化学能转变成光能,使照明灯工作。一套基本的太阳能照明系统包括太阳能电池板、充放电控制器、蓄电池和光源,既可直接产生低压直流电,也可通过逆变器转换成220V交流电,然后供给照明负载。与传统路灯相比,太阳能照明的优点明显。太阳能亮化照明技术具有一次性投资、无长期运行费用、安装方便、免维护、使用寿命长等特点,不会对原有植被、环境造成破坏,同时也降低了各项费用,节约能源,可谓"一举多得"。但太阳能照明还存在一定局限性,如造价高、功率小、电池板对城市景观影响较大等。100W节能灯需要电池板面积$2m^2$之多,已很难满足防风和城市景观的要求。现在市场上小功率的太阳能庭院灯、草坪灯非常有特色,很有竞争力,特别配套LED灯泡的草坪灯很别致,电池板面积也小,对景观无负面影响,有很好的市场前景。

8.2 太阳能光伏技术在通信领域的应用

太阳能光伏发电具有适宜分散供电的优势,通信网络点多面广,在偏远的无线通信网络中应该有非常广阔的应用场景。在城市建筑和公共设施中采用通信用光伏发电系统,可以扩大城区中传输中继站、无线基站、微蜂窝基站、射频拉远等接入网点可再生能源的利用量,为太阳能光伏发电提供必要的市场,如图8-4为中国移动四川通信基站系统。

太阳能光伏系统只作为一种补充供电电源,实际上不改变通信设备原有的供电系统。太阳能光伏系统不承担主用通信电源的义务,不需要满足全部用电需求,一般只要根据可利用程度按照满足实际耗电的部分或大部分要求来配置容量即可。也就是说,太阳能板能发出多少电就利用多少电,不必考虑电能的储备和后备,这样大大减少系统的投资。

与一般太阳能光伏供电系统类似,通信用太阳能光伏供电系统也是由光伏电池板把太阳能转化为电能,通过太阳能控制部分,直

图8-4 中国移动四川通信基站系统

接把太阳能输出与开关电源的输出铜排并联,共同给负载供电和给蓄电池充电。太阳能光伏电池板相对于太阳辐射强度来说是一个恒流源。开关电源在额定输出范围内是一个可以随负载的大小而不断变化的稳压电源,并不是恒功率输出。在这两套系统中,只需把太阳能系统的浮充值设置成比开关电源的浮充值高0.1~0.3V,这样当太阳能系统有能量输出时,就能保证太阳能产生的电能优先提供给负载使用。由于采用直接并联的方式,对于在用的电源系统不需要做任何的改变,可以实现不断电操作,保证通信负载的连续工作。

由于日照强度是时刻在变化的,而且目前的太阳能系统容量相对独立系统来说非常小,所以在系统的运行过程中会出现以下几种情况:

（1）日照充足的情况下，太阳能系统能够独立给负载供电，此时，开关电源处于休眠状态。

（2）日照不足时，太阳能系统和开关电源系统能够共同给负载供电，此时，太阳能系统产生的能量不能完全满足负载的需求，电压会下降，当下降到开关电源系统的设定电压值时，开关电源加入工作，补充太阳能系统输出不足的部分。

（3）无日照时，太阳能系统不工作，全部负载由开关电源供电。

加入太阳能系统后和没有加入太阳能系统前的各种充电参数是一样的，所以对于蓄电池的影响基本上可以忽略，而且太阳能系统可以起到补充的作用，在市电掉电时能降低蓄电池放电的速度。

利用型通信用太阳能光伏系统比较适合的应用场景有：

（1）设备实际耗电功率 1kW 左右的接入层站点，如室外 CDMA 基站及射频拉远站、室外 FTTB、室外 WLAN 节点、全球眼视频监控点、光缆通信或微波中继站等；

（2）所在站点以就近取市电供电为主，且为按实际用电计量收费。

8.3 太阳能光伏技术在光伏发电领域的应用

8.3.1 大型光伏发电系统（电站）

太阳能电站系统由太阳能电池方阵、汇流箱、直流配电柜、并网逆变器、交流配电柜、升压器组成，如图 8-5、图 8-6 为西班牙和澳大利亚的两个太阳能电站。

1. 太阳能电池板

太阳能电池板是太阳能发电系统中的核心部分，也是太阳能发电系统中价值最高的部分，其作用是将太阳的辐射能力转换为电能，或送往蓄电池中存储起来，或推动负载工作。太阳能电池板的质量和成本将直接决定整个系统的质量和成本。

2. 汇流箱

在太阳能光伏发电系统中会使用到汇流箱，又名太阳能汇流箱、太阳能光伏汇流箱、光伏阵列防雷汇流箱、太阳能发电汇流箱、光伏发电汇流箱、光伏防雷汇流箱。在太阳能光伏发电系统中，为了减少太阳能光伏电池阵列与逆变器之间的连线会使用到汇流箱。

3. 并网逆变器

在很多场合，都需要提供 220V、110V 的交流电源。由于太阳能的直接输出一般都是 12VDC、24VDC、48VDC，为能向 220VAC 的电器提供电能，需要将太阳能发电系统所发出的直流电能转换成交流电能，因此需要使用 DC/AC 逆变器。在某些场合，需要使用多种电压的负载时，也要用到 DC/DC 逆变器，如将 24VDC 的电能转换成 5VDC 的电能。

图 8-5　西班牙 20MW 光伏电站　　　　　图 8-6　澳大利亚太阳能发电站

8.3.2　小型光伏发电系统

如图 8-7 所示,家庭太阳能发电系统包括太阳能电池板、满维护蓄电池、充电控制器和一个计量转换箱体。箱体实际上是一个逆变器和电度表,它将太阳能电池产生的直流电转换为交流电,并与电网连接,同时计量太阳能系统的发电量,用户可以把用不完的电量卖给当地电力部门。

另外,在小型光伏发电系统还可为高速公路监控,如图 8-8 所示,也可为森林防火监控、地震监测、气象站等提供可靠工作电源。

图 8-7　家庭太阳能发电系统　　　　　图 8-8　300Wp 高速公路视频监控
　　　　　　　　　　　　　　　　　　　　　　　光伏供电系统

8.4　太阳能光伏技术在交通领域的应用

8.4.1　太阳能汽车和太阳能电动车

1. 太阳能汽车

燃烧汽油的汽车是城市中一个重要的污染源头,汽车排放的废气包括二氧化硫和氮氧化物都会引致空气污染,影响人们的健康。因此,一些环保人士就提倡发展太阳能汽车,如图 8-9 和图 8-10 所示。由于太阳能车不用燃烧化石燃料,所以不会放出有害物。据估计,如果由太阳能汽车取代燃汽车辆,每辆汽车的二氧化碳排放量可减少 43%～54%。太阳能发电在汽车上的应用,将能够有效降低全球环境污染,创造洁净的生活环境,随着全球经济和科学技术的飞速发展,太阳能汽车作为一个产业已经不是一个神话。

图 8-9　太阳能赛车　　　　　　　图 8-10　太阳能汽车

所谓太阳能车就是利用太阳能电池将太阳能转换为电能,并利用该电能作为驱动能源行驶的汽车。太阳能电池板在阳光照射下产生电流,通过峰值功率跟踪仪以及蓄电池的充电控制器输送至蓄电池存储以备用或者直接输入到电机。当太阳能车在行驶过程中,如果日照条件比较好,电能将直接输送至电机驱动太阳能车。大多数情况下,电机不需要使用全部输入的能量,剩余的能量将通过电机控制器和蓄电池充电控制器送入蓄电池存储备用。如日照条件不佳,太阳能车将使用蓄电池中存储的电能和同时由太阳能电池产生的电能来驱动太阳能车。当然,在太阳能车停止的时候,太阳能电池板产生的电能将全部输送到蓄电池。日本东京电机大学最近设计出一种轻型太阳能轿车,其车顶上安装了两组蓄电池,利用太阳光充电后交替使用。一组蓄电池充电后可行驶 110km,夏季日照最长季节可达 150km。这种车不用燃油,不污染环境,最适宜于日照时间长的地区使用。

但是传统的小轿车功率一般在几十千瓦左右,而太阳辐射功率至多 $1kW/m^2$,目前的光电转换效率小于 30%。因此全部用太阳能驱动传统的轿车,需要几十平方米的接收面积,显然难以达到。但在传统汽车上可以用太阳能作为辅助动力,以减少常规燃料的消耗,而且现代汽车的电器化程度日益提高,各辅助设备的耗电量也因此急剧增加。这方面的应用主要有以下几种形式。

1) 太阳能用作汽车蓄电池的辅助充电能源

在轿车上加装太阳能电池后,可在车辆停止使用时,继续为电池充电,从而避免电池过度放电,节约能源。

日本应庆大学设计了一款叫做 Luciole(萤火虫)的概念车,如图 8-11 所示,它的颜色像萤火虫。这款车曾在北京展览过,车顶上贴有近一平方米的转换效率较高的光伏板,作用是辅助给 12V 的电池充电,当 12V 电池充满后,12V 电池又会给主电池充电。电池充满电时,这辆概念车能行驶 800km。

2) 用于驱动风扇和汽车空调等系统

汽车在阳光下停泊,由于车内空气不流通,车体成了收集太阳能的温室,造成车内温度升高,使车内释放大量的有害物质,从而使车内空气品质变糟。若加装太阳能装置,比如加装太阳能风扇等,则可以为车辆在停泊期间无能耗提供新风并降温,保证车辆再次上路时有良好的空气品质。目前国内销售的车型当中,奔驰 E 级、奥迪 A8、A6L、A4、途锐等部分车型都已配备了太阳能天窗。

图 8-11 太阳能概念车

2. 太阳能电动车

太阳能电动车以光电代油,可节约有限的石油资源。白天,太阳能电池把光能转换为电能自动存储在动力电池中,在晚间还可以利用低谷电(220V)充电。

太阳能电动车无污染,无噪音。因为不用燃油,太阳能电动车不会排放污染大气的有害气体。没有内燃机,太阳能电动车在行驶时听不到燃油汽车内燃机的轰鸣声。

实用型太阳能动力车除行驶速度远低于燃油汽车外,与燃油汽车相比,还是有诸多优势的。首先,太阳能电动车耗能少,只需采用 $3\sim4m^2$ 的太阳能电池组件便可使太阳能电动车行驶起来。燃油汽车在能量转换过程中要遵守卡诺循环的规律来作功,热效率比较低,只有 1/3 左右的能量消耗在推动车辆前进上,其余 2/3 左右的能量损失在发动机和驱动链上。而太阳能电动车的热量转换不受卡诺循环规律的限制,90% 的能量用于推动车辆前进,如图 8-12,图 8-13 所示。

其次,太阳能电动车易于驾驶。无需电子点火,只需踩踏加速踏板便可启动,利用控制器使车速变化。不需换挡、踩离合器,简化了驾驶的复杂性,避免了因操作失误而造成的事故隐患,特别适合妇女和老年人驾驶。另外,太阳能动力车采用创新前桥和转向系统,前后独立悬挂,四轮鼓式制动从时速 30km 到突然刹车,刹车线不超过 7.3m。

由于太阳能电动车结构简单,除了定期更换蓄电池以外,基本上不需日常保养,省去了传统汽车必须经常更换机油,添加冷却水等定期保养的烦恼。小巧的车身,灵便转向,可以轻而易举地将车泊入拥挤不堪的都市停车场。

在都市行车,为了等候交通信号灯,必须不断停车和起动,既造成了大量的能源浪费,又加重了空气污染,使用太阳能电动车,减速停车时,可以不让电动机空转,大大提高了能源使用效率和减少了空气污染。

最后,太阳能电动车没有内燃机、离合器、变速箱、传动轴、散热器、排气管等零部件,结构简单,制造难度降低。

图 8-12 太阳能电动车

图 8-13 太阳能电动车

8.4.2 太阳能游船

太阳能游船由船体、驾驶室主控台、太阳光伏阵列、充电控制单元、蓄电池组、电机控制单元、动力系统、系统信息显示屏、照明设备等组成,如图 8-14 所示。

图 8-14 太阳能游船

游船电控系统主要由交/直流充电控制器和电机调速器两部分组成。充电控制器利用有源逆变技术和太阳能电池控制技术,其主要功能是既能利用太阳能又能利用 220V 单相交流电能给游船内蓄电池充电。采用太阳能阵列充电时,具有最大功率点跟踪控制功能,可使太阳能阵列最大限度地输出能量,并具有完善的保护功能,最大限度地延长蓄电池系统的使用寿命,同时确保整个系统的安全可靠。

8.4.3 太阳能飞机

太阳能飞机是以太阳辐射作为推进能源的飞机。太阳能飞机的动力装置由太阳能电池组、直流电动机、减速器、螺旋桨和控制装置组成。由于太阳辐射的能量密度小,为了获得足够的能量,飞机上应有较大的摄取阳光的表面积,以便铺设太阳能电池,因此太阳能飞机的机翼面积较大,经典的机型有:"太阳神"号、"天空使者"号、"西风"号、"太阳脉动"号。

20 世纪 70 年代末,人力飞机的发展积累了制造低速、低翼载、重量轻的飞机的经验。在这一基础上,美国在 20 世纪 80 年代初研制出"太阳挑战者"号单座太阳能飞机。飞机翼展 14.3m,翼载荷为 60Pa,飞机空重 90kg,机翼和水平尾翼上表面共有 16128 片硅太阳能电池,在理想阳光照射下能输出 3000W 以上的功率。这架飞机 1981 年 7 月成功地由巴黎飞到英国,平均时速 54km,航程 290km。太阳能飞机还处于试验研究阶段,它的有效载重和速度都很低。有人提出设计一种无人驾驶的高空、低速遥控太阳能飞机,白天飞行时利用取得的太阳辐射能尽量爬高(或贮能于蓄电池内),夜间利用高度作滑翔飞行(或由蓄电池取得能量）。这样依靠取之不尽的太阳能，可维持长时期的飞行，这样的飞机可首先用于气象观测和侦察任务，如图 8-15，图 8-16 所示。2007 年 11 月 5 日，在瑞士杜本多夫举行的新闻发布会上，展出了"阳光脉动"太阳能飞机样机。科研人员历时 4 年制成了这架太阳能飞机。瑞士探险家贝特朗·皮卡尔 2003 年提出太阳能飞机环球飞行构想，计划驾驶太阳能飞机，经过 5 次起降实现环球昼夜飞行，这一计划被命名为"太阳脉动"。环球飞行在 2011 年开始，这是太阳能飞机历史上首次载人作昼夜、长距离飞行。

图 8-15　太阳能飞机

图 8-16　太阳能飞机

8.5　太阳能光伏技术在建筑领域的应用

8.5.1　太阳能光伏建筑一体化

光伏建筑一体化是指在建筑外围护结构的表面安装光伏组件提供电力，同时作为建筑结构的功能部分，取代部分传统建筑结构如屋顶板、瓦、窗户、建筑立面、遮雨棚等，也可以做成光伏多功能建筑组件，实现更多的功能，如光伏光热系统、与照明结合、与建筑遮阳结合等。

目前光伏建筑一体化的应用主要有大楼帷幕墙或外墙、大楼、停车场的遮阳棚、大楼天井、斜顶式屋顶建筑之屋瓦、大型建筑物屋顶/隔音墙等，个人住宅、商业大楼、学校、医院楼、机场、地铁站站台、公交车站以及大型工厂车间等，如图 8-17～图 8-20 所示。

图 8-17　太阳能光伏民居

图 8-18　太阳能光伏大楼

图 8-19　台湾高雄世运馆

图 8-20　广州太阳帆

从目前来看,光伏与建筑的结合有两种方式。

(1) 建筑与光伏系统相结合。把封装好的的光伏组件(平板或曲面板)安装在居民住宅或建筑物的屋顶上,再与逆变器、蓄电池、控制器、负载等装置相联。光伏系统还可以通过一定的装置与公共电网连接。

(2) 建筑与光伏器件相结合。建筑与光伏的进一步结合是将光伏器件与建筑材料集成化。一般的建筑物外围护表面采用涂料、装饰瓷砖或幕墙玻璃,目的是为了保护和装饰建筑物。如果用光伏器件代替部分建材,即用光伏组件来做建筑物的屋顶、外墙和窗户,这样既可用做建材也可用以发电。

目前大多数都是采用第一种方式,但这不属于真正意义上的光伏建筑一体化,光伏建筑一体化构件既是光伏构件也是建筑部件,可以完全替代传统建材,这样既可用做建材又可以发电,是光伏和建筑的完美融合。从光伏组件与建筑的集成来讲,主要有光伏幕墙、光伏采光顶、光伏遮阳板等八种形式,见表 8-1。

表 8-1　光伏建筑一体化形式

	光伏建筑一体化形式	光伏组件	建筑要求	类型
1	光伏采光顶(天窗)	光伏玻璃组件	建筑效果、结构强度、采光、遮风挡雨	集成
2	光伏屋顶	光伏屋面瓦	建筑效果、结构强度、遮风挡雨	集成
3	光伏幕墙(透明幕墙)	光伏玻璃组件(透明)	建筑效果、结构强度、采光、遮风挡雨	集成
4	光伏幕墙(非透明幕墙)	光伏玻璃组件(非透明)	建筑效果、结构强度、遮风挡雨	集成
5	光伏遮阳板(有采光要求)	光伏玻璃组件(透明)	建筑效果、结构强度、采光	集成
6	光伏遮阳板(无采光要求)	光伏玻璃组件(非透明)	建筑效果、结构强度	集成
7	屋顶光伏方阵	普通光伏电池	建筑效果	结合
8	墙面光伏方阵	普通光伏电池	建筑效果	结合

光伏建筑一体化产品目前分为晶体硅光伏建筑一体化构件和非晶硅薄膜光伏建筑一体化构件,晶体硅转换效率高,但其产品透光性差,颜色难以满足建筑对美观方面的追求;非晶硅目前转换效率低于晶体硅,但透光性好,颜色更接近建筑的要求,同时成本低,尺寸

大,适合大规模化生产,是未来光伏建筑一体化的发展方向。

8.5.2 太阳能光电幕墙

光伏幕墙(屋面)系统是光电转换技术、光伏幕墙构造技术、电能储存和并网技术等多学科结合的综合集成系统。太阳能光电幕墙集合了光伏发电技术和幕墙技术,是一种高科技产品,集发电、隔音、隔热、安全、装饰功能于一身的新型建材,特别是太阳能电池发电不会排放二氧化碳或产生对温室效应有害的气体,也无噪音,是一种净能源,与环境有很好的相容性,但因价格比较昂贵,光电幕墙现多用于标志性建筑的屋顶和外墙,充分体现了建筑的智能化与人性化特点,代表着国际上建筑光伏一体化技术的最新发展方向,如图8-21所示。

图 8-21 太阳能光电幕墙

目前用于光伏幕墙(屋面)系统的主要为晶体硅太阳能电池和非晶硅太阳能电池。光伏玻璃组件依据所采用的不同产品类型,其色彩效果也各不相同。单晶硅和多晶硅光伏玻璃组件通常颜色为深蓝、蓝色或古铜色,非晶硅光伏玻璃组件颜色常见的为棕色和黑色。但随着光伏建筑一体化发展所带来的光伏组件用量的增加和建筑的不同需求,目前已出现了多种其他颜色的光伏玻璃组件可供选择。同时为满足建筑装饰效果要求,晶体硅玻璃电池排布应合理、美观,满足设计要求;薄膜类电池玻璃不应有明显的斑点、彩虹和色差。光伏幕墙(屋面)系统供电方式有独立式和并网式两种。

光伏幕墙(屋面)系统用光伏组件替代传统的建筑幕墙和屋面组件,将光伏发电与建筑围护融为一体,在设计时会带来许多需要考虑和解决的新问题。需要在系统设计时更多的考虑技术和美观这两个方面,才能有效地兼顾建筑立面的围护功能、室内环境的舒适、建筑外观效果和光伏发电等要素。

光伏幕墙(屋面)系统作为建筑外围护结构,首先必须具有防风雨、保温、隔热、隔声、防雷、防火、采光、通风等多种使用功能,才能为人们提供安全舒适的室内环境。为满足这些要求,光伏幕墙(屋面)系统必须具备必要的物理性能。光伏幕墙(屋面)系统的物理性能主要有抗风压性能、水密性能、气密性能、热工性能、空气声隔声性能、平面内变形性能、抗震要求、耐撞击性能、采光性能等。

光伏幕墙(屋面)系统的性能要求和建筑物所在地的地理、气候条件有关,如在沿海台风多发地区,幕墙的抗风压性能和水密性能就需达到较高的等级。同时性能等级要求的高低还和建筑物本身的特点(建筑物体型、高度、造价)和使用功能有关。所以,光伏幕墙(屋面)系统的性能设计应根据建筑物所在地的气候、环境、建筑物体型、高度和建筑物的功能等要求通过设计计算合理确定。

从幕墙构造形式来说,光伏幕墙(屋面)系统一般可考虑设计为框架式结构,隐框式、明框式、半隐框式均可,但采用明框式光伏幕墙时不宜选用外突尺寸太大的型材,以免型材阴影影响发电效率。需要时也可设计为点支承式结构。当采用点支承方式时,需特别注重考虑电路引出线的设计,避免引出线影响视觉效果。同时在支撑孔周边应进行可靠的密封处理。光伏系统的输配电和控制用缆线应统筹安排,集中布置,满足安全、隐蔽、美观的要求,并方便安装维护。光伏组件的电路引出线在设计中应注意将其巧妙地隐藏在幕墙结构中。

8.5.3 光伏建筑一体化系统设计

光伏建筑一体化主要是光伏发电系统通过光伏组件用于建筑屋顶(光电屋顶)、墙面(光电幕墙)、遮阳(光电遮阳板)来获取电能的一种方式。光伏系统工作时,安装在建筑物上光伏组件产生直流电源,通过接线盒与逆变器连接,将直流转换成交流,给建筑物负载供电或给建筑物以外其他负荷供电。光伏建筑一体化的发电主要有两种方式,一种是独立的供电系统,即所发电能直接用于建筑物内部分负载,过剩时采取蓄电池储存。

光伏组件或方阵的选型和设计应与建筑结合,在综合考虑发电效率、发电量、电气和结构安全、适用美观的前提下,合理选用构件型和建材型光伏构件,并与建筑模数相协调,满足安装、清洁、维护和局部更换的要求。光伏系统输配电和控制用缆线应与其他管线统筹安排,安全、隐蔽、集中布置,满足安装维护的要求。光伏组件或方阵连接电缆及其输出总电缆应符合《光伏(PV)组件安全鉴定第一部分:结构要求》GB/T20047.1 的相关规定。在人员有可能接触或接近光伏系统的位置,应设置防触电警示标识。并网光伏系统应具有相应的并网保护功能。光伏系统应安装计量装置,并应预留检测接口。光伏系统应满足《光伏系统并网技术要求》GB/T 19939 关于电压偏差、闪变、频率偏差、谐波、三相不平衡度和功率因数等电能质量指标的要求。离网独立光伏系统应满足《家用太阳能光伏电源系统技术条件和试验方法》GB/T 19064 的相关要求。

1. **系统分类**

光伏建筑一体化系统分为独立光伏系统、并网光伏系统和混合光伏系统,如图 8-22 所示。带有蓄电池的可以独立运行的光伏系统是独立光伏系统。并网光伏发电系统是与电网相连,并向电网馈送电力的光伏发电系统。从长远角度来看,并网光伏发电系统更有优越性。因此,建筑物光伏市场正在或即将从独立发电系统转向并网发电系统。混合光伏系统是独立发电＋并网发电，又称防灾型。

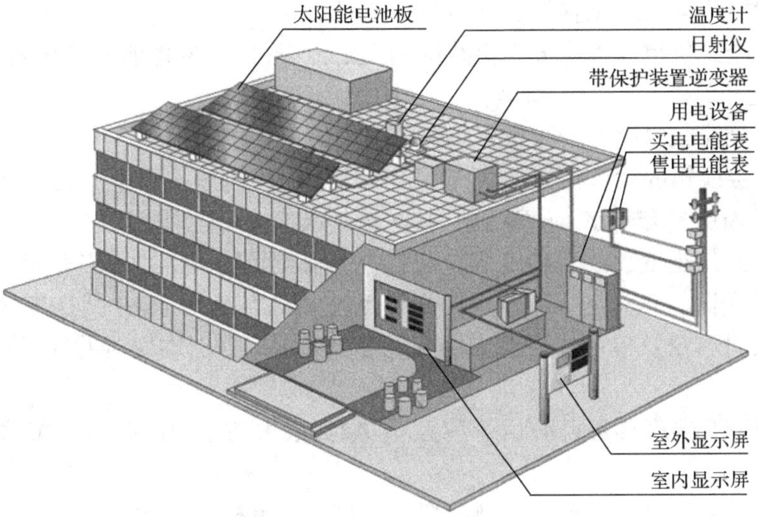

图 8-22　光伏建筑一体化系统图

光伏系统按是否具有储能装置分为两种系统：带有储能装置的系统和不带储能装置的系统。

光伏系统按其太阳能电池组件的封装形式，分为三种系统：建材型光伏系统、构件型光伏系统、安装型光伏系统。

2. 系统设计

应根据新建建筑或既有建筑的使用功能、电网条件、负荷性质和系统运行方式等因素，确定光伏系统为建材型、构件型或安装型。光伏系统一般由光伏方阵、光伏接线箱、逆变器（限于包括交流线路系统）、蓄电池及其充电控制装置（限于带有储能装置系统）、电能表和显示电能相关参数的仪表组成。光伏方阵的设计应遵循以下原则：

（1）根据建筑设计及其电力负荷确定光伏组件的类型、规格、安装位置和可安装场地面积。

（2）根据尽量采用最佳倾角，且便于清除灰尘，保证组件通风良好的原则确定光伏组件的安装方式。

（3）根据逆变器的额定直流电压、最大功率跟踪控制范围、光伏组件的最大输出工作电压及其温度系数，确定光伏组件的串联数（或称光伏组件串或组串）。

（4）根据总装机容量及光伏组件串的容量确定光伏组件串的并联数。

（5）同一组串及同一子阵内，组件电性能参数宜尽可能一致，其中最大输出功率 P_m、最大工作电流 I_m 的离散性应小于 $\pm 3\%$。

（6）建筑材料型光伏系统和建筑构件型光伏系统在建筑设计时就需要统筹考虑电气线路的安装布置，同时要保证每一块建筑材料型光伏组件和建筑构件型光伏组件金属外框的可靠接地。

光伏接线箱设置应遵循以下原则：

（1）光伏接线箱内应设置汇流铜母排或端子。

（2）每一个光伏组件串应分别由线缆引至汇流母排，在母排前分别设置直流分开关，并设置直流主开关。

（3）光伏接线箱内应设置防雷保护装置。

（4）光伏接线箱的设置位置应便于操作和检修，宜选择室内干燥的场所。设置在室外的光伏接线箱应具有防水、防腐措施，其防护等级应为 IP65 以上。

独立光伏系统逆变器的总额定容量应根据交流侧负荷最大功率及负荷性质选择。并网光伏系统逆变器的总额定容量应根据光伏系统装机容量确定；并网逆变器的数量应根据光伏系统装机容量及单台并网逆变器额定容量确定。并网逆变器的选择还应遵循以下原则：

（1）并网逆变器应具备自动运行和停止功能、最大功率跟踪控制功能和防止孤岛效应功能。

（2）不带工频隔离变压器的并网逆变器应具备直流检测功能。

（3）无隔离变压器的并网逆变器应具备直流接地检测功能。

（4）具有并网保护装置，与电力系统具备相同的电压、相数、相位、谐波、频率及接线方式。

（5）应满足高效、节能、环保的要求。

直流线路的选择应耐压等级应高于光伏方阵电压的 1.25 倍；额定载流量应高于短路保护电器整定值，短路保护电器整定值应高于光伏方阵的标称短路电流的 1.25 倍；满发状态下，线路电压损失应控制在 3% 以内。

3. 配电电气系统

并网光伏系统配变电间设计除应符合本规程外，尚应符合《10kV 及以下变电所设计规范》GB50053、《35～110kV 及以下变电所设计规范》GB50059 的相关要求。

光伏系统的配变电间应根据光伏方阵规模和建筑物形式采取集中或分散方式布置。

光伏系统的变压器宜选用干式变压器。

4. 系统接入电网

光伏系统以中压或高压方式（10kV 及以上）与公共电网并网时，电能质量等相关部分应参照《光伏系统并网技术要求》GB/T19939，并应符合以下要求：

（1）光伏系统并网点的运行电压为额定电压的 90%～110% 时，光伏系统应能正常运行；

（2）光伏系统在并网运行 6 个月内应向供电机构提供有关光伏系统运行特性的测试报告，以表明光伏系统符合接入系统的相关规定。

5. 电能储存系统

电能储存系统宜选用寿命长、充放电效率高、自放电小等性能优越的蓄电池。

电能储存系统应符合《电力工程直流系统设计技术规程》DL/T 5044 和《家用太阳能光伏电源系统技术条件和试验方法》GB/T 19064 的相关要求。

8.5.4 光伏建筑一体化建筑设计

应用光伏系统新建工业与民用建筑,在规划及方案设计阶段就应该综合考虑建设场地环境现状条件、建筑规模、建筑的不同功能要求及各种规划要素,并充分结合影响太阳能系统光伏应用的地理气候、太阳能资源、能耗、施工条件等因素,确定建筑的布局朝向、间距、密度及道路、绿化及空间组合,使建筑在规划阶段就具备必要条件,满足太阳能光伏系统应用的技术要求。

光伏系统的选型是建筑设计的重点内容,建筑师不仅要创造新颖美观的建筑外观,还要根据建筑类型和使用功能要求合理选择光伏系统类型、光伏材料色泽,并与建筑结构、建筑电气专业共同确定光伏系统组件在建筑各部位安装位置并且不得影响该部位的建筑功能要求。光伏系统产品供应商需向建筑设计单位提供光伏组件的规格、尺寸、荷载,预埋件的规格、尺寸、安全位置及安全要求,并提供光伏系统的发电性能等技术指标及其检测报告,保证产品质量和使用性能,向建筑电气工程师提出对电力的使用要求。电气工程师进行光伏系统设计、布置管线、确定管线走向;结构工程师在建筑结构设计时,应考虑光伏系统的荷载,以保证结构的安全性,并埋设预埋件,为光伏构件的锚固、安装提供安全牢靠的条件。各方的紧密配合是确保光伏系统与建筑成为一体化的重要保障。

安装在建筑屋面、阳台、墙面、窗面或其他部位的光伏组件应满足电气安全和结构安全要求,并应根据电气设计规范配置带电警示标识,同时应有安全防护措施。直接构成建筑物维护结构的光伏组件除应满足电气安全和结构安全要求外,还应根据电气设计规范配置带电警示标识,同时应有安全防护措施要求外,还应满足其建筑热工和功能要求。

在既有建筑上增设或改造的光伏系统,其重量会增加建筑荷载。另外,安装过程也会对建筑结构、建筑功能及建筑热工性能有影响,因此,必须进行建筑结构安全、建筑电气安全等方面的复核和检验,并且光伏组件的安装不得降低所在建筑部位的建筑热工要求。

建筑设计时应考虑采取防止光伏构件损坏而脱落伤人的措施,如设置挑檐、在入口处设雨蓬、在靠近建筑周边进行绿化种植等方法,使人不易靠近,达到防止坠物伤人的目的。

一般情况下,建筑的设计寿命是光伏系统寿命的 2~3 倍,光伏组件及系统其他部件在构造、型式上应利于在建筑围护结构上安装,便于维护、修理、局部更换。为此建筑设计不仅要考虑地震、风荷载、雪荷载、冰雹等自然破坏因素,还应为光伏系统的日常维护,尤其是光伏组件的安装、维护、日常保养、更换提供必要的安全便利的操作条件。平屋面应设置屋面出入口,便于安装、检修人员出入;坡屋面在屋脊的适当位置预留金属钢架或吊钩,便于固定安装检修人员系安全带,确保维护人员安全操作。

光伏组件被作为建筑维护材料使用时或被作为建筑构件使用时,其材料自身使用寿命设计应与建筑主体使用寿命相同;附设安装在建筑上的光伏组件,其使用年限应满足不小于 25 年的标准。

1. 规划设计

在确定新建工业与民用建筑上应用光伏系统时,应根据地理条件,设计人员应在规划设计或建筑总平面设计时,尽可能正南北布局建筑单体或建筑群体,为光伏系统接收更多的太阳能创造必要条件;在既有建筑上应用光伏系统时,应尽量选择正南向建筑,以利于提高光伏系统应用效率。应用光伏系统的建筑,建筑间距应满足所在地区日照间距要求,且不得因应用了光伏系统而降低相邻建筑的日照标准。设计人员在规划光伏组件的安装位置时不仅应选择不可能被周围环境景观、树木绿化及其阴影遮挡的部位,还要注重避免建筑自身投影对光伏组件产生遮挡阳光的情况。因为建筑平面往往凹凸不规则,容易造成建筑自身对太阳光的遮挡,除此以外,对于体形为L型、U型的平面,也要注意避免自身的遮挡,从而确保光伏组件的正常工作。

2. 建筑设计

光伏组件安装及应用在建筑屋面、阳台、墙面或其他部位,不应有任何障碍物遮挡太阳光。光伏组件总面积根据需要电量、建筑上允许的安装面积、当地的地理气候条件等因素确定。安装及应用位置要能满足冬至日全天有4h以上日照时数的要求。

光伏组件安装在建筑上,其基座与建筑的结合部位应避免对该部位节能构造产生破坏而影响该部位的节能效果,必要时采取适当的构造措施予以防范;光伏组件不应影响安装部位建筑雨水系统设计,不应造成局部积水、防水层破坏、渗漏等情况。

建筑主体结构在伸缩缝、沉降缝、抗震缝的变形缝两侧会发生相对位移,光伏组件跨越变形缝时容易遭到破坏,造成漏电、脱落等危险,因此光伏组件不应跨越主体结构的变形缝。

安装光伏组件时,应采取必要的通风降温措施以抑制其表面温度升高。一般情况下,组件与安装面层之间设置50mm以上的空隙,组件之间也留有空隙,会有效控制组件背面的温度升高。

光伏组件应用在屋面上时,应符合以下要求:

(1) 作为建筑材料使用的光伏组件,其材料特性应满足相应建材的性能要求。

(2) 采用自动跟踪型和手动调节型支架可提高系统的发电量。自动跟踪型支架还需配置包括太阳辐射测量设备、计算机控制的步进电机等自动跟踪系统。手动调节型支架经济可靠,适合于以月、季度为周期的调节系统。

(3) 屋面上设置光伏方阵时,前排光伏组件的阴影不应影响后排光伏组件正常工作,要考虑能满足冬至日6h日照不受遮挡的要求,一般指9:00~15:00期间日照不受遮挡。另外,还应注意组件的日斑影响。

(4) 光伏组件一般不具备排水屋面的功能,需要在屋面上树立支架,其应与支架牢固连接,并且基座与结构层应采用螺栓固定,应保证竖向荷载、风荷载及地震荷载作用的可靠传递;防水层应包到支座和金属埋件的上部,形成较高的泛水,地脚螺栓周围缝隙容易渗水,应作密封处理。

(5) 在建筑屋面上安装光伏组件支架,应选择点式的基座形式,以利于屋面排水。特别要避免与屋面排水方向垂直的条形基座,其支架基座部位应设附加防水层。附加层宜空铺,空铺宽度不应小于 200mm。为防止卷材防水层收头翘边,避免雨水从开口处渗入防水层下部,应按设计要求做好收头处理。卷材防水层应用压条钉压固定,或用密封材料封严;构成屋面面层的建材型光伏构件,其安装基层应为具有一定刚度的保护层,以避免由于光伏组件变形对表面材料功能产生影响。

(6) 在太阳高度角较小时,光伏方阵排列过密会造成彼此遮挡,降低运行效率。为使光伏方阵实现高效经济运行,应对光伏组件的相互遮挡进行日照计算和分析,选择光伏组件最佳倾角应考虑取得最大光照为原则。安装倾角小于 10°时容易产生积灰和维修不易的情况,在安装支架周围应考虑设置人工清洗维修设施和通道,通道距支架宽度不小于 500mm。

(7) 需要经常维修的光伏组件周围屋面、检修通道、屋面出入口以及人行通道上面应设置刚性保护层保护防水层,一般可铺设水泥砖。

(8) 光伏组件的引线穿过屋面处,应预埋防水套管,并作防水密封处理。防水套管应在屋面防水层施工前埋设完毕。

光伏组件应用在坡屋面上时,应符合以下要求:

(1) 新建建筑的坡屋面坡度设计在考虑坡屋面排水功能同时,还应考虑光伏组件全年获得太阳光电能最多的倾角,可根据当地纬度±10°来确定屋面坡度;一般情况下坡度可采用 22°~26°进行设计;既有建筑坡度选择也参照执行。

(2) 安装在坡屋面上的光伏组件宜根据建筑物实际情况,选择顺坡镶嵌设置或顺坡架空设置方式;架空设置其支架基座与结构层应采用螺栓固定,支架与坡屋面结合处,容易在排水垂直方向产生挡水,应采取措施保证其排水通畅,并应做好防渗漏密封处理。

(3) 顺坡镶嵌设置的光伏组件与坡屋面连接处应作密封处理;建材型光伏组件安装在坡屋面上时,其与周围屋面材料连接部位应做好建筑构造设计,并应满足屋面整体的保温、防水等围护结构功能要求。

(4) 顺坡架空安装的光伏组件与坡屋面间宜留有大于 100mm 的通风间隙。控制通风间隙的目的有两个,一是通过加强屋面通风降低光伏组件背面温升,二是保证组件的安装维护空间。

(5) 作为坡屋面建筑材料使用的光伏组件,其材料特性应满足坡屋面材料排水等的性能要求。

光伏组件应用在阳台或平台栏板上时,应符合以下要求:

(1) 安装或镶嵌在阳台栏板上的光伏组件应有适当的倾角,以接受更多的太阳光为原则,光伏组件及其支架应与阳台栏板上的预埋件牢固连接,并通过计算确定预埋件的尺寸与预埋深度,防止坠落事件的发生。

(2) 直接作为阳台及平台栏板的光伏组件,应满足建筑阳台栏板强度及高度的要求。阳台栏板高度应满足建筑阳台栏板高度要求,如低层、多层住宅的阳台栏板净高不应低于 1.05m,中、高层,高层住宅的阳台栏板不应低于 1.10m;光伏组件背面温度较高,或电气连接损坏都可能会引起安全事故(儿童烫伤、电气安全),因此要采取必要的保护措施,避免人身直接触及光伏组件。

(3) 不论是安装在阳台栏板上或作为栏板使用的光伏组件,均应与栏板或主体结构的预埋件牢固连接,并通过计算确定预埋件的尺寸与预埋深度,防止坠落事件的发生。

光伏组件应用在墙面上时,应符合以下要求:

(1) 作为外墙材料的光伏组件(建材型),其材料要满足建筑热工要求,作为外围护结构还应满足功能要求。

(2) 对于采取外挂等其他方式安装在建筑外墙的光伏组件(安装型),结构设计时应作为墙体永久荷载,墙体上安装光伏组件可能造成墙体局部变形、产生局部裂缝的情况,可采取构造措施加以防止;光伏组件支架应锚固在墙体的结构构件上,预埋件应通过结构计算确定;光伏组件安装外保温构造的墙体上时,其与墙面连接部位易产生冷桥,因此需要作特殊断桥或保温构造处理,保证满足墙面整体保温节能的热工要求。

(3) 光伏组件作为建筑遮阳构件使用时,应进行遮阳性能计算。

(4) 外墙窗面上安装光伏组件时,应满足不同性质建筑对窗的采光通风要求,并应达到外窗的节能要求。

(5) 作为外墙使用的光伏组件,应具备外墙材料的特性,并应满足外墙保温节能的设计要求。

(6) 光伏组件的引线应暗设,过墙面处应预埋防水套管,可防止水渗入墙体构造层;管线穿越结构柱会影响结构性能,因此穿墙管线不宜设在结构柱内。

(7) 光伏组件镶嵌在墙面时,应由建筑设计专业结合建筑立面进行统筹设计。

(8) 建筑设计时,为防止光伏组件损坏而掉下伤人,应考虑在安装光伏组件的墙面采取必要的安全防护措施,如在有人员出入处设置挑檐、雨蓬,在建筑周围进行绿化种植等,使人不易靠近,防止光伏构件坠落伤人。

3. 结构设计

光伏建筑工程的结构设计包括两个方面:一是光伏组件自身的安装结构设计;二是支承光伏系统的主体结构和构件设计及相关连接件设计。在主体结构设计时,应根据光伏系统各组成部分在建筑中的位置准确把握其荷载效应,保证其结构体系的安全;同时还要确定安装方式以及安装位置对结构局部强度的要求。光伏系统重量应按永久荷载效应进行荷载组合。

对于体形、风荷载环境比较复杂的光伏建筑包括光伏幕墙,风荷载取值宜更加准确,因此在没有可靠参照依据时,宜采用风洞试验确定其风荷载取值。光伏建筑结构设计应区分是否要求抗震设计。对于6度设防区,一般只需考虑系统自重、风荷载和雪荷载。对于6度以上设防区,还应考虑地震作用。

在既有建筑上安装光伏系统,则应对原有建筑的设计资料进行调查,并对原有建筑的结构材料现状、耐久性进行鉴定,必要时应对材料取样测试。确认后应将增设光伏系统重量作为新加的永久荷载效应进行结构复核验算,保证结构的安全。

光伏组件的支架及各个连接节点主要承受系统自重、风荷载、雪荷载和地震作用,应通过计算确定支架结构构件的截面形式以及构件连接形式。

连接件与其基座(主体结构)的锚固承载力应大于连接件本身的承载力,任何情况不允许发生锚固破坏。光伏幕墙的连接与锚固必须可靠,其承载力必须通过计算或实物试验予以确认,并要留有余地。为了保证与主体结构的连接可靠性,连接部位主体结构混凝土强度等级不应低于 C20。

大多数情况下支架基座比较容易满足稳定性要求(抗滑移、抗倾覆),但在风荷载比较大的地区,支架基座的稳定性对结构安全起控制作用,必须进行验算并加以保证。

考虑光伏系统的有效使用周期,预埋件的设计周期应与主体结构相同。避免光伏组件更新时对主体结构造成破坏。支架及其他安装材料的选择应综合考虑其使用年限和周边环境,并应采取相应有效的防护措施。当地面安装光伏系统时,为了防止雨水污染和其他不利影响,建议光伏组件最低点距地面不宜小于 300mm,同时,应对地基承载力、基础的强度和稳定性进行验算。

4. 建筑电气设计

需集中布置逆变器、配电屏或需升压送出的大中型光伏系统成排布置的配电屏,其屏前和屏后的通道净宽不应小于表 8-2 规定。

表 8-2 配电屏前后的通道净宽

设计方式	单排布置		双排面对面布置		双排背对背布置	
	屏前	屏后	屏前	屏后	屏前	屏后
固定式/m	1.5	1.0	2.0	1.0	1.5	1.5
抽屉式/m	1.8	1.0	2.3	1.0	1.8	1.0
控制屏(柜)/m	1.5	0.8	2.0	0.8	—	—

光伏发电系统宜采用阀控式免维护铅酸蓄电池,由于蓄电池的重量和体积均比较大,当容量超过 200A·h 时,宜设置专用的蓄电池室。考虑到蓄电池的荷重大,维护时要清洗地面等,故蓄电池室宜布置在底层,可以节约土建投资。

蓄电池室的建筑设计应满足以下要求。

(1) 蓄电池室应采用非燃性建筑材料,顶棚宜做成平顶,不应吊天棚,也不宜采用折板或槽型天花板。

(2) 蓄电池室内的地面应有约 0.5% 的排水坡度,并应有泄水孔。

(3) 蓄电池室内照明灯具应为防爆型,照明线宜采用穿管暗敷,室内不应装设开关和插座。

(4) 蓄电池室内的窗玻璃应采用毛玻璃或涂以半透明油漆的玻璃,阳光不应直射室内。蓄电池室走廊墙面不宜开设通风百叶窗或玻璃采光窗。

(5) 蓄电池室的门应向外开启,应采用非燃烧体或难燃烧体的实体门,门的尺寸不应小于 750mm×1960mm(宽×高)。

光伏系统中所用电缆多为常规电缆,无需特殊处理,与建筑物本身的电缆统一规划,可使建筑物的电缆通道整齐有序,布局合理。既有建筑中增设光伏系统时,原有电缆通道预留空间不足,需新增电缆通道时,应对既有建筑的结构安全、电气安全距离等进行验算,必要时进行改造。

8.5.5 光伏建筑一体化光伏系统的安装与调试

新建建筑光伏系统的安装施工方案应纳入建筑设备安装施工组织设计与质量控制程序,并制定相应的安装施工方案与安全技术措施。

既有建筑光伏系统的安装施工应编制设计技术方案与施工组织设计与质量控制程序,并制定相应的安装施工方案与安全技术措施,必要时应进行可行性论证。

光伏系统各部件在存放、搬运、吊装等过程中不得碰撞受损。临时放置光伏组件时,其下方要衬垫木,各面均不得受碰撞或重压;光伏组件在安装时朝阳侧表面应铺遮光板,防止电击危险;光伏组件的输出电缆不得发生非正常短路;连接无断弧功能的开关时,不得在有负荷或能够形成低阻回路的情况下接通或断开;连接完成或部分完成的光伏系统,遇有光伏组件破裂的情况应及时设置限制接近的警示牌,并由专业人员处置;接通电路后不得局部遮挡光伏组件,防止热斑效应产生不利影响;在坡度大于10°的坡屋面上安装施工时,应设置专用踏脚板;施工人员进行高空作业时,应佩戴安全防护用品,并设置醒目、清晰、明确的安全标识。

1. 基座

安装光伏组件或方阵的支架应设置基座,基座应与建筑主体结构连接牢固。在屋面结构层上现场砌(浇)筑的基座应进行防水处理,并应符合《屋面工程质量验收规范》GB 50207的要求。

预制基座应放置平稳、整齐,不得破坏屋面的防水层。钢基座及混凝土基座顶面的预埋件,宜为不锈钢材料或进行镀锌处理,否则在支架安装前应涂防腐涂料,并妥善保护。连接件与基座之间的空隙,应采用细石混凝土填捣密实。

2. 支架

安装光伏组件或方阵的支架应按设计要求制作。钢结构支架的安装和焊接应符合《钢结构工程施工质量验收规范》GB 50205的要求。

支架应按设计位置要求准确安装在主体结构上,并与主体结构可靠固定。钢结构支架焊接完毕,应进行防腐处理。防腐施工应符合《建筑防腐蚀工程施工及验收规范》GB 50212和《建筑防腐蚀工程质量检验评定标准》GB 50224的要求。钢结构支架应与建筑物接地系统可靠连接。

3. 光伏组件与方阵

光伏组件或方阵应按设计间距排列整齐并可靠固定在支架或连接件上。光伏组件之间的连接件应便于拆卸和更换。

光伏组件或方阵与建筑面层之间应留有的安装空间和散热间隙,该间隙不得被施工材料或杂物填塞。

在坡屋面上安装光伏组件时,其周边的防水连接构造应按设计要求施工,不得渗漏。

4. 电气系统

电气装置安装应符合《建筑电气工程施工质量验收规范》GB 50303 的相关要求。电缆线路施工应符合《电气装置安装工程电缆线路施工及验收规范》GB 50168 的相关要求。电气系统接地应符合《电气装置安装工程接地装置施工及验收规范》GB 50169 的相关要求。光伏系统直流侧施工时,应标识正、负极性,并宜分别布线。蓄能型光伏系统的蓄电池上、下方及四周不得堆放杂物。并网逆变器等控制器四周不得设置其他电气设备或堆放杂物。穿过屋面或外墙的电线应设防水套管,并排列整齐、有防水密封措施。

5. 系统调试

工程验收前应按照《光伏系统并网技术要求》GB/T 19939、《家用太阳能光伏电源系统技术条件和试验方法》GB/T 19064 的要求对光伏系统进行调试。

光伏系统的调试应按单体调试、分系统调试和整套光伏系统启动调试三个步骤进行。

(1) 按电气原理图及安装接线图进行,确认设备内部接线和外部接线正确无误。

(2) 按光伏系统的类型、等级与容量,检查其断流容量、熔断器容量、过压、欠压、过流保护等,检查内容均符合其规定值。

(3) 按设备使用说明书有关电气系统调整方法及调试要求,用模拟操作检查其工艺动作、指示、信号和联锁装置的正确、灵敏可靠。

(4) 检查各光伏支路的开路电压及系统的绝缘性能。

(5) 上述 4 项检查调整合格后,再进行各系统的联合调整试验。

8.6 太阳能光伏技术在农业领域中的应用

8.6.1 光伏农业概述

光伏农业一体化并网发电项目,将太阳能发电、现代农业种植和养殖、高效设施农业相结合,一方面太阳能光伏系统可运用农地直接低成本发电;另一方面,由于薄膜太阳能电池的一大特点是可做成透光的,动植物生长所需要的主要光源可以穿透;另外红外光也能穿透,可储存热能,提高大棚温度,在冬季有利于动植物生长,节约能源。该项目将惠及薄膜太阳能、系统集成、智能控制技术、设施农业、农业种植等领域的最先进的技术、经验和人才,以薄膜太阳能设施农业一体化并网发电站为核心,为集薄膜太阳能发电,农业光电子工程应用、推广,现代农业种植和养殖、加工和综合利用,农业种植和养殖技术交流推广,人才培训、观光农业、乐活农业、农产品物流等功能为一体的高新技术农业产业基地。

简单来说,光伏农业就是将太阳能发电广泛应用到现代农业种植、养殖、灌溉、病虫害防治以及农业机械动力提供等领域的一种新型农业。光伏农业符合生物链关系和生物最佳生产原料能量系统要求、遵循农产品生产规律并创新物质和能量转换技术,以达到智能补光、补水及调温的目的,而其产出的农产品将比现有方式生产的产品更安全、更营养、更多产。

光伏农业的光伏技术主要有：Solartech光伏提水技术（光伏扬水系统）、光伏水泵、滴灌、喷灌、微灌等产品。相较于传统农业而言，光伏农业是一场实现农场变工厂、田间变车间的生产方式变革。其在现代农业中有着广泛的运用前景和重大的现实意义。

（1）有利于种植、养殖环节的环境综合保护。如太阳能杀虫灯等设备的应用可有效解决传统农业中因大量使用化肥和农药而带来的土壤肥力下降、（蔬果）农药兽药残留严重、农业废弃物大量增加的问题，从而达到保护农村生态环境、减少食品安全事故的目的。

（2）可为种植、养殖基地提供能源供给。如建立光伏温室大棚能给蔬菜、花卉、苗木、牲畜等种植养殖场所提供热量和电力，以确保其顺利过冬。

（3）可改善农民生活。现在国家正在大力推进文明村镇建设，其中一个重要内容便是加快农村基础设施建设，如能将太阳能照明、太阳能取暖等在农村逐步推广，这无疑将为农民提供生活便利。

（4）光伏农业也可运用在林业生产或水利建设，如太阳能水情监测报告系统、林业监测报告系统、水利灌溉系统等都需要利用光伏科技和太阳能。光伏农业将是解决我国现代农业发展长期困境的发动机，是进一步发展农村经济、改善农民生活的必然选择，也是农业生产方式变革时势所趋。

从目前的情况看，光伏农业主要有以下几类：

（1）太阳能杀虫灯。相比于传统农药，太阳能杀虫灯最大的好处是取代农药或少用农药，可保证食品安全。市场上的此类产品已经具有时控、雨控、光控、全天候智能化管理等功能，除了普通电源产品外，有些高科技公司还开发出一体化野外太阳能照明杀虫灯、室内便携式照明杀虫杀蚊灯等产品，极大地方便了农民进行病虫害防治。

（2）新型太阳能生态农业大棚。这种技术将太阳能光伏发电系统、光热系统及新型纳米仿生态转光膜技术综合嫁接到传统温室大棚，达到不可思议的效果。比如，转光膜技术能根据不同植物生长对不同波长光吸收的需求，对透过转光膜的太阳光进行波长转换，以便农作物更容易吸收，提高了光合作用的效率。这种新型农业大棚能完全实现能源自给，既节能环保，又极易维护，相比于传统大棚，有成本低廉、农产品量质皆高的优点。

（3）太阳能光伏养殖场。这是将现代清洁能源工程与传统养殖事业相结合，在养殖场屋顶建设光伏电站，用以改造和提升传统畜牧养殖业并提供绿色能源的一种全新尝试，同时其推广和普及也能在提升新能源利用水平方面起到积极作用。

（4）新型农村太阳能发电站。这是一种以村为单位分享光伏发电系统的创新型商业尝试，在每一个村庄建设一个光伏电站，服务三农。考虑到太阳能发电技术在新农村建设中具有较大的应用发展空间，未来这类产品将大有可为。

（5）太阳能污水净化系统。现在，农村的环境污染日益严峻，污水是其中一大问题。太阳能污水净水系统在将太阳能转化成热能、电能后再有效地运用于污水处理工艺中，在这个过程中，基本没有二次污染和能耗转移。

（6）农用太阳能小产品，如太阳能手电筒、太阳能马灯、太阳能充电器、太阳能照明灭蚊灯等。这些产品可为偏远的无电、缺电地区的农民提供极大的生活便利。以上列举的产品只是几类极具代表性的、可实际运用的光伏产品，实际上，光伏农业还在其他很多方面有着广阔的应用前景。

假以时日,类似的产品会源源不断地被开发出来,为农业生产提供便利的同时,也能提升农业科技水平,改善农民生活水准,推动农村加快转型。国家采取措施推动光伏农业发展综上可知,现代农业需要光伏技术支撑,而光伏产品在农业上的应用价值也不可估量,推动光伏农业发展,是发展现代农业和解决光伏产业困境的双赢之道,而政府应该在其中有所作为。

8.6.2 太阳能发电在植物补光中的具体应用

随着科技、经济条件的发展和改善,近年来我国的设施农业发展迅速,特别是以植物工厂温室为代表的高效设施农业。利用人工手段,通过科学的手段控制和改变温室内部的小环境来生产反季节蔬菜和高经济价值的农产品,如通过LED植物灯照射植物,增加产量和改善品质,种植从平面向多层立体种植发展,这些都将成为未来的农业和工业结合发展的方向。但是按照常规方式,控制和改变温室内部小环境需要耗费大量能源,据日本学者研究表明,在密闭式植物苗工厂中采用人工补光方式,人工光源(荧光灯)耗电量约占总耗电量的82%,这会增加农产品的生产成本,影响植物工厂的推广。如果将太阳能发电应用到现代农业种植中,直接采用太阳能电池产模组产生的能量,既高效地利用了太阳能产生的能量,又有效地降低了农业生产的成本。

2010年4月,南京汤泉农场建立5座新型的太阳能农业光伏发电站,如图8-23所示。依托该基地进行了太阳能光伏发电和植物工厂结合的实验,其中利用光伏发电产生的直流电直接应用于农业补光系统是重要实验内容之一。

图8-23 南京汤泉农场太阳能光伏发电站基地外景

光环境是植物生长发育不可缺少的重要物理环境因素之一,通过光谱的调节,控制植株形态是现代设施栽培领域的一项重要技术。太阳光谱与植物光合作用的关系如图8-24所示。

一般情况下,太阳光谱与植物光合作用存在以下关系:

太阳光谱在280~315nm时,对植物形态与生理过程的影响极小;

太阳光谱在315~400nm时,植物对叶绿素吸收减少,影响光周期效应,阻止植物茎

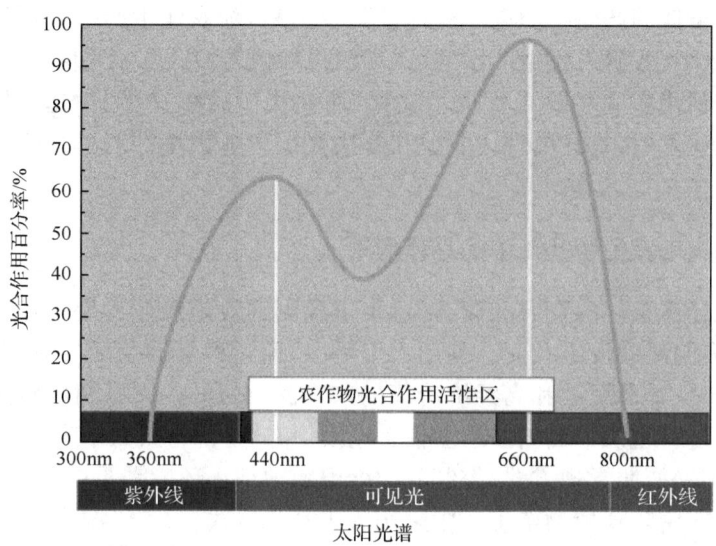

图 8-24 太阳光谱与植物光合作用的关系

伸长；

太阳光谱在 400～520nm（蓝光）时，植物对叶绿素与类胡萝卜素吸收比例最大，对光合作用影响最大；

太阳光谱在 520～610nm 时，植物对色素的吸收率不高；

太阳光谱在 610～720nm（红光）时，植物对叶绿素吸收率低，对光合作用与光周期效应有显著影响；

太阳光谱在 720～1000nm 时，吸收率低，刺激细胞延长，影响开花与种子发芽；

太阳光谱大于 1000nm 时，太阳能将转换成为热量。

因此，太阳光谱在 400～520nm（蓝光）和太阳光谱在 610～720nm（红光）这两个区间最有利于植物生长。LED 植物灯可以提供这两个区间的光谱，有效地满足植物生长。

通过将非晶硅透光式薄膜太阳能电池安装在温室的顶部，非晶硅透光式太阳能电池可以使部分太阳光线透过（主要是红光透过，还有部分的蓝光透过），蔬菜就可以在太阳能光伏温室内进行光合作用，同时多层的植物工厂将直接使用电池板产生的电能，即屋顶太阳能电池模组产生的直流电满足蔬菜进行补光、营养液循环等活动，如图 8-25、图 8-26 所示。

图 8-25 中 1 为农业温室屋顶表面覆盖透光性薄膜太阳能电池模组，2 为多层植物工厂，3 为 LED 植物灯，4 为太阳能电池模组直接和 LED 植物灯连接。

非晶硅薄膜太阳能电池的结构和制造方式不同于常规的晶硅电池，它是一种以非晶硅化合物为基本组成的薄膜太阳能电池。常规的晶硅电池需要较多的硅原料，硅片的厚度 150～200μm 以上，才能有效地吸收太阳能。而非晶硅薄膜太阳能电池的硅料厚度仅为 5μm 左右，因此非晶硅薄膜太阳能电池具有较低的成本及较轻的重量，制造过程中对环境的污染较小。非晶硅薄膜太阳能电池的制备方法有很多，其中包括反应溅射法、PECVD 法、LPCVD 法等，反应原料气体为 H_2 稀释的 SiH_4，衬底主要为玻璃及不锈钢

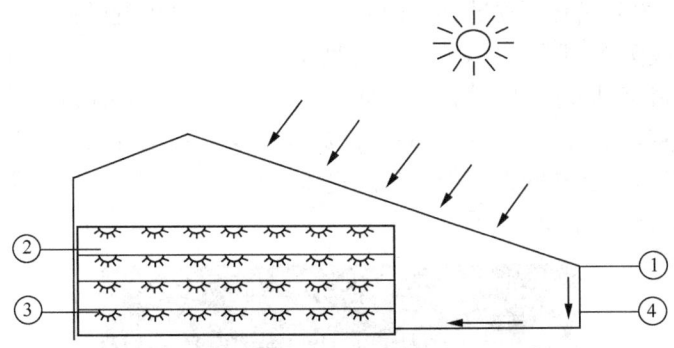

图 8-25　光伏温室发电在植物补光系统中应用示意图

图 8-26　光伏温室发电在植物补光系统中应用实物图片

片,制成的非晶硅薄膜经过不同的电池工艺过程可分别制得单结电池和叠层太阳能电池。目前普遍采用的方法是等离子增强型化学气相淀积(PECVD)法,采用该方法可以根据需要,控制薄膜太阳能电池的光谱透过率和光谱透过的种类。

采用非晶硅薄膜太阳能电池模组,单片 90W,尺寸 1.3m×1.1m,光电转换效率 6%。在植物生长所需可见光谱 400~800nm,该薄膜太阳能电池的平均透光率是 10%,在光合作用最活跃的 440nm 和 660nm 两个区域,太阳光可以透过。为了增加植物所需要的光谱,可以采用两种方式:屋顶薄膜太阳能电池板和普通透明白玻璃间隔排列;采用 LED 灯补充植物需要的光谱,达到植物生长的光环境。

8.7　太阳能光伏技术在太空领域中的应用

太空太阳能发电站的想法最初在 1968 年由美国麻省里特咨询公司的工程师彼特·格拉斯提出。格拉斯设想了一个面积达 50km^2 的太阳能电池板阵列,其中每块电池板都能产生数千瓦的能量。人们用火箭将这些电池板送入地球同步轨道,并让数百名宇航员在太空中完成组装工作。在他的设计方案中,太空发电站的电池板能不断调整角度以面对太阳,然后借助一个长达 1km 的微波天线将太阳能传回地球,如图 8-27 所示。为实现这一目标,这个巨大的天线必须安装在万向装置上,使它能自由旋转而不受阵列中其他设备的影响。地面接收天线则更为壮观,占地超过 $100km^2$。如果这个梦想得以实现,它将成为最伟大的太空奇迹,国际空间站在它面前就不过是摩天大楼前的一间玩具房子。但美国在 20 世纪 70 年代进行了初步研究后还是放弃了这种想法,因为其建设成本高得惊人。即使在今天,仅将一颗这样的太阳能卫星送进太空就需要 1 万亿美元,而在太空建发电站至少需要十几颗这样的卫星。

图 8-27　太阳能光电幕墙

而今天的计划和 40 年前的构想极为相似,先要把太阳能卫星发射到距赤道 22000 英里(约 35400km)的轨道上,并保持与地球位置相对不变。太阳能板宽度将达若干英里,系统在采集太阳能后将其转变为电,然后再转变为电磁波返回到地球上。

利用太空太阳能发电的研究之所以几十年来一直备受人类关注,是因为它确实有着很多不可替代的好处,如果能够大规模发展,也许真的可以像科幻电视剧里描述的那样,永久地解决人类的能源问题。首先,太空中的太阳能电池板没有大气层的阻隔,没有干扰,它接受太阳光的强度是地球上的 8～10 倍,而且更清洁。其次,它可以 24h 持续不断地接收阳光,解决了地面太阳能发电间断和稳定性差的问题。最后,太空的"土地"是免费的,况且目前国际社会尚无对开发太空太阳能的限制和法律约束。所以,这也给了太空太阳能一个巨大的发展空间。

8.8　太阳能光伏技术在其他领域中的应用

除了上面提到的各个领域的应用,实际上太阳能光伏技术在电子商品及玩具方面广泛使用,包括太阳能收音机、太阳能钟、太阳能帽、太阳能充电器、太阳能手表、太阳能计算器、太阳能玩具等。

Solar JKT 是全球首款豪华茄克系列,可利用太阳能为移动电话、iPad 或手提通信装置充电。安装在氯丁橡胶衣领下的太阳能电池可直接将太阳光转化为持续的可再生能源。而电子织物线可将电能分配到充电电池,或直接为移动电话或其他装置供电。电池将隐藏在茄克内衬或置于独立氯丁橡胶容器中,仅需 4～5h 日照即可完全将电池充满,如

图 8-28 所示。茄克中的电池元件和太阳能面板衣领均可拆卸,因此即使不穿茄克,也可作为独立装置实现充电功能,如图 8-29 所示。

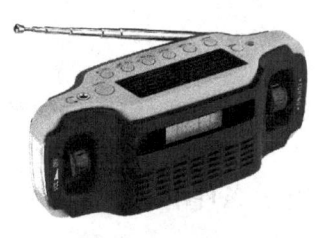

图 8-28　太阳能光伏技术在电子商品中应用

图 8-29　太阳能茄克衫

8.9　光伏发电系统工程实例

8.9.1　10kW 光伏发电系统工程设计

光伏发电系统的容量越大,安全性能要求越高,对于大容量的光伏发电系统,设计前一定要参考相关的标准技术文件,按照技术要求,确定设计原则。容量设计是设计的重点,容量以满足需求为宜,因为光伏组件和蓄电池的成本占整个系统成本的最大比例,在选择控制器和逆变器的容量时,应该留有一定的余量,以备将来系统扩容之用。

1. 设计依据

GB/T 19939-2005《光伏系统并网技术要求》。
GB/T 20046-2006《光伏(PV)系统电网接口特性(IEC 61727:2004,MOD)》。
GB/Z 19964-2005《光伏发电站接入电力系统技术规定》。
GB/T 2423.1-2008《电工电子产品环境试验　第 2 部分:试验方法　试验 A:低温》。
GB/T 3859.2-1993《半导体变流器　应用原则》。
GB/T 14549-1993《电能质量　公用电网谐波》。

GB/T 15543-2008《电能质量 三相电压不平衡度》。
GB/T12325-2003《电能质量供电电压允许偏差》。
Q/3201GYDY01-2002《逆变电源》。

2. 设计原则

(1) 光伏发电系统应当在可靠满足负载需要的前提下,进行合理的配置,尽量减少系统规模,降低投资费用。

(2) 光伏发电系统的设计必须要求具有高可靠性,保证在较恶劣条件下能正常使用;同时要求系统的易操作性和易维护性,便于用户的操作和日常维护。

(3) 并网光伏发电系统尽量在原有的线路基础上增加,采取尽量不改造原有回路的原则。因此,将光伏发电系统的并网点选择在并网点的低压配电柜上。

(4) 考虑到并网光伏发电系统在安装及使用过程中的安全性及可靠性,在并网逆变器直流输入端加装直流配电接线箱。

(5) 整套光伏发电系统的设计、制造和施工低成本化,设备标准化、模块化,提高备件的通用互换性,要求系统预留扩展接口,便于以后规模容量的扩大。

3. 光伏发电系统的运行方式选择

独立运行的光伏发电系统需要有蓄电池作为储能装置,主要运用于无电网的边远地区。由于必须有蓄电池储能装置,整个系统的造价很高,但这种光伏发电系统发出的电能独立供给负载,不与公共电网连接,不会对公共电网发生任何干扰。

在有公共电网的地区,光伏发电系统一般与电网连接,即采用并网运行方式。并网光伏发电系统的优点是可以省去蓄电池,而将电网作为自己的储能单元,由于蓄电池的存储和释放电能的过程中,伴随有能量的损失,蓄电池的使用寿命通常仅为5~8年。报废的蓄电池又将对环境造成污染,所以省去蓄电池后的光伏发电系统不仅可以大幅度降低造价,还具有更高的发电效率和更好的环保性能,且维护简单、方便。

4. 容量设计

1) 负载平均日耗电量的计算

(1) 主要依据。某工程要求建设一座装机容量为10kW的并网光伏发电场,通过当地的气象资料查得当地的年总辐射量为4267.74MJ/m²。

(2) 计算公式为

$$Q = \frac{PK_{OP}H_L}{5618 \times 365A} \tag{8-1}$$

式中,A 为安全系数,取 1.2;K_{OP} 为最佳辐射系数,取 1.1;H_L 为水平面上太阳总辐射量,KJ/m^2;P 为光伏阵列功率。将数据代入,于是有

$$Q = \frac{10 \times 10^3 \times 1.1 \times 4267.4}{5618 \times 1.2 \times 365} \text{kW} \cdot \text{h} = 19.1 \text{kW} \cdot \text{h} \tag{8-2}$$

2) 光伏组件的设计

(1) 光伏阵列的功率为 10kW,选用国内知名光伏企业阳光电源股份有限公司生产的 165W 的单晶硅太阳能电池组件,其主要技术参数见表 8-3。

表 8-3　165W 组件的主要技术参数

组件类别	组件功率/W	最大工作电压/V	最大工作电流/A	开路电压/V	短路电流/A
单晶硅	165	36.33	4.55	44.3	5.05

(2) 确定系统电压。系统电压有 12V、24V、48V、110V、220V 等,为了尽可能降低电能损失,选用 220V 的系统电压。

(3) 光伏组件串联数 N_S 的确定。

$$N_S = \frac{\text{系统工作电压(V)} \times 1.43}{\text{组件峰值电压(V)}} = \frac{220 \times 1.43}{36.33} \approx 9 \tag{8-3}$$

(4) 光伏组件并联数 N_P 的确定。

$$N_P = \frac{P}{N_S \times P_w} \tag{8-4}$$

式中,P 为光伏阵列功率;N_s 光伏组件串联数;P_w 组件峰值功率。

将数据代入,于是有

$$N_P = \frac{10000}{9 \times 165} \approx 7 \tag{8-5}$$

(5) 光伏阵列的最大输出电流 $I = 7 \times 4.55A = 31.85A$。
(6) 光伏组件总数 $N = N_S \times N_P = 9 \times 7 = 63$。
(7) 光伏阵列实际总功率 $P = 63 \times 165W = 10395W$。

5. 电气设计

1) 并网逆变器的选型

并网逆变器的功能除将直流电变换成交流电之外,必须满足电网电能质量、防孤岛效应、安全隔离接地三个要求。同时,并网逆变器采用最大功率跟踪技术,最大限度地把太阳能电池板转换的电能送入电网。逆变器自带的显示单元可显示光伏阵列的电压、电流,逆变器输出电压、电流、功率,累计发电量,运行状态,异常报警等各项电气参数。同时具有标准电气通信接口,可实现远程监控。具有可靠性高、多种并网保护功能、多种运行模式、对电网无谐波污染等特点,逆变器容量的计算公式为

$$P = \frac{P_L \times N}{S \times M} \times B \tag{8-6}$$

式中,P_L 为负荷功率,取值 10kW;N 为用电同时率,取值 80%;S 为负荷功率因数,取值 0.8;M 为逆变负荷率,取值 85%;B 为各相负荷不平衡系数(取 1.2)。

于是有

$$P = \frac{10 \times 0.8}{0.8 \times 0.85} \times 1.2 kW = 14.12 kW \tag{8-7}$$

根据计算,可选用三晶电气有限公司型号为 Sununo-TL5K 逆变器,外型如图 8-30 所

示,其参数见表8-4。

图 8-30　Sununo-TL5K 逆变器外形图

表 8-4　Sununo-TL5K 逆变器主要技术参数表

输入参数(直流)		输出参数(交流)	
最大直流功率/W	5200	额定输出功率/W	5000
最大直流输入电压/V	550	最大输出功率/W	5000
MPPT 电压范围/V	125~440	额定输出电流/A	21.7
额定输入电压/V	360	最大输出电流/A	25
启动电压/V	150	额定交流电压	220V
最小输入电压/V	100	额定电网频率	50Hz
最大总输入电流	26A/16A	功率因数($\cos\varphi$)	>0.99(满载)
MPPT 追踪路数	2(可并联接入)	额定功率下总谐波畸变(THD)	<2%
效率		保护	
最大效率	97.7%	过压保护	有
MPPT 效率	>99.5%	直流端绝缘阻抗监测	有
接口		直流侧压敏电阻	有
交流侧连接器	端子台	对地故障电流监测	有
直流侧连接器	MC4/H4	电网监测	有
LCD/LED 显示	LCD(16×2 字符)&LED(3 个灯)	交流输出短路保护	有
显示语言	多国语言	过热防护	有
通信方式	2 * RS485(标准) 无线网络/以太网(可选)	孤岛保护监测	AFD

2) 交流配电柜

交流配电柜主要满足以下功能需求。

(1) 满足 10kW 光伏发电系统的输入、输出功率要求,通过配电给逆变器提供并网接口。

(2) 能够在光伏发电系统与市电网之间切换,在出现光伏发电系统输出功率不足、输出电压过低等条件时自动切换到市电网线路。

(3) 交流配电柜应适用于三相低压交流电网(AC380V/50Hz),应配置相应电气保护装置;应含有网侧断路器、防雷器,配置发电计量表、逆变器并网接口及交流电压电流表等装置,同时配置防雷装置,以防市电网雷击串入。

根据上面的要求,可选用合肥阳光电源股份有限公司生产的型号为 SumBoxPMD-A 的交流配电柜,如图 8-31 所示,其性能特点如下。

(1) 规格:10~300kW。

(2) 简化系统布线,操作简单,维护方便。

(3) 提高系统可靠性、安全性。

(4) 选用 ABC 断路器、菲尼克斯防雷器等高品质器件。

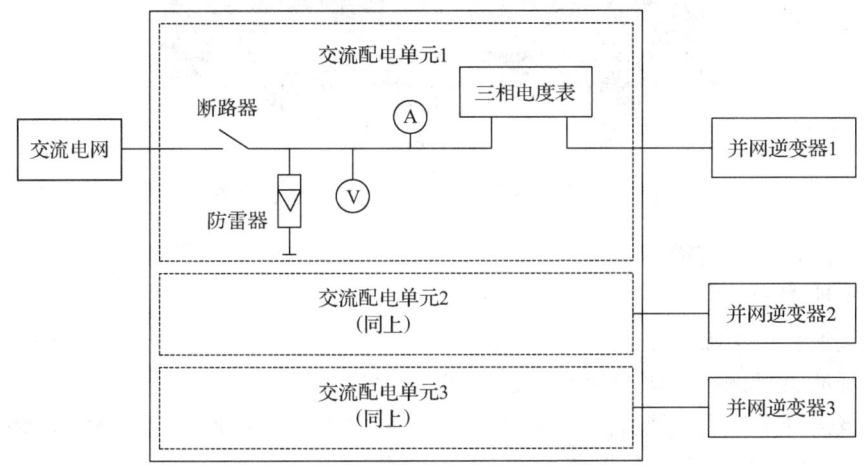

图 8-31　SunBoxPMD-A 交流配电柜

3) 直流汇流箱

直流防雷配电柜的作用主要是将汇流箱输出的直流电缆接入后进行汇流,再接至并网逆变器。配电柜应含有直流输入断路器、防接反二极管、光伏防雷器。按照要求,可选用合肥阳光电源股份有限公司的 PVS-16M 直流汇流箱,其内部结构如图 8-32 所示,其特点如下。

(1) 满足室外安装的使用要求,可接入多路光伏阵列,每路配有断路器(可更换其他等级)。

(2) 配有光伏专用高压防雷器,正、负极都具备防雷功能。

(3) 采用正、负极分别串联的四极断路器提高直流耐压值。

(4) 对输入阵列进行电流监控,LED 显示及通过 RS485 方式输出电流值。

(5) 对汇流后的电压进行监控,LED 显示及通过 RS485 方式输出电压值。

具体安装说明如下。

(1) 直流正极保险丝座与保险丝(每路输入串接一路熔丝)。

(2) 通信电源端子与通信 RS485 端子,需要把 RS485 的输入和输出线的屏蔽层接入此两个端子,在端子内部两个屏蔽层被短接。整个系统屏蔽层需要进行单点接地连接。

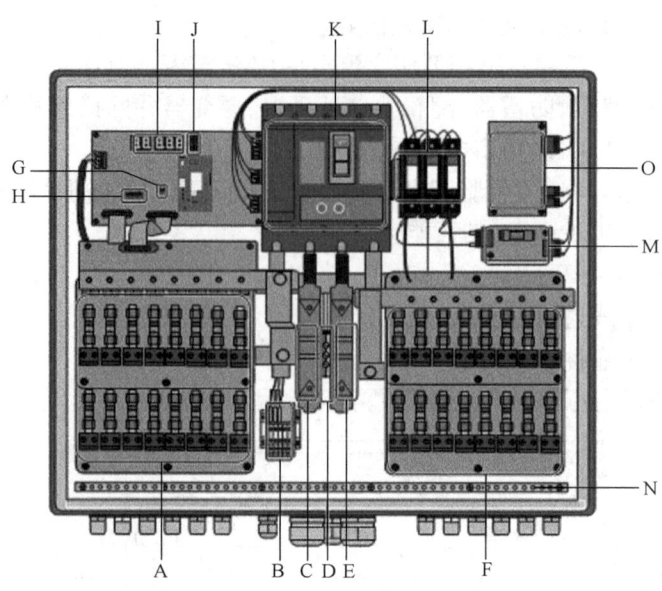

图 8-32 PVS-16M 光伏汇流箱内部示意图

(3) 直流正极汇流输出。
(4) 接地端子。
(5) 直流负极汇流输出。
(6) 直流负极保险丝座与保险丝(每路输入串接一路熔丝)。
(7) 拨码开关 1(用于设置通信协议),第 1 位用于协议切换,"ON"为 Modbus 协议,"OFF"Sungrow 协议,第 2 位保留。
(8) 拨码开关 2(用于设置通信地址)。
(9) LED 显示灯(显示每路电流,通信波特率和通信地址)。
(10) 按键开关(用于电流,通信参数的切换)。
(11) 直流断路器。
(12) 防雷器。
(13) 过流保护板。
(14) 线缆固定横梁。
(15) 开关电源板。

6. 光伏阵列的细节设计

1) 阵列朝向选择
为了使阵列全年接受日光照射的时间最长,选择朝向正南。
2) 光伏阵列前后间距的确定
确定原则为:冬至当天 9:00-15:00,光伏阵列不应被遮挡。
3) 太阳能电池支架及基础设计
采用混凝土标桩、槽钢底框、角钢支架、支架倾角 30°。

8.9.2 家庭用光伏发电系统工程设计

家庭用光伏发电系统的造价及发电成本仍然较高,目前只能以特殊的形式用于特定的区域和特定的群体,例如我国广大牧区的牧民,沿海岛屿上的居民。解决这些人群的基本生活用电问题与常规电力不同,设计时受到很多方面的限制。

1. 设计依据

GB/T19064—2003 《家用太阳能光伏电源技术条件和试验方法》。
GB 50207—2002 《屋面工程质量验收规范》。
GB 50205—2001 《钢结构工程施工质量验收规范》。
GB 50212—2002 《建筑防腐蚀工程施工及验收规范》。
GB 50224—1995 《建筑防腐蚀工程施工质量检验评定标准》。

2. 系统设计的基本准则

1) 满足用户设计使用要求的原则

目前我国适合用户使用的家庭用光伏发电系统一般使用在偏远地区,如广大牧区的牧民、贫穷落后地区、偏僻海域的渔民。对电器的使用要求,这些偏远地区的用户与常规电器市场用户不同,不同地区的光伏发电系统,用户服务群体也不同。而在欧美发达国家,小型户用光伏发电系统早已走进千家万户。所以家庭用光伏发电系统的设计要符合不同地区、不同用户群体的实际情况,满足使用要求。

2) 高可靠新原则

家庭用光伏发电系统用于偏远地区,交通不便,售后服务很难到位,而用户文化水平一般不高,大多数情况下,极其微小的系统故障也很难排除,这就需要系统具有很高的可靠性,牢固耐用。

3) 经济实用原则

使用家庭用光伏发电系统的用户一般经济不发达,收入有限,因此厂家在设计、生产的时候,一定要充分考虑到用户的购买能力。在满足技术要求兼顾美观大方的前提下,选用经济耐用的技术方案,完成设计。

4) 满足气候要求的原则

家庭用光伏发电系统的使用地区气候一般较为恶劣,例如,有些地区紫外线辐射强、冬季环境温度低,有些地区有比较强的盐雾腐蚀等,设计时要充分考虑这些因素。

3. 系统设计思路

虽然家庭用光伏发电系统主要由光伏组件、控制器、逆变器、蓄电池以及灯具等构成,部件不多,看似简单,但要真正完成较理想的产品设计却非易事。首先,需要依靠自然条件。光伏发电需要依靠太阳能辐射,所以要尽可能掌握当地的气象、环境情况。其次,需要量"体"裁衣,既要考虑用户的用电需求情况。在这两者的基础上,需要对几十个相关参数做出综合考虑和计算,才能最大限度,尽可能达到最优设计,充分地发挥系统各部分的性能。所以从理想状态来讲,要求设计结果与实际情况能够最大限度地吻合。但是,除了个别功率过大的家庭用光伏发电系统外,大多数型号的家庭用光伏发电产品在公测通过系列化、工业化批量生产。这就要求设计与生产实际相结合,找出产品共性,使规模化生产的光伏发电系统在不同的地区或不同安装使用条件下可能产生不同的效果。

4. 阵列安装位置的设计

目前阵列安装位置分为地面和屋顶两种,由于发电量一般不大,屋顶的面积可满足用户的要求,同时满足节约集约用地的需求,屋顶式安装是家庭用光伏发电系统的发展方向。住宅用的屋顶有山墙形、方形等多种。

5. 阵列倾斜角、方位角的设计

对于特定的安装场地,倾斜角、方位角都存在最佳值,但是对屋顶式安装的光伏阵列来说,按照这种方位角、倾斜角安装制造支架,不仅增加支架的成本和重量,同时,也增加房屋的负担,而且设计难度增大。因此,阵列与屋顶平行的安装方式比较适合,即屋顶式安装的光伏阵列可以不考虑倾斜角和方位角(除平面屋顶外)。

6. 容量设计

1) 按照技术要求,用户用电量见表 8-5。

表 8-5 用户电量表

序号	负载名称	负载功率/W	数量	合计功率/W	日工作时间/h	日耗电量/(kW·h)
1	照明灯	25	6	150	4	0.6
2	电视机	100	2	200	5	1
3	数字机顶盒	25	2	50	5	0.25
4	冰箱	125	1	125	4	0.5
5	电脑	300	1	300	8	2.4
6	厨房电器	1000	1	1000	2	2
	合计					6.75

2) 组件类型的选择

家庭用光伏发电系统的使用环境和群体有很大的差异,在不同的地区,光伏组件的选择也有很大的差异。在我国广大牧区,太阳辐射强,用户大多以游牧为主,适于使用晶体钢光伏组件,如果采用非晶体硅光伏组件,则体积大,同时很容易打碎,尽量不使用非晶体硅产品。而在四川等地,日照强度低,散射辐射所占的成分较多,加之价格便宜的优势,可考虑选用非晶硅光伏组件。

3) 设计条件

(1) 屋顶形状为四坡屋顶,如图 8-33 所示,梯形正南面积为 $40m^2$,倾斜角为 $30°$,东面面积和西面面积为 $25m^2$。

(2) 当地年总辐射量为 $4267.74MJ/m^2$,即为 $1185.5km\cdot h/m^2$,转化峰值时数

为 3.24h。

(3) 根据屋顶形状,组件的安装位置优先考虑朝向正南的屋面,选择某公司尺寸为 974mm×748mm 的组件,功率为 160W,设系统电压为 220V,所需组件的总数为 15 块,3 串 5 并。

因此阵列占用面积 $A=15×0.974×0.748m^2=10.9m^2<40m^2$,符合设计要求。组件的布置如图 8-33 所示。

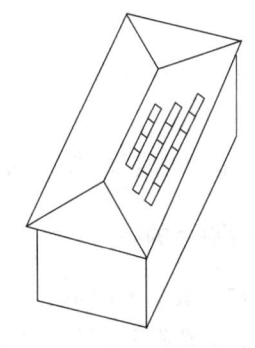

图 8-33 光伏组件布置图

7. 阵列安装方式的选择

在屋顶上安装光伏阵列的方式大体有两种,一种是屋顶直接放置型,即在防火、防水的屋顶表面,利用支撑金属件安装光伏组件的方式;另一种是屋顶建材型,及组件本身是住宅的一部分,除了发电功能之外,具有一般屋顶的功能。根据成本和安装难度,家庭用光伏发电系统的阵列安装方式通常为屋顶直接放置型。

8. 家庭用光伏发电系统的施工

1) 设备与工具的准备

(1) 设备的准备。光伏组件、蓄电池、逆变器、交流节能灯、米尺。

(2) 材料准备。铜芯导线红色、绿色各若干米、螺口灯头、开关。

(3) 电工工具的准备。是十字螺丝刀、一字螺丝刀、剥线钳、钢丝钳、斜口钳、活动扳手。

2) 施工主要流程

施工主要流程如图 8-34 所示,以下列出的是与一般施工不同的环节,其余环节与一般施工相同。

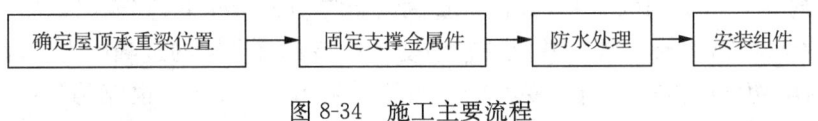

图 8-34 施工主要流程

习　题

(1) 太阳大约还能燃烧多久?
(2) 太阳内部进行的反应主要是什么?
(3) 请举例日常生活中的太阳能电器并说明工作原理。
(4) 你还见过哪些太阳能的利用?
(5) 目前影响太阳能利用的主要因素有哪些?

验证性实验项目

实验二十四　不同负载对太阳能光伏逆变器的影响实验

一、实验目的

(1) 掌握不同负载对额定输出电压的影响。
(2) 掌握不同负载对负载功率因数的影响。
(3) 掌握不同负载对额定效率的影响。

二、预习内容

(1) 阅读本书第 7 章,掌握单相桥式逆变电路的工作原理。
(2) 阅读关于 SPWM 控制方法一节。
(3) 熟悉实验内容。

三、实验原理

逆变器是光伏发电系统的核心部件和技术关键,它将光伏电池阵列发出的直流电转化为交流电为负载提供电源或者输送至电网。由于负载和电网对电能品质有一定要求,对于逆变器也有相应的技术性能指标,不同的负载对逆变器的性能有一定影响。

1. 额定输出电压

在稳态运行时,电压波动有一个限定,其偏差不能超过额定值的±5%。在负载突变(额定负载的 0%、50%、100%)或其他干扰因素影响动态情况下,其输出电压偏差不应超过额定值的±8%或者±10%。并且要求逆变器应该具有足够的过载能力,以满足最大负荷下设备对电功率的需求。当逆变器的负载不是纯电阻负载时,也就是功率因数小于 1 的时候,逆变器的带负载能力将小于所给出的额定输出容量值。

2. 负载功率因数

负载功率因数表征逆变器带感性负载或容性负载的能力,在正弦波条件下,负载功率因数为 0.7~0.9(滞后),额定值为 0.9。逆变器产生电流和电压间的相位差的余弦值即为功率因数,对于纯电阻负载,功率因数为 1,但对感性负载,这也是最常用的一种负载,功率因数会下降,有时可能低于 0.5。

3. 额定效率

逆变器输出额定效率等于逆变器输出功率除以输入功率。逆变器的效率会因负载的不同而有很大的变化。逆变器的效率值表征自身功率损耗的大小,通常用百分数表示。10kW 级的通用型逆变器实际效率只有 70%~80%,用于光伏发电系统时将带来总发电量 20%～30% 的电能损耗。光伏发电系统专用逆变器，在设计中应特别注意减小自身功率损耗，提高整机效率。

四、实验仪器及器件

太阳能光伏发电系统实验实训装置、示波器、蓄电池、逆变器、导线、交流电压表和电流表等。

五、实验内容

在实验台上按照图 8-35 连接好实验导线，记录不同负载下的电流和电压值填入表中，并用相机拍下电压波形，或者将波形存在 U 盘中。

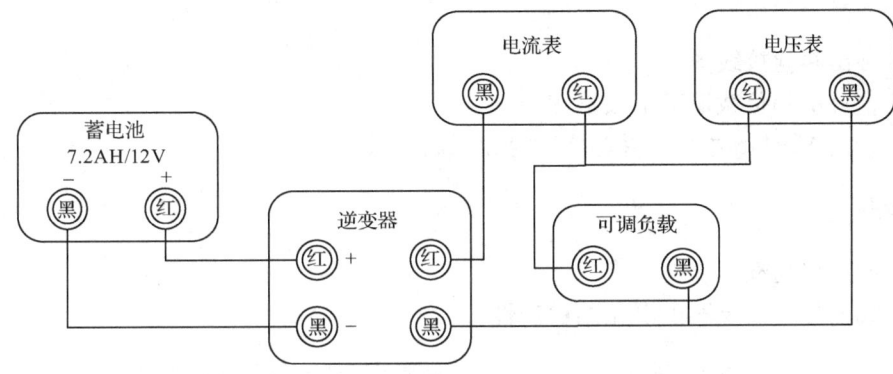

图 8-35　实验接线图

（1）纯电阻负载，数据记录在表 8-6 中。

表 8-6　纯电阻负载实验数据

负载/Ω	1k	2k	3k	4k	5k	6k	7k	8k	9k	10k
电流/mA										
电压/V										
功率/W										

（2）阻感负载，数据记录在表 8-7 中。

表 8-7　阻感负载实验数据

负载	1kΩ 100mH	2kΩ 200mH	3kΩ 100mH	4kΩ 200mH	5kΩ 100mH	6kΩ 200mH	7kΩ 100mH	8kΩ 200mH
电流/mA								
电压/V								
功率/W								

(3) 电阻电感串联和电容并联负载,数据记录在表 8-8 中。

表 8-8 电阻、电感和电容负载实验数据

负载	1kΩ 100mH 0.1μF	2kΩ 200mH 0.1μF	3kΩ 100mH 0.1μF	4kΩ 200mH 0.1μF	5kΩ 100mH 0.1μF	6kΩ 200mH 0.1μF	7kΩ 100mH 0.1μF	8kΩ 200mH 0.1μF
电流/mA								
电压/V								
功率/W								

六、实验报告要求

(1) 画出实验接线图;
(2) 整理不同负载情况下波形图。
(3) 给出 Matlab 仿真图并与实验结果进行比较。

七、思考题

(1) 如何提高额定效率?
(2) 如何提高额定输出电压的稳定性?

实验二十五　太阳能光伏控制器电磁兼容测试

一、实验目的

(1) 综合应用所学知识,提高电气技能。
(2) 熟悉电磁兼容检测的原理与实际应用的能力。
(3) 学会太阳能光伏控制器电磁兼容传导性干扰检测的方法和全过程。

二、预习内容

(1) 阅读教材中的光伏控制器工作原理。
(2) 熟悉电磁兼容检测仪器与测试方法。

三、实验仪器及器件

太阳能光伏发电系统实验实训装置、光伏电池板、光伏控制器、可调稳压电源、蓄电池、导线、EMC500 接收机、EMC200A 单相模拟电源网络。

四、实验原理

当今,电子、电器产品的电磁兼容性越来越受到各国的重视,尤其是欧美等发达国家,更是强制执行。在我国,3C 认证在 2003 年 5 月 1 日开始强制实行,3C 认证就是在原长城认证基础上增加了一项重要内容,即电磁兼容测试。

电磁兼容(EMC)是研究在有限的空间、有限的时间、有限的频谱资源条件下,各种用电设备或系统(广义的还包括生物体)可以共存,而不引起性能降级的一门科学。通俗的说,一个合格的用电设备或系统,在工作时对外发出的电磁干扰应符合标准(即低于某个量),而抵抗电磁干扰的能力也应符合标准(即高于某个量)。对外发出的电磁干扰主要通过两条途径传播:一是空间发射,二是通过电源线传导,污染电网。

按照电磁干扰的作用机理,电磁干扰的作用途径主要可以分为两大类,即辐射干扰和传导干扰。辐射干扰(EMS)是指干扰源比较远,干扰源发出的干扰以电磁波的形式向周围空间发射,辐射骚扰由骚扰功率和辐射场强度量。传导干扰(EMI)是指干扰源距离比较近,干扰源经过耦合电容、耦合电感和公共阻抗的途径进入被干扰设备,用端子电压度量。

EMI接收机测得的电磁骚扰值一般用三种数据表示:峰值、准峰值、平均值。峰值为周期内干扰脉冲的最大值,仅与脉冲幅值有关,与重复频率无关;准峰值是在具有规定时间常数的检测值,它不但与脉冲的幅值有关,还与脉冲重复频率有关;平均值是在周期内干扰脉冲的平均大小,它主要依赖脉冲的重复频率。

当输入不同频率的等幅脉冲时,准峰值随脉冲重复频率的提高而趋向脉冲峰值,当脉冲重复频率降低时,准峰值减小并远离峰值。在无线电电子通信设备的干扰现象中,电磁干扰的干扰效应不仅跟脉冲的幅值有关,还与脉冲的重复频率有关。也就是说,即使干扰脉冲的幅值较大,但出现的频率很低时,其干扰能力也是有限的;反之,干扰脉冲重复频率较高,而幅值很小,那么它的干扰能力也较小。简而言之,衡量干扰脉冲的干扰效应,既要考虑脉冲的幅值,又要考虑脉冲的重复频率。因此,EMI测试中常常采用准峰值测量来衡量被测器件是否合格,而不是峰值。

太阳能光伏控制器电磁兼容测试原理装置图如图8-36所示。从左到右分别为太阳能光伏控制器、模拟网络、测试主机、计算机、显示器、打印机。另外配置3个隔离变压器:计算机、打印机配用一个;EMC500接收机配用一个;EMC200A匹配网络用一个,若有条件,在隔离变压器与EMC200A之间接一个线性变频电源,以给太阳能光伏控制器提供一个稳定、纯净的电源,IGBT类变频电源不能使用。

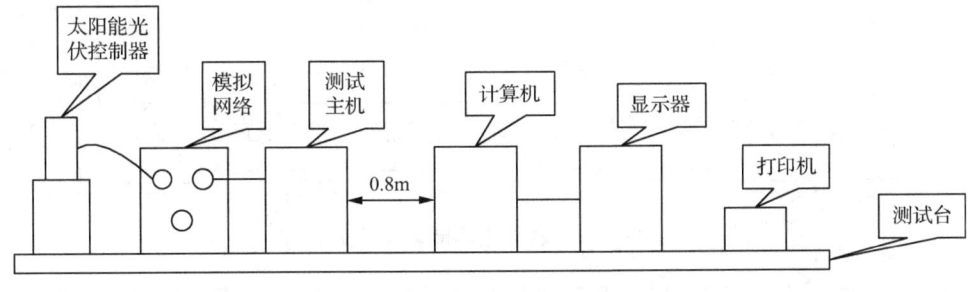

图8-36 测试装置图

(1)模拟网络一般安放在离地面高0.4m的桌子上,或根据其他标准要求,安放的桌子高度为0.8m。

(2)为方便操作,其他所有的设备都安放在离地面高0.8m左右的桌子上。

(3) 靠墙或者在桌子下面放置大平面金属板基准地,金属板必须与大地可靠连接。

(4) 太阳能光伏控制器与模拟网络之间的连接线的长度尽可能的短。

(5) 模拟网络与测试主机连接用一根同轴电缆,测试主机与计算机的距离保证大于 0.8m 并用一根通讯电缆连接。

(6) 模拟网络与金属板基准地的连接最好用一块合适面积的金属板,以保证大面积连接。

(7) 在模拟网络和太阳能光伏控制器之间安装一个双刃开关,一方面防止带电拆卸负载,另一方面减少插头拔插次数。

五、实验内容和步骤

(1) 本实验对太阳能控制器电磁兼容测试选用杭州伏达 EMC500 接收机。首先确认该系统已正确安装,地线、通信线已经连接无误。

(2) 确认同轴电缆在模拟网络侧已经断开。

(3) 打开三个隔离变压器的电源。

(4) 依次打开电脑、接收机、变频电源的电源,把变频电源的输出电压调到规定的电压。

(5) 双击桌面上的 图标,进入软件主窗口,如图 8-37 所示。

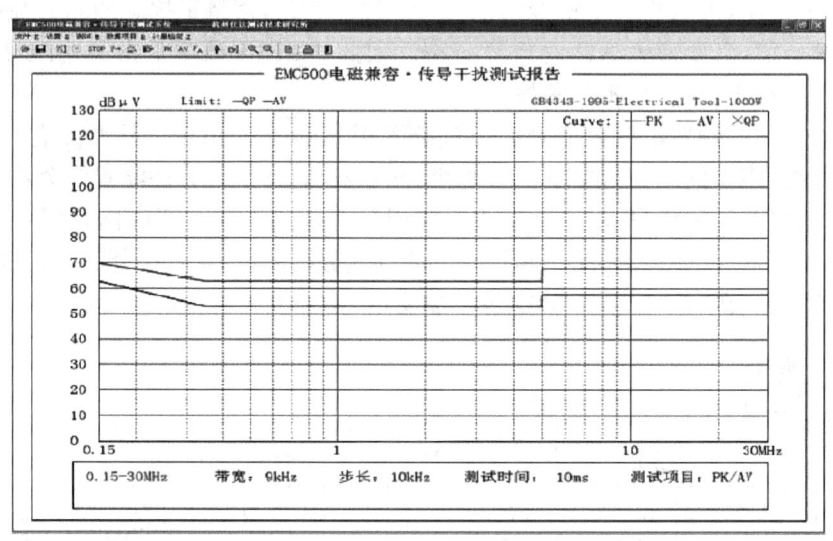

图 8-37 软件主界面窗口截图

(6) 依次点击主窗口中的"设置"—"执行标准"—"查看、选择",进入"标准"窗口,下拉该窗口中的菜单,选择要执行的限制标准。若与上一次测试的限值标准没有改变,这一步可以省略。

(7) 依次点击主窗口中的"设置"—"测试参数",进入"扫频参数设置"窗口,如图 8-38 所示,请选择"扫频范围"、"频率步长"、"测试时间"三项内容。若与上一次测试的参数设置没有改变,这一步可以省略。

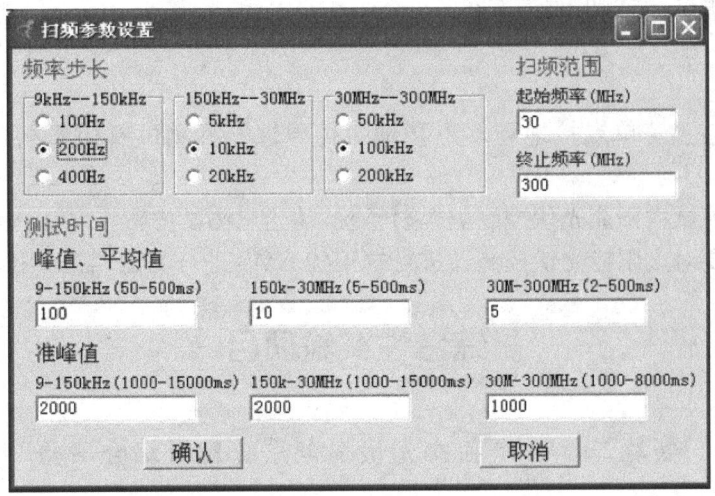

图 8-38　扫频参数设置

(8) 把太阳能光伏控制器的电源接入模拟网络的"LOAD"处,打开太阳能光伏控制器的电源开关,使之工作。

(9) 等待若干时间(或标准测量规定的时间)使太阳能光伏控制器工作于稳定状态。

(10) 接上同轴电缆。

(11) 点击主窗口中的扫频图标,开始扫频测试。

(12) 扫频测试结束,判断有无超出限值的点,若没有,请直接进入第 15 步。

(13) 若发现有超出限值的点,点击自动终测图标,并选择终测点数,仪器进入终测状态。

(14) 终测结束,结合扫频图,判断有无准峰值或平均值的超标数据。

(15) 点击图标进行打印操作或点击储存图标进行存盘操作。

(16) 断开同轴电缆连接模拟网络的那一侧。

(17) 断开太阳能光伏控制器的电源开关,取下该设备。

(18) 若要测量下一个设备,请重复过程(8)～(17)。

(19) 退出测试软件,并依次关闭变频电源、接收机、电脑的电源。

(20) 关闭三个隔离变压器的电源开关。

注意:上面这个过程仅仅是测量了太阳能光伏控制器某一线(相线或零线)上的骚扰电压,按标准规定,另一根线上的骚扰电压也必须要符合相同的限值标准。因此,请把模拟电源网络面板上的"N-L"开关打到另一边,再次操作步骤(10)～(16),以判断该设备是否合格。

六、实验报告要求

(1) 写出测试内容与要求。

(2) 画出完整的测试装置图,说明各个测试仪器及装置的作用。

(3) 写出在测试过程中出现的故障、原因及排除的方法。
(4) 总结测试,并提出改进方案。

七、思考题

(1) 测试装置若单点接地与多点接地对传导性干扰测试有何影响,如何减少接地电阻?
(2) 如何测试太阳能光伏控制器辐射干扰,请给出测试方案?
(3) 若需要对太阳能光伏控制器进行抗干扰 EMS 进行测试,需要用到哪些仪器?

综合性实验项目

实验二十六　独立光伏发电系统应用综合实验

一、实验目的

(1) 掌握独立光伏发电系统原理和接线方法。
(2) 掌握独立光伏发电系统直流负载太阳能风扇充、放电监测实验的导线连接方法;了解太阳能风扇充、放电监测实验的优缺点。
(3) 掌握独立光伏发电系统交流负载太阳能路灯充电监测实验的导线连接方法;了解太阳能路灯充电监测实验的优缺点。
(4) 熟悉 LED、无极灯、高压钠灯、荧光灯等太阳能路灯工作原理和性能测试电路。
(5) 学习分析故障的方法。

二、预习内容

(1) 阅读教材中的独立光伏发电系统的原理工作,了解太阳能光伏板充电在实际中的应用方面。
(2) 了解白炽灯、荧光灯、LED、无极灯、高压钠灯等太阳能路灯以及太阳能风扇的工作原理和应用电路。
(3) 熟悉实验装置,掌握线路通、断的检查方法。

三、实验原理

独立光伏发电系统的基本原理为:通过光伏阵列将光能直接转化为电能,产生的直流电通过控制器驱动直流负载,或者通过逆变器的逆变功能将直流电转变为交流电驱动交流负载,多余的电能则存储在蓄电池组中。它是一个典型的光、机、电一体化系统。独立光伏发电系统如图 8-39 所示。

1. 光伏阵列

太阳能电池的工作原理的是应用光生伏特效应,将光能直接转化为电能。它是光电

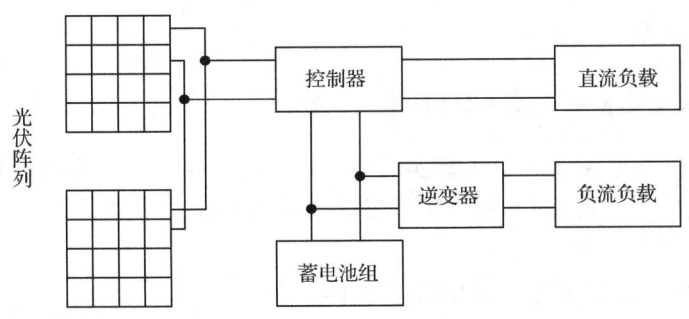

图 8-39 独立光伏发电系统的基本原理图

转换的最小单元,尺寸一般为 4～100cm²,工作电压为 0.45～0.5V,工作电流约为 20～25mA/cm²,功率很小一般不能单独作为电源使用。将太阳能电池进行串并联并封装后,就构成了光伏阵列,其功率可达几十瓦、百余瓦,这时就可以单独作为电源使用了。

2. 控制器

控制器的主要作用是优化整个光伏发电系统、延长蓄电池组工作寿命和保护蓄电池和光伏阵列,包括蓄电池组短路保护、蓄电池组极性反接保护、蓄电池组向光伏阵列反放电保护以及光伏阵列极性反接保护。此外,还有负载短路保护、为直流负载提供稳压直流等。控制器显示光伏阵列充电电流、电压和蓄电池的电流电压,也显示光伏阵列工作状态和蓄电池组状态。

3. 逆变器

逆变器是通过半导体功率开关的开通和关断作用,将直流电能转变成交流电能供给负载使用的一种转换装置。在光伏发电系统中,如果用户终端有交流负载,则需要使用逆变器设备,将光伏阵列产生的直流电,或蓄电池组释放的直流电转化为负载所需的交流电。作为逆变器的重要功能还有最大输出跟踪控制,在最佳工作点让光伏阵列工作,根据日照强度变化进行控制以获得最大输出,提高电力的品质。

4. 蓄电池组

由于天气因素导致日照变动,光伏阵列发电的输出也会出现波动,日照不好的时间如果持续数日,特别是独立系统,为了使负载能正常工作就必须配备蓄电池。另外,在负载与太阳能发电峰值不匹配的场合,蓄电池可作为备用电源来提供电力,从而提高系统的效率。一般情况下,光伏发电系统普遍应用技术最为成熟,价格也相对便宜的铅蓄电池。

四、实验仪器与器件

太阳能光伏发电系统实验实训装置、光伏电池板、光伏控制器、逆变器、可调稳压电源、蓄电池、导线、LED 灯、无极灯、白炽灯、荧光灯等。

五、实验内容与步骤

1. 独立光伏发电系统直流负载(风扇)实验

(1) 独立光伏发电系统直流负载实验原理图如图 8-40 所示,实验前要清楚电路中各个接线端子的极性和位置,切不可将正负极性接反或短路。按照图 8-40 连接好独立光伏发电系统直流负载的实验导线。

(2) 将 A、B、C、D 四块光伏板并联连接于电路中。

(3) 按一下控制器有上角的"控制设置"按钮。此时风扇在转动。

(4) 将负载电流、负载电压表的数值记录于表 8-9 中。

(5) 计算一下光伏板的输入功率和控制器的输出功率。

(6) 比较和分析不同直流负载情况下,独立光伏发电系统输出特性的异同。

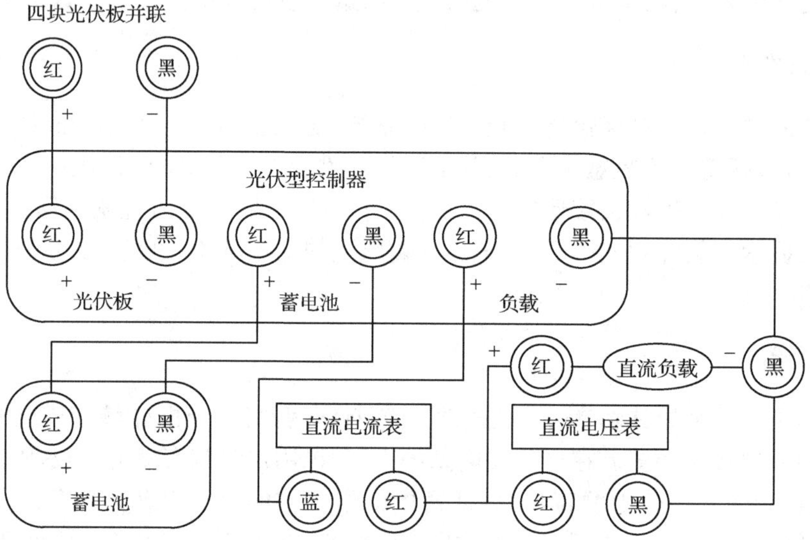

图 8-40 独立光伏发电系统直流负载实验原理图

表 8-9 独立光伏发电系统直流负载实验测量

测量值 项目	风扇	电机	LED	蜂鸣器	交通灯
负载电流/mA					
负载电压/V					
输出功率/W					

2. 独立光伏发电系统交流负载实验

(1) 按照独立光伏发电系统交流负载实验图 8-41 按顺序连接好线路,当蓄电池电量过低时,因充电时间较长,考虑到实验时间建议将图中蓄电池用可调稳压电源代替。在接线时请注意不要把直流电流表和直流交流电压表当成交流表使用,否则会损坏电表。

(2) 将 220V 交流负载分别用白炽灯、荧光灯、LED 灯、无极灯等接入电路交流负载处。

(3) 将各次充电电流表、充电电压表、负载电流表和负载电压表数据记录于表 8-10 中。

表 8-10　独立光伏发电系统交流负载实验测量

项目＼测量值	白炽灯	LED	无极灯	荧光灯	金卤灯
充电电流/mA					
充电电压/V					
输入功率/W					
负载电流/mA					
负载电压/V					
输出功率/W					

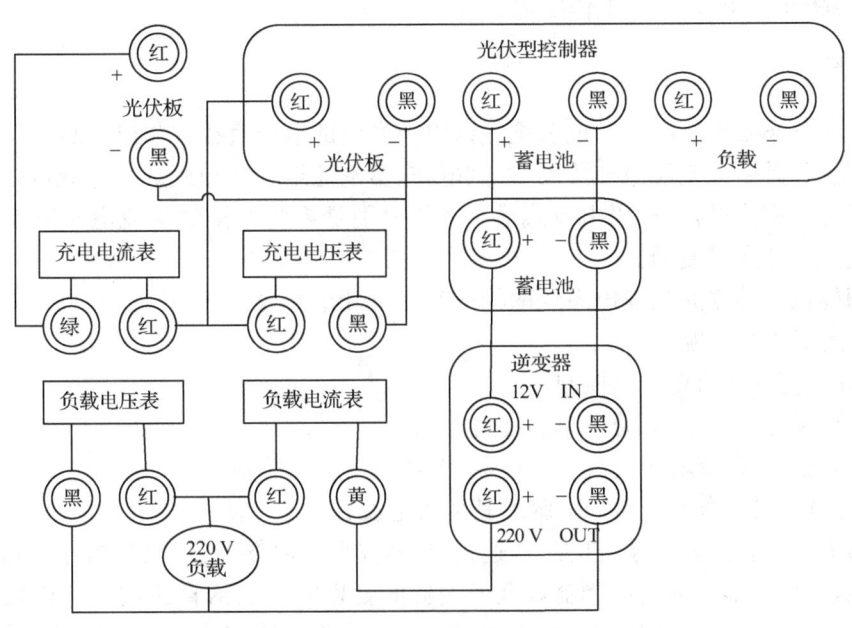

图 8-41　独立光伏发电系统交流负载实验原理图

六、实验报告要求

(1) 画出实验接线图。

(2) 列表整理实验数据并进行数据分析。

(3) 将实测数据与理论值进行比较,分析误差产生的原因。

七、思考题

(1) 独立光伏发电系统交流负载和直流负载在原理和接线方式上有何不同？
(2) 如何提高独立光伏发电系统输入功率和输出功率？

实验二十七 太阳能汽车应用综合实验

一、实验目的

(1) 掌握 CAN 总线通信标准和电气特征。
(2) 熟悉电力电子技术中的 PWM 控制原理。
(3) 掌握太阳能汽车的各个组成模块和通信传输。

二、预习内容

(1) 阅读教材中的太阳能应用和光伏独立发电系统构成。
(2) 调研汽车的结构和工作原理。

三、实验原理

太阳能汽车发电系统是指能够把光伏电池产生的电能直接提供给负载或储能装置的系统。它主要是由太阳能电池阵列、控制电路、蓄电池组和负载组成。它既可以提供直流电也可以提供交流电，两种供电方式最主要的差别是系统在提供交流电时需要在负载和蓄电池组之间加入逆变器。

太阳能汽车独立光伏发电系统的构成有以下几个部分。
(1) 太阳能电池板。
(2) 控制器：包括充放电控制。
(3) 储能装置：利用电动汽车的动力电池。
(4) 逆变器：直流电变换成交流电，最大功率点跟踪控制。
(5) 负载：服务车上所需的电脑及其他用电设备。

太阳能汽车独立发电系统的工作过程是：有光照的时候，光伏电池组件受到太阳光照产生电能，产生的能量通过控制器以及逆变器的处理之后供给直流或交流负载工作。如果光照强烈且有富余的能量则给蓄电池组充电。如果在夜晚或是阴雨天的时候，太阳能电池组件产生的能量不能满足负载工作需求，这时储存在蓄电池组的能量就可以供给直流或交流负载工作。

四、实验仪器与器件

太阳能光伏发电系统实验实训装置、光伏电池板、光伏控制器、可调稳压电源、蓄电池、新能源汽车应用模块、导线。

五、实验内容与步骤

1. 新能源汽车应用模块功能测试

（1）仔细研究实验台上的新能源汽车应用模块，了解各个子模块的功能。

（2）先接光伏板 A，后并联上光伏板 B，再并联上光伏板 C，最后并联上光伏板 D，并按照图 8-42 连接好新能源汽车应用模块电路的实验导线，然后接入电源，输入电源范围为 12～36V。

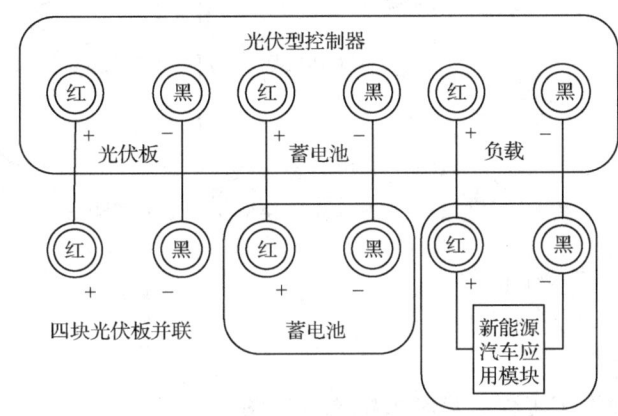

图 8-42 新能源汽车应用模块电路的接线图

（3）将新能源汽车应用模块左上角的电源开关 S1 打开。

（4）打开新能源汽车应用模块左下角的正反转控制开关 S2，控制直流电机正反转，并通过加减速控制旋钮控制直流减速电机的速度。注意启动时 S2 要默认打在下方即可启动。

（5）可按下刹车按钮将电机停下，若遇到意外情况，可按下急停控制按钮进行强行停止电机。若要再次启动，可将正反转控制开关状态改变一下即可。

（6）左转向灯和右转向灯分别和舵机的左右偏转相对应，控制方向旋钮可以控制舵机的方向，并给出方向灯指示。如果方向超过 30°将给予转向提示音。

（7）若想打开夜灯，则改变新能源汽车应用模块右下角夜灯控制按钮即可。

（8）控制 J28 和 J6 的开关状态可以控制 CAN 总线通信的通断。

（9）新能源汽车应用模块的系统运行状态通过数据显示终端的 LCD 进行显示，比如转速、夜灯、转向、加减速等状态。

（10）打开示波器，从 J7～J15 分别测试系统的运行状态，记录示波器中测试信号的幅值、频率大小和波形并分析各个功能。

2. 新能源汽车应用模块电路启动电压测试

（1）按照图 8-43 连接好新能源汽车应用模块电路启动电压测试的实验导线。

（2）调节稳压电源的电源测试新能源汽车的启动电压，并观察在各种电压供电的情

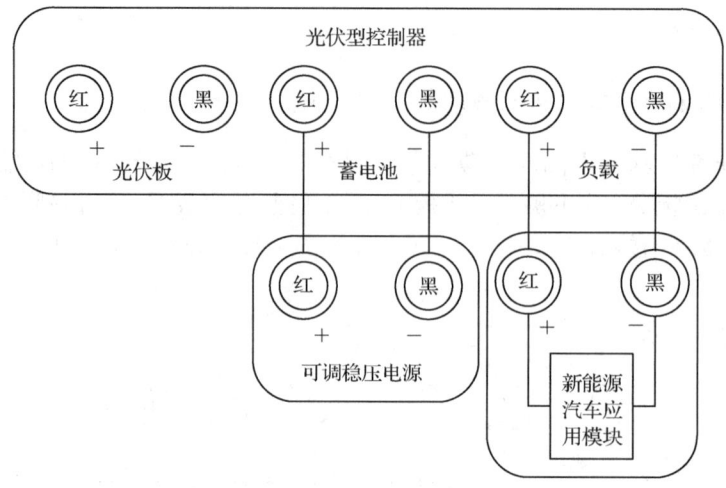

图 8-43 新能源汽车应用模块电路启动电压测试

况下汽车各个子模块的工作状态。

六、实验报告要求

(1) 画出新能源汽车工作原理和系统原理框图。
(2) 根据测试数据分析测试结果。

七、思考题

(1) 对于实际的太阳能汽车如何估算太阳能电池板的面积和蓄电池的容量?
(2) 太阳能汽车与传统汽车在技术上有哪些不同点?

设计性实验项目

实验二十八 太阳能多功能电源充电器设计

一、实验目的

(1) 了解太阳能电池板的工作原理。
(2) 掌握电源充电器的工作原理。
(3) 熟悉太阳能应用产品从设计到完成的全过程。

二、预习要求

(1) 阅读教材中的太阳能工作原理。
(2) 调研电源充电器的组成和工作原理。
(3) 掌握线路故障的检查方法和元器件性能测试方法。

三、设计任务及具体要求

1. 设计任务

设计一个能对手机、MP3、摄像机等多种数码产品充电的太阳多功能电源充电器。

2. 具体要求

(1) 电池板开路电压:12.8V,输出电流:210~305mA;
(2) 稳压电路输出电压:9.98V;充电电路输入电压:10.0V;
(3) 升压电路输入电压:6.68V;升压电路输出电压:10.1V;
(4) 蓄电池输出电压:6.2V;终端输出电压:4.3V。

四、实验仪器与器件

太阳能光伏发电系统实验实训装置、光伏电池板、光伏控制器、可调稳压电源、蓄电池、导线、元器件(自选)、覆铜板、万用表等。

五、设计方案提示

根据任务要求,可用图 8-44 所示的框图原理来实现太阳能多功能电源充电器。对太阳能的利用主要体现在两个方面:光热转换与光电转换。利用太阳能光电转换的特性,设计一种太阳能多功能充电器,满足野外作业和生活的充电需求。该充电器通过太阳能电池板将太阳能转化为电能,经过升压、稳压处理后,由充电电路为负载供电。锂电池一般不宜采用全过程恒流充电方式,而是采取开始恒流快速充电,待电池电压上升到设定值时,自动转入恒压充电的方式,并且这样有利于保存电池容量。充电过程中采用 LED 灯指示,系统中设计有完备的过流过压保护,避免因电池过度充电而损坏,并且充电器采用模块式结构和 USB 接口,可对手机、MP3、摄像机等多种数码产品充电。

太阳能电池在使用时由于太阳光的变化较大,其内阻又比较高,因此输出电压不稳定,输出电流较小,这就需要用充电控制电路将电池板输出的直流电压变换后供给电池充电,其充电控制电路结构如图 8-44 所示。当光线条件适宜时,通过太阳能电池板吸收太阳光,将光能转换为电能。由于太阳能电池板输出电压不稳定,故增加了稳压电路,通过

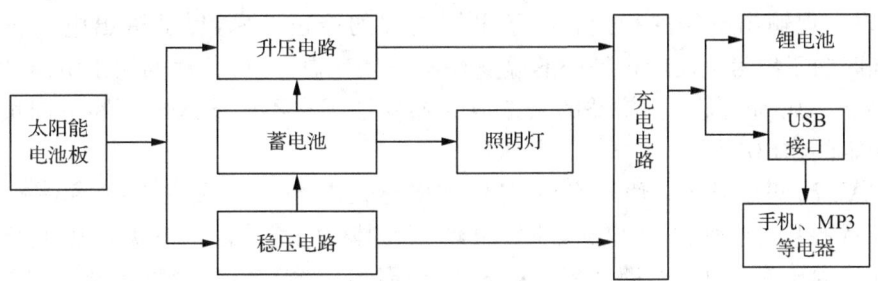

图 8-44 太阳能多功能电源充电器原理图

稳压电路、充电电路为负载电池充电,同时还可以为内部的蓄电池充电以备应急之需。当光线条件不好时,太阳能电池板输出电压较低,达不到充电电路的工作电压,因此增加了升压、稳压电路,为充电电路提供一个较稳定的工作电压。当遇到阴天、夜间等光线条件很差的情况时,可利用系统内部的蓄电池并通过升压电路为后续设备充电。另外,该充电器设计有照明灯,当夜间光线较暗时,通过蓄电池为照明灯供电,可供应急之需。

六、实验内容及步骤

(1) 方案设计,给出单元电路图。
(2) 利用 Protel 软件画出电气原理图和印刷电路板图。
(3) 太阳能多功能电源充电器电路板的制作。
(4) 太阳能多功能电源充电器电路板的调试。

七、实验报告要求

(1) 写出设计方案,阐述电路的设计过程和电路功能,给出所选用元器件、设备的清单。
(2) 画出 PCB 原理图和印刷板图。
(3) 记录制作和调试过程中出现的问题与解决的办法。
(4) 总结实验收获。

八、参考电路

1. 升压电路设计

直流升压就是将电池提供的较低的直流电压提升到需要的电压值,设计中采用 BAU72 集成升压电路,该元件是电压型 PFM 控制模式的 DC/DC 转换元件,内部包括输出电压反馈和修正网络、启动电路、振荡电路、参考电压电路、PFM 控制电路、过流保护电路以及功率管。PFM 控制电路是核心,该模块根据其他模块传递的输入电压信号、负载信号和电流信号来控制功率管的开关状态,从而实现控制电路恒压输出的功能。在 PFM 控制系统中,振荡电路提供基准振荡频率和固定的脉宽,参考电压电路提供稳定的参考电平,根据输入/输出电压比例以及负载情况,通过脉冲宽度来调节在单位时间内功率管导通时间,以实现输出电压的稳定。由于采用内部的修正技术,保证输出电压精度达到 $\pm 2\%$,同时由于参考电压经过精心的温度补偿设计考虑,使得芯片的输出电压的温度漂移系数小于 100ppm/℃。高增益的误差放大器保证了在不同输入电压和不同负载电流情况下稳定的输出电压。

以 BAU72 集成升压芯片为核心,其外围电路较简单,只需要一个电感、一个输出电容和一个肖特基二极管,升压电路如图 8-45 所示,其中电感的寄生串联电阻、肖特基二极管的正向导通压降是升压电路功率损耗的主要原因,电容和电感会影响输出的纹波。所以为了获得较高的转换效率、较低的纹波与噪声,选择合适的电感、肖特基二极管和电容是关键。本设计选择 $47\mu F$ 的电容,$56\mu H$ 的电感,二极管选用 IN5819,实现输出电压为

10.1V，转换效率达到 80%，可满足后续充电电路的工作需要。

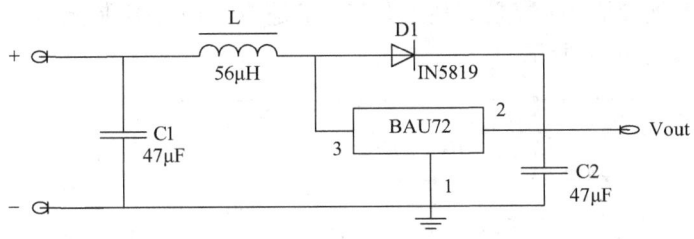

图 8-45 升压电路

2. 稳压电路设计

稳压电路的设计以三端集成稳压器 W7800 为核心，它属于串联稳压电路，其工作原理与分立元件的串联稳压电源相同。它由启动电路、取样电路、比较放大电路、基准环节、调整环节和过流保护环节等组成。此外还有过热和过压保护电路，因此，其稳压性能要优于分立元件的串联型稳压电路。而且三端集成稳压器设置的启动电路，在稳压电源启动后处于正常状态时，启动电路与稳压电源内部其他电路脱离联系，这样输入电压变化不直接影响基准电路和恒流源电路，保持输出电压的稳定。

稳压电路如图 8-46 所示，电路中 C_i 的作用是消除输入连线较长时其电感效应引起的自激振荡，减小纹波电压，取值范围在 $0.1\sim1\mu F$ 之间，设计中 C_i 选用 $0.3\mu F$。在输出端接电容 C_O 是用于消除电路高频噪声，改善负载的瞬态响应，一般取 $0.1\mu F$ 左右，设计中 C_O 即选用 $0.1\mu F$。一般电容的耐压应高于电源的输入电压和输出电压。另外，为避免输入端断开时 C_O 从稳压器输出端向稳压器放电，造成稳压器的损坏，在稳压器的输入端和输出端之间跨接一个二极管，对 W7800 起保护作用。

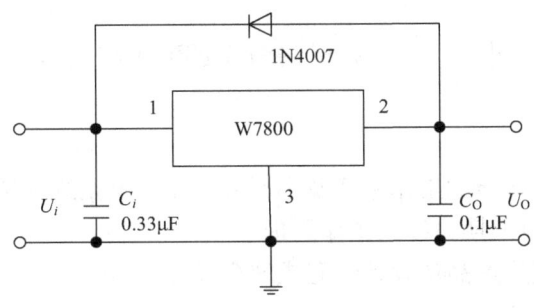

图 8-46 稳压电路

3. 充电电路设计

锂电池以其体积小、容量大、重量轻、无记忆效应、无污染、电池循环充放电次数多（寿命长）等优点，现已获得广泛应用，诸多数码产品均使用锂电池。但锂电池对充电条件要求严格，充电控制要求精度高，对过充电的承受能力差。因此，该充电电路包括电池充电控制电路和电池电量检测控制电路两部分。充电控制电路，用来控制前述升压或稳压电路向锂电池进行充电,同时它也是锂电池的充电电路;电池电量检测电路,用以检测充电电量的多少,当电池充满电时,充满指示灯亮,于是逻辑电路控制充电电路断开,停止充电,其电路结构如图8-47所示。

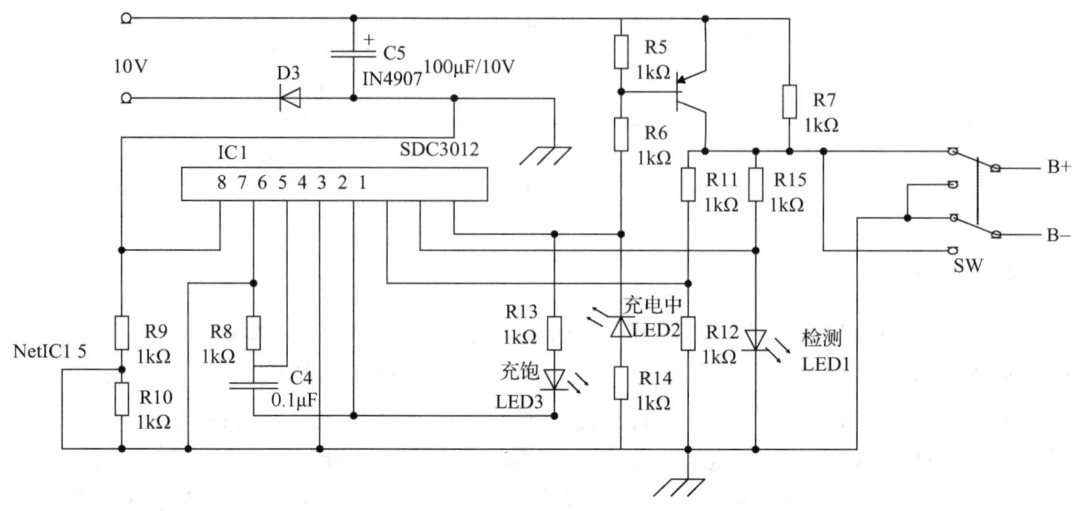

图 8-47 充电电路

锂电池的充电过程分两阶段进行,第一阶段为恒流充电,充电电流约为212mA,当充电电压达到4.2±0.05V时转入第二阶段,即4.2±0.05V的恒压充电方式,恒压充电电流会随着时间的推移而逐渐降低,待充电电流降到0.1mA时,表明电池已充到额定容量的93%~95%,此时即可认为基本充满,如果继续充下去,充电电流会慢慢降低到零,电池完全充满。充电过程中,"充电"指示灯亮;充满时,"充饱"指示灯亮,"充电"指示灯灭。

实验二十九　30W 太阳能 LED 路灯电路的设计

一、实验目的

(1) 了解太阳能电池板的工作原理及小型太阳能发电系统的结构和原理。
(2) 掌握 LED 路灯照明系统的工作原理。
(3) 熟悉太阳能应用产品从设计到完成的全过程。

二、预习要求

(1) 阅读本书中的太阳能发电系统的组成和工作原理。
(2) 调研 LED 路灯电路的组成和工作原理。
(3) 掌握线路故障的检查方法和元器件性能测试方法。

三、设计任务及具体要求

1. 设计任务

利用定时控制和光敏电阻控制相结合的方式,设计一个 30W 太阳能 LED 路灯电路。

2. 具体要求

(1) 具有蓄电池容量、充放电控制和充放电状态显示功能;
(2) 连续阴雨天三天路灯仍能照明;
(3) 光线暗时路灯自动点亮,为节省电能晚上 24 点熄灭,早上 5 点路灯点亮,早上光线强时路灯自动熄灭(开关灯时间点可调);
(4) 系统断电时可以保存用户所设定的各种参数。

四、实验仪器与器件

太阳能光伏发电系统实验实训装置、光伏电池板、光伏控制器、可调稳压电源、蓄电池、导线、元器件(自选)、覆铜板、万用表等。

五、设计方案提示

根据任务要求,可用图 8-48 所示的框图原理来实现 30W 太阳能 LED 路灯电路。太阳能 LED 路灯在白天通过太阳能电池组件采集太阳光的能量,并将其转化为电能存储起来,即向蓄电池充电,在晚上光线较暗时由蓄电池经路灯控制处理器控制,点亮 LED 灯用于路灯照明。

根据各部分电路的功能不同,整体电路可以分为以下几个部分,即太阳能电池板组件、充放电控制电路、蓄电池、路灯控制处理器(单片机、时控光控电路、时间显示)和 LED 路灯负载电路。由太阳能电池板通过稳压电路为单片机供电,并通过为蓄电池充电,当蓄电池电压较低时其容量损耗得很快,使用寿命也会缩减,为延长蓄电池的寿命,要防止蓄电池出现过充或过放,因此本电路有过充过放控制电路。

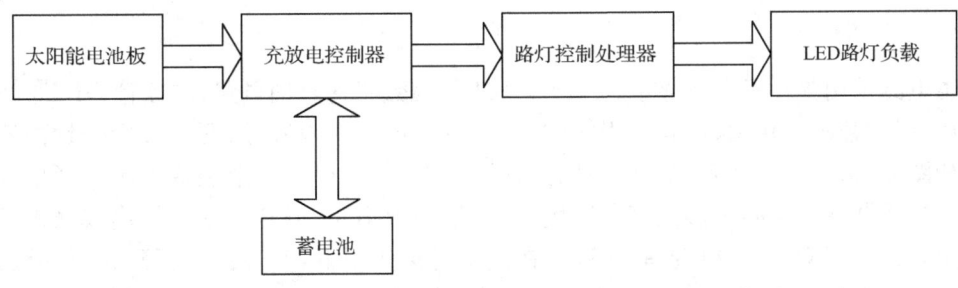

图 8-48 30W 太阳能 LED 路灯电路原理框图

六、实验内容及步骤

（1）方案设计，给出单元电路图。
（2）利用 Protel 软件画出电气原理图和印刷电路板图。
（3）30W 太阳能 LED 路灯电路板的制作。
（4）30W 太阳能 LED 路灯电路板的调试。

七、实验报告要求

（1）写出设计方案，阐述电路的设计过程和电路功能，给出所选用元器件、设备的清单。
（2）画出 PCB 原理图和印刷板图。
（3）记录制作和调试过程中出现的问题与解决的办法。
（4）总结实验收获。

八、参考电路

1. 电源电路

电源电路如图 8-49 所示。系统太阳能供电，24V 蓄电池电压经过 7805 稳压后产生 5V 电压，作为控制器的主电源。电容 C2、C3 作为高频旁路电容，将高频信号旁路到地。同样，电容 C1、C4 为滤波电容。

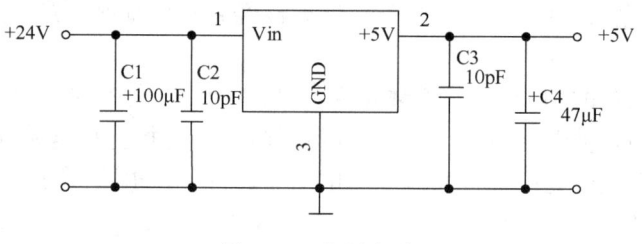

图 8-49　电源电路

2. 显示电路

本电路采用单片机串口显示，由 74LS164 作为数码管驱动电路，二极管 D1、D2 和 D3 起降压、保护数码管作用，数码管用四位，前两位显示小时内容，后两位显示分钟内容，电路图如图 8-50。STC12C2051 单片机的串行口 RXD、TXD 为一个全双工串行通信口，但工作在方式 0 下可作同步移位寄存器用，其数据由 RXD(P3.0)端串行输出或输入；而同步移位时钟由 TXD(P3.1)端串行输出，在同步时钟作用下，实现由串行到并行的数据通信。由于 74LS164 在低电平输出时允许通过的电流达 8mA，故不必添加驱动电路，亮度也较理想。

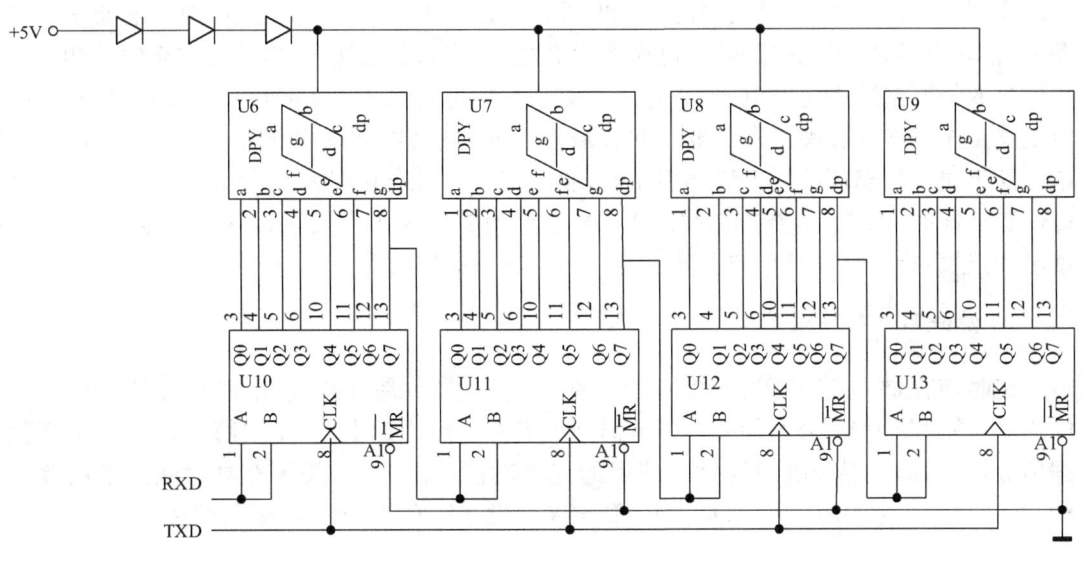

图 8-50 显示电路

3. 过充、过放控制电路

过充控制就是在蓄电池处于过充状态时断开充电电路,过放控制电路就是在蓄电池处于过放状态时断开放电电路。过充、过放控制都是为了保护蓄电池,延长蓄电池的使用寿命。过充、过放控制电路如图 8-51 所示。过充、过放判断的依据主要是蓄电池电压的高低,其工作原理如下:过充控制电路中将继电器 J1 的开关串联在充电电路中,当白天有太阳光时处于正常充电状态时,由太阳能板吸热经继电器开关常闭点向蓄电池充电,当蓄电池的电压高于 26V 时,认为蓄电池处于过充状态,U1A"-"端电压高于"+"端电压时

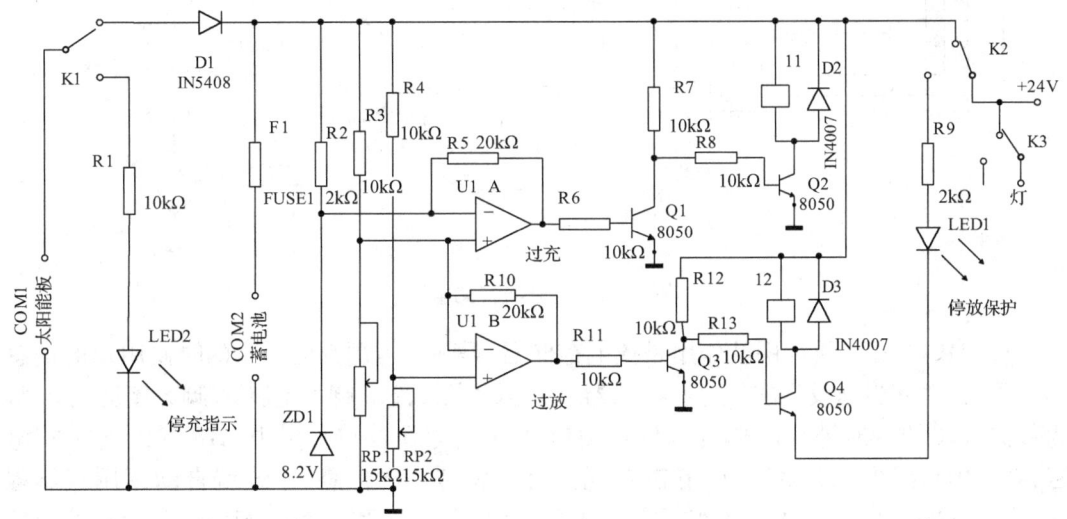

图 8-51 过充过放控制电路

U1A输出"—",低电平,使Q1截止,同时Q2导通,继电器线圈J1通电,则继电器常闭点断开,常开点闭合,充电电路断开过充指示灯亮,停止向蓄电池充电,达到过充保护功能。

过放控制电路中将继电器J2的开关串联在放电电路中,当处于正常放电状态时,放电电路正常工作。在晚上由蓄电池向负载供电时,当蓄电池的电压低于22V时,认为蓄电池处于过放状态,此时U1B"+"端电压低于其"—"端电压时,U1B输出"—"低电平,使Q3截止,同时Q4导通,继电器线圈J2通电,继电器开关由常闭点转到常开点,放电电路就断开,过放指示灯亮停止向负载供电。达到过放保护功能。

4. 定时与存储电路

定时与存储电路如图8-52所示。在设计中采用是硬件定时时钟芯片DS1302。DS1302是DALLAS公司的一种具有涓细电流充电能力的电路,主要特点是采用串行数据传输,可为掉电保护电源提供可编程的充电功能,并且可以关闭充电功能。采用普通32.768kHz晶振。图中SCL、I/O、RST与单片机连接实现1302的读写控制。

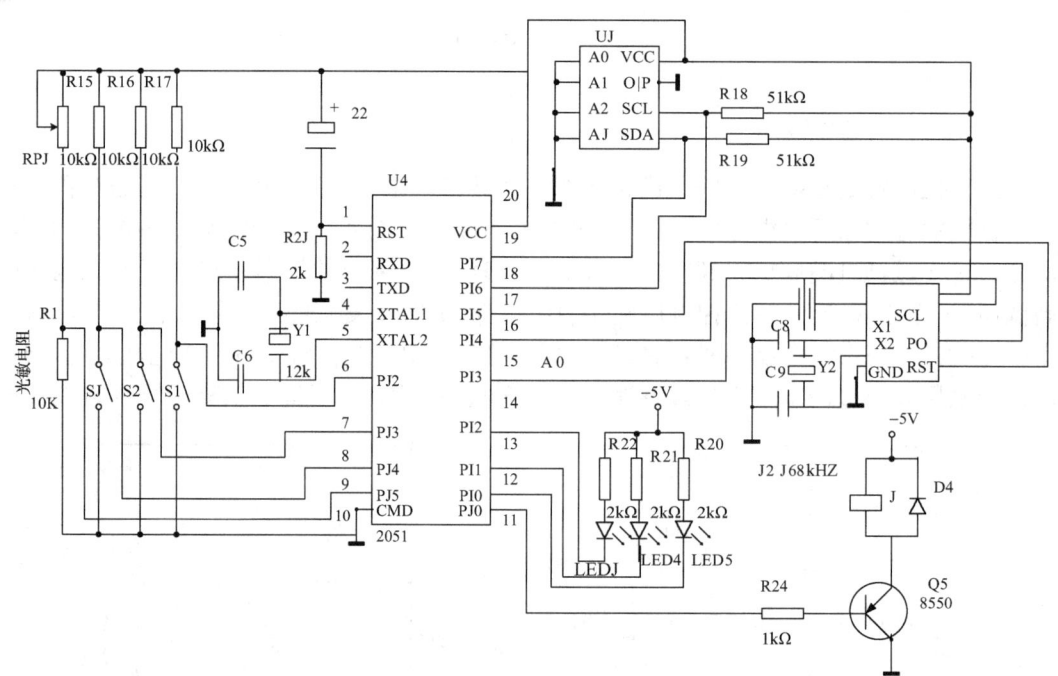

图8-52 定时与存储电路

AT24C02在本设计中的作用是掉电存储器,是为了电源突然断开的时候用户的信息不会丢失,存储当前设定的信息。存储器AT2402的1、2、3脚为空脚,4脚为接地端,5脚为数据端,6脚为时钟端,7脚为写保护端口,8脚为电源端口。图中R18、R19为上拉电阻,其作用是减少AT24C02的静态功耗。每当设定一次信息,系统就自动调用存储程序,将信息保存在芯片内;当系统重新上电的时候,自动调用读存储器程序,将存储器内的信息,读到缓存单元中,供主程序使用。

5. 系统软件设计

系统的软件设计主要包括程序初始化、时间设定子程序、1302 的读写程序、24C02 的读写程序、时间比较子程序、按键子程序、显示刷新子程序等共同组成。程序开始要进行初始化，调用 24C02 内部存储的开关路灯时间点，程序每隔一段时间调一次 1302 中的时间。通过程序将设定的时间同系统当前时间进行比较，设定的比较间隔为 1 秒一次，当时间相同时，则通过程序输出控制信号，对驱动电路进行驱动。系统总体程序流程图如图 8-53 所示。

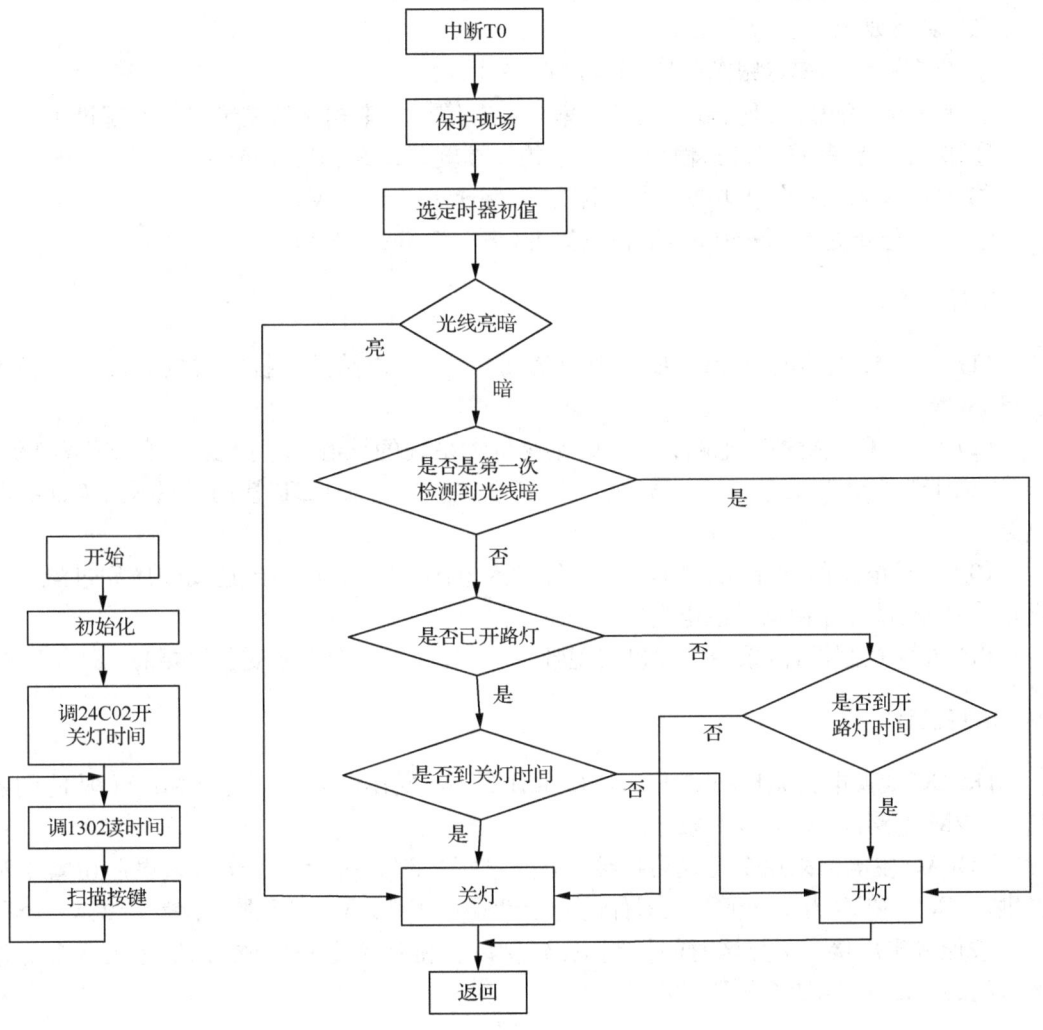

图 8-53 总体程序流程

实验三十　太阳能光伏发电系统的设计与制作

一、实验目的

（1）掌握光伏并网发电系统的设计方法。
（2）掌握 MPPT 控制方法。

二、实验任务与具体要求

（1）设计任务：设计并制作一个光伏并网发电模拟装置。
（2）具体要求：
① 具有最大功率点跟踪（MPPT）功能。
② 具有频率跟踪功能：输出信号频率与参考信号频率相对偏差绝对值不超过 1%。
③ 逆变器效率 $\eta \geqslant 70\%$，输出电压 u_0 的失真度 THD$\leqslant 5\%$。
④ 具有输入欠压保护功能，动作电压 $U_d(th)=10\pm0.5V$。
⑤ 具有输出过流保护功能，动作电流 $I_0(th)=1.5\pm0.2A$。

三、设计方案

（1）DC-DC 电路的设计：主要实现 MPPT 功能，主电路采用推挽式电路，PWM 波通过 SG3525 产生。

（2）DC-AC 全桥逆变电路：DC-AC 逆变是本系统的核心，单片机输出的 SPWM 波，通过 IR2110 驱动开关管。为了开关管的安全，需在 MOSFET 管两端并联 RCD 吸收电路。

（3）保护电路的设计：使用单片机采样输入电压和输出电流，当达到欠压和过流保护设定值时，通过程序使输入继电器断开。

（4）并网控制设计：采用单片机实现频率和相位同步，产生逆变器需要的 SPWM 波。

四、电路设计

DC-DC 变换电路原理图如图 8-54 所示，DC/DC 变换电路用于实现 MPPT 功能的控制。PWM 电路以 SG3525 为核心。

DC/AC 主电路采用全桥式拓扑结构，电路如图 8-55 所示。由于输入电压由蓄电池提供，电压为 12V，为了保证开关器件的稳定性采用了 100V 耐压的功率管 IRF540。SPWM 波形输出后接一级死区时间控制电路，所以全桥逆变电路的驱动 IC 选用两个低死区时间的 IR2110 组成全桥驱动电路。

五、电路板制作

（1）核对元器件的型号、参数，并进行检测。
（2）确定元器件在线路板上的位置。有极性不可接反，集成电路要注意引脚顺序，切不可接错。

第8章 太阳能光伏发电应用及工程实例

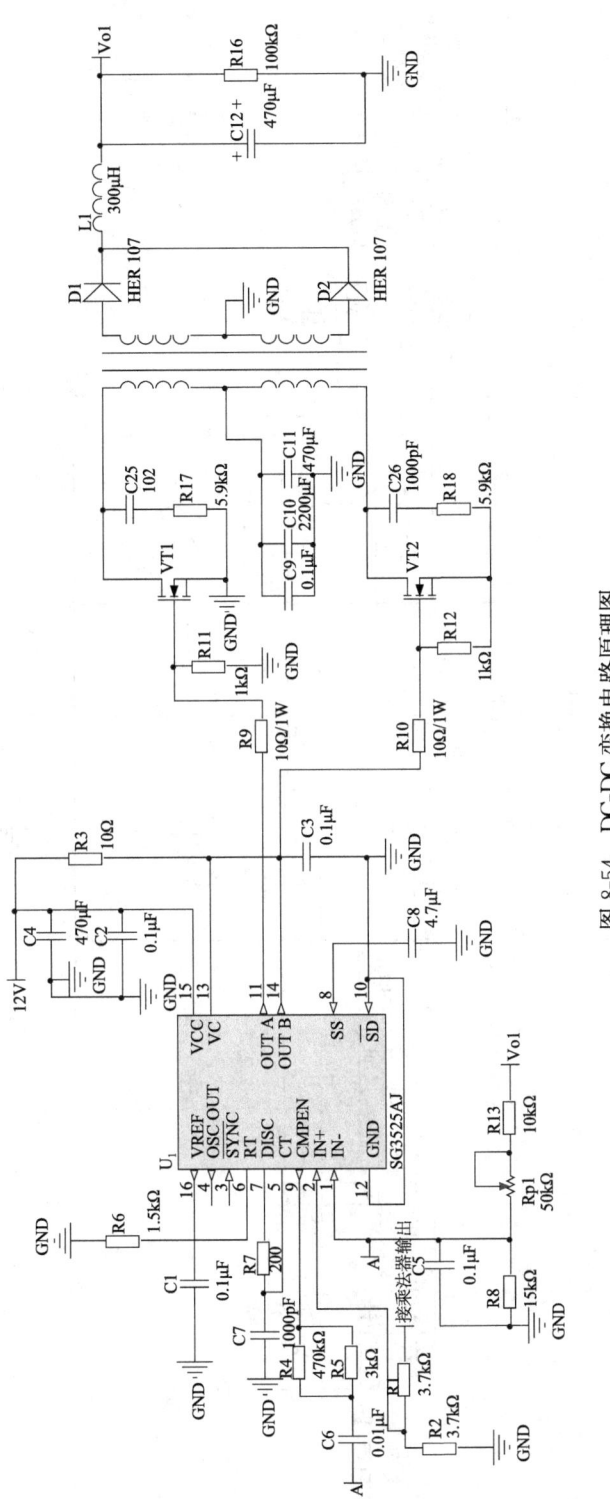

图 8-54 DC-DC 变换电路原理图

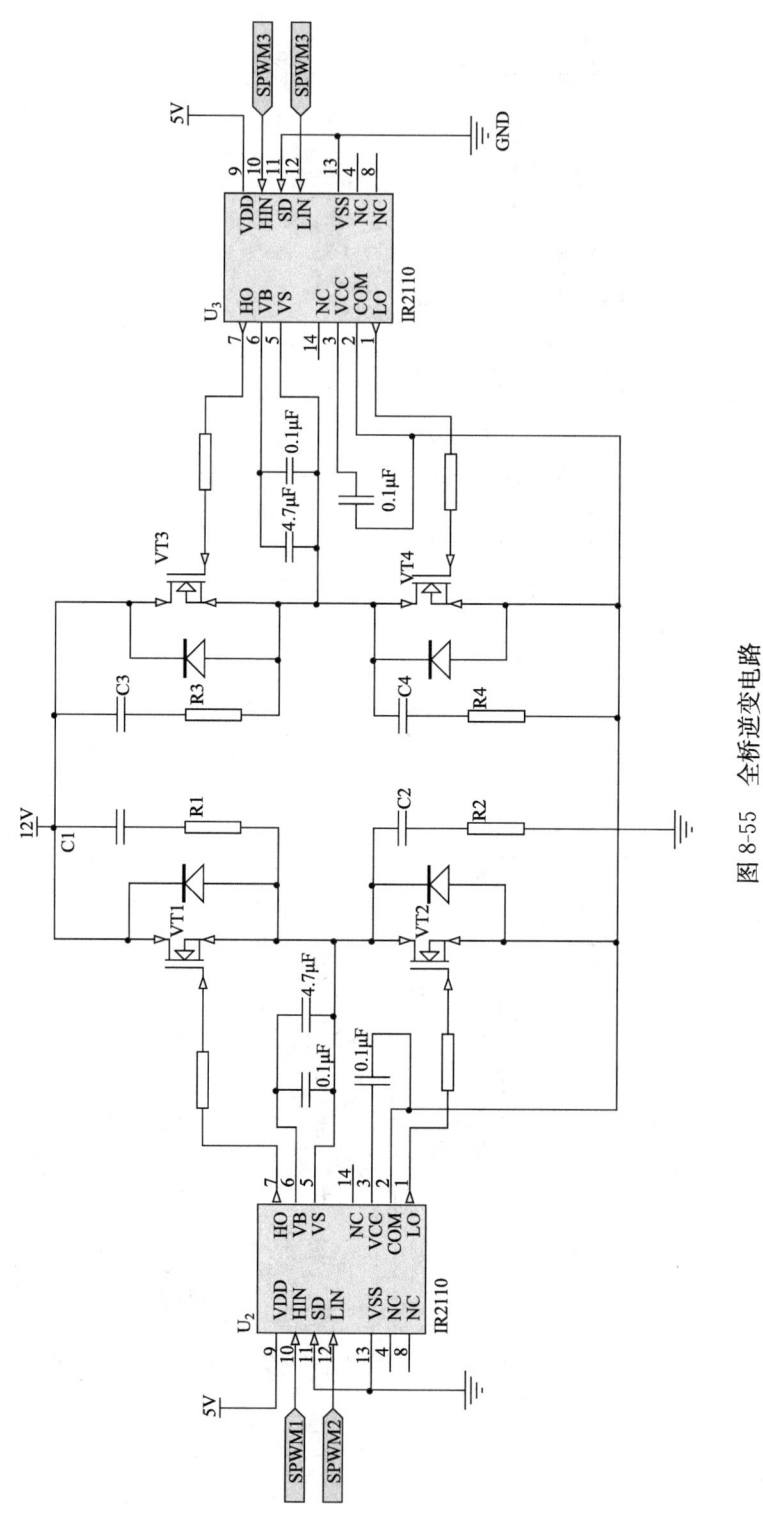

图 8-55 全桥逆变电路

(3) 焊接前元件的引线要刮净、镀锡。
(4) 焊接时,焊点要光滑、清洁。切记不可有虚焊。
(5) 焊接顺序原则上是先焊耐热元件,再焊怕热元件;先焊电阻,后焊集成电路。
(6) 引出导线的颜色要符合习惯用法:一般电源正极用红线,电源负极用蓝线,地线用黑线,输入用红线,输出用白线(或其他颜色)。

六、电路调试

(1) 检查是否有虚焊或连在一起的焊点,若有要进行处理。
(2) 加电调试。可根据电路原理进行检查、调试。调试时要看清输入、输出引线,不可接反。
(3) 利用太阳能光伏发电系统实验实训装置、可调稳压电源、万用表等对所设计的逆变器进行通电,测试逆变器输出电压和电流波形。

七、设计报告要求

(1) 分析关键电路以及参数选择,设计原理图和 PCB 图。
(2) 软件的设计包括功能结构,主要模块程序流程图。
(3) 测试数据,数据处理,误差分析和结论。
(4) 存在的问题和设想展望。

参 考 文 献

[1] Bacquerel E. On electron effects under the influence of solar radiation. Comptes Rendues 1839(9): 561.

[2] Adams W G, Day R E. The action of light on selenium. Proceedings of the Royal Society, 1877 (A25): 113.

[3] Lang B. New photovoltaic cell. Z. Phys. 1930(31): 139.

[4] Rappaport P, Loferski, and Jenny. Report of the PV effect in CdS. Inner report at RCA Laboratories, 1954.

[5] Ohl R. US Patent 2,402,662, 1941.

[6] 新浪财经. 尚德太阳能电力有限公司简介. http://finance.sina.com.cn/hy/20071108/18284153067.shtml[2014-3-8]

[7] 杨金焕,于化丛,葛亮. 太阳能光伏发电应用技术,北京:电子工业出版社,2009.

[8] 程颖. 聚光光伏系统聚光器的初步研究,天津:天津大学,2009.

[9] 郭廷伟,刘鉴民. 太阳能的利用,北京:科学技术文献出版社,1987.

[10] 施敏,伍国珏. 半导体器件物理. 西安:西安交通大学出版社,2008:541-547.

[11] 王家骅,李长健,牛文成. 半导体器件物理. 北京:科学出版社,1982:335-339.

[12] 伟纳姆. 应用光伏学. 上海:上海交通大学出版社,2008:26-30.

[13] Markvart T. 太阳能电池:材料、制备工艺及检测. 北京:机械工业出版社,2009:30-36.

[14] 刘祖明. 晶体硅太阳能电池及其电子辐照研究. 四川大学博士学位论文,2002:5-10.

[15] Lindholm F A, Fossum J G. Physics underlying the performance of back-surface-field solarcells. IEEE Transactions on Electron Devices,1980,ED27(4): 785-791.

[16] Narasimha S, Rohatgi A, Weeber A W. An optimized rapid aluminum back surface field technique for silicon solar cells. IEEE Transactions on Electron Devices,1999,46(7):1363-1369.

[17] Meemongkolkiat V, Nakayashiki K, Kim D S. Factors Limiting the Formation of Uniform and Thick Aluminum-Back-Surface Field and Its Potential. Journal of the Electrochemical Society, 2006, 153(1):53-58.

[18] Fossum J G, Burgess E L. High-efficiency p+-n-n+ back-surface-field silicon solar cells.

[19] Rentsch J, Bau S. Screen-printed epitaxial silicon thin-film solar cells with 13.8% efficiency. Progress in Photovoltaics: Research and Applications,2003,11(8):527-534.

[20] Zhao J H, Wang A H, Pietro P. Altermatt. 24% efficient perl silicon solar cell: Recent improvements in high efficiency silicon cell research. Solar Energy Materials and Solar Cells, 1996,41(6): 87-99.

[21] Wenham S R, Chan B O, Honsberg C B. Beneficial and constraining effects of laser scribing in buried-contact solar cells. Progress in Photovoltaics: Research and Applications,1998,5(2):131-137.

[22] Taguchi M, Terakawa A, Eiji Maruyama. Obtaining a Higher Voc in HIT Cells. PROGRESSIN PHOTOVOLTAICS: RESEARCH AND APPLICATIONS,2005,13(4):481-488.

[23] 周志敏,纪爱华. 太阳能光伏发电系统设计与应用实例. 北京:电子工业出版社,2010.

[24] 王长贵,王斯成. 太阳能光伏发电技术. 北京:化学工业出版社,2009.

[25] 刘宏,吴达成等. 家用太阳能光伏电源系统. 北京:化学工业出版社,2007.
[26] 谢建,马勇刚. 太阳能光伏发电工程实用技术. 北京:化学工业出版社,2010.
[27] 何道清,何涛等. 太阳能光伏发电系统原理与应用技术. 北京:化学工业出版社,2012.
[28] 刘靖. 光伏技术应用. 北京:化学工业出版社,2011.
[29] 杨旸,郑军. 光伏发电系统施工技术. 北京:高等教育出版社,2011.
[30] 王兆安,刘进军. 电力电子技术(第5版). 北京:机械工业出版社,2009.
[31] 太阳能光伏与建筑一体化应用技术规程. 江苏省工程建设标准. J11496-2009.